教育部高等学校材料类专业教学指导委员会规划教材

材料研究与应用丛书

工程塑性理论基础及应用

Basis and Application of Engineering Plasticity Theory

张 鹏 主编

U0222771

哈尔滨工业大学出版社
HARBIN INSTITUTE OF TECHNOLOGY PRESS

内 容 简 介

　　工程塑性理论是材料类、机械类和力学类等专业研究生的基础理论课。本书注重理论联系实际工程问题，以提高读者运用工程塑性理论的相关知识分析和解决实际工程问题的能力。本书共 9 章，包括塑性变形的物理基础、应力与应变理论、屈服理论、弹性力学边值问题、简单的弹塑性问题、主应力法理论基础及应用、滑移线场理论基础及应用、极限分析法理论基础及应用和工程问题仿真解析。

　　本书可作为高等学校材料类、机械类和力学类等专业研究生的教材或参考书，也可供从事材料加工研究或生产的工程技术人员参考。

图书在版编目(CIP)数据

工程塑性理论基础及应用/张鹏主编. —哈尔滨：
哈尔滨工业大学出版社，2024.7
（材料研究与应用丛书）
ISBN 978－7－5767－1165－3

Ⅰ.①工…　Ⅱ.①张…　Ⅲ.①工程力学－塑性力学
Ⅳ.①TB125

中国国家版本馆 CIP 数据核字(2024)第 028587 号

策划编辑　许雅莹
责任编辑　李青晏　庞亭亭　马毓聪
封面设计　刘　乐
出版发行　哈尔滨工业大学出版社
社　　址　哈尔滨市南岗区复华四道街 10 号　邮编 150006
传　　真　0451－86414749
网　　址　http://hitpress.hit.edu.cn
印　　刷　辽宁新华印务有限公司
开　　本　787mm×1092mm　1/16　印张 15.5　字数 368 千字
版　　次　2024 年 7 月第 1 版　2024 年 7 月第 1 次印刷
书　　号　ISBN 978－7－5767－1165－3
定　　价　48.00 元

（如因印装质量问题影响阅读，我社负责调换）

前　　言

工程塑性理论是材料类、机械类和力学类等专业研究生的基础理论课，是研究材料发生弹塑性变形规律的一门学科，不仅是断裂力学、损伤力学等研究领域的理论基础，而且在金属材料强度和加工、结构分析以及其他一些工程实际问题等方面都有着重要的应用。本书编写时遵循循序渐进的原则，介绍了塑性理论的基本内容和实际工程问题的求解方法。本书内容注重突出要点，强化应用，引导读者运用工程塑性理论知识解决实际工程问题。

本书共 9 章，包括塑性变形的物理基础、应力与应变理论、屈服理论、弹性力学边值问题、简单的弹塑性问题、主应力法理论基础及应用、滑移线场理论基础及应用、极限分析法理论基础及应用和工程问题仿真解析。

本书可作为高等学校材料类、机械类和力学类等专业研究生的教材或参考书，也可供从事材料加工研究或生产的工程技术人员参考。

本书由张鹏主编，朱强、栾冬、刘康、王传杰、陈刚参与编写各章，王瀚、张林福、王敏、常文豪参与编写习题。本书在编写过程中，参引了本领域著名专家学者的著作及研究资料，在此表示衷心的感谢！

由于编者水平有限，书中难免有不足之处，敬请读者批评指正。

编　者
2024 年 4 月

目　　录

第 1 章　　塑性变形的物理基础

1.1　金属塑性成形工艺

金属塑性成形是在外力作用下通过金属的塑性变形获得具有一定形状、尺寸和力学性能的零件或毛坯的加工方法,被广泛应用于汽车、航空航天、电气领域。金属塑性成形主要包括自由锻、模锻、板材冲压、挤压、拉拔、轧制等成形工艺。

一般而言,金属材料的塑性越好,其塑性成形能力越强,越适用于塑性成形工艺。而金属材料的塑性常通过伸长率或断面收缩率来评判,且金属在塑性成形过程中遵循以下规律:

(1)体积不变规律。

金属材料在塑性变形时,变形前与变形后的体积保持不变。金属塑性成形工艺常根据此规律确定毛坯的尺寸以及成形工序。

(2)最小阻力定律。

金属在塑性变形过程中,金属各质点将向阻力最小的方向移动。最小阻力定律符合力学的一般原则,是塑性成形加工中最基本的规律之一。

(3)加工硬化规律。

金属在常温下随着变形量的增加,变形抗力增大,塑性和韧性下降的现象称为加工硬化。

得益于金属塑性成形工艺特点,其相对其他成形工艺具备以下优势:

(1)改善金属组织、提高力学性能。金属材料经过塑性成形后,其组织、性能都得到改善和提高。

(2)提高材料的利用率。金属塑性成形主要靠金属在塑性变形时改变形状,使其体积重新分配,而不需要切除金属,因而材料利用率高。

(3)具有较高的生产率。塑性成形工艺一般是利用压力机和模具进行零件成形的,生产率高。

(4)可获得精度较高的毛坯或零件。压力加工时坯料经过塑性变形获得较高的精度,可实现少或无切削加工。

1.1.1　常见的体积成形工艺

体积成形一般造成坯料形状的严重变化,变形程度较为剧烈,因此,大部分是在较高的温度下进行的。体积成形包括锻造、挤压、拉拔、轧制等工艺。

1. 锻造

锻造过程中工件被压在两个模具之间,使用冲击载荷或液压载荷使其变形。它被用

于制造各种高强度部件,例如,发动机曲轴、连杆、齿轮、飞机结构部件、喷气发动机涡轮部件等。锻造工艺根据成形类型分为三类:

(1) 自由锻。

在自由锻中,工件被压在两个模具之间,从而使金属在相对于模具表面的侧向方向上不受任何限制地流动,如图 1.1 所示。

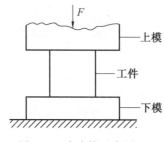

图 1.1　自由锻示意图

(2) 有飞边模锻。

在有飞边模锻中,模具表面包含工件的形状,从而极大地限制金属流动。在模具外有一些额外的变形材料,这就是飞边,锻后会对其进行修剪,如图 1.2 所示。

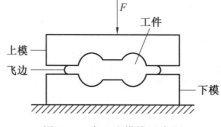

图 1.2　有飞边模锻示意图

(3) 闭式模锻。

在闭式模锻中,工件完全限制在模具内,不产生飞边,如图 1.3 所示。初始工件的体积必须精确控制,使之与模腔的体积相匹配。

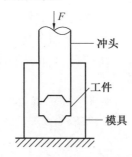

图 1.3　闭式模锻示意图

2. 挤压

挤压过程中金属坯料被强迫流过模孔,以产生所需横截面的形状。挤压分为以下几种类型:

（1）正挤压。

金属坯料首先被装入有模孔的容器中，利用冲头压缩坯料，迫使它流过模孔，如图1.4所示。在正挤压中，当坯料被迫向模具口滑动时，钢坯表面和容器壁之间存在剧烈摩擦。由于摩擦的存在，施加在冲头上的力一般较大。

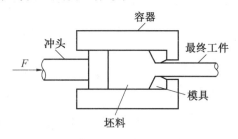

图 1.4　正挤压示意图

在热正挤压中，由于坯料表面氧化层的存在，摩擦问题增加，这种氧化层会导致被挤压件中出现缺陷。为了解决这些问题，在冲头和坯料之间添加一个挤压垫。挤压垫的直径保持略小于坯料直径，使容器中留下一层含有氧化层的薄坯，从而使最终产品不含氧化皮。

（2）反挤压。

在反挤压中，模具安装在冲头上，而不是容器上。当冲头压缩金属时，它流过冲头一侧的模孔，其与冲头的运动方向相反，如图 1.5 所示。由于坯料与容器之间没有相对运动，因此在界面处没有摩擦，所以反挤压的压力比正挤压的小。

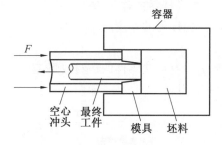

图1.5　反挤压示意图

3. 拉拔

在该种体积成形工艺中，线材、棒材被拉并穿过模具孔，以减小它们的横截面面积，如图 1.6 所示。棒材拉拔和拉丝的基本区别是成形的坯料尺寸，棒材拉拔适用于大直径棒材，而拉丝适用于小直径棒材。拉丝一般用于生产 0.03 mm 量级的线材。

4. 轧制

在轧制过程中，两个相反方向旋转的轧辊所施加的压缩力使工件的厚度减小，如图1.7 所示。

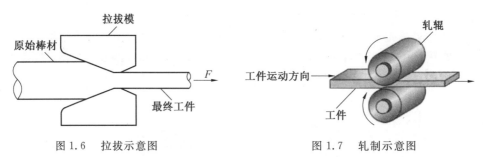

图 1.6　拉拔示意图　　　　　　　　图 1.7　轧制示意图

1.1.2　常见的板材成形工艺

金属板材成形主要涉及对金属板、带材等进行的成形过程。相对于体积成形,板材成形的初始坯料面积与体积之比相对较高。板材成形包括弯曲、拉深等工艺。

1. 弯曲

弯曲是一种使金属板承受弯曲应力,从而将直板制成弯曲板的成形操作,如图 1.8 所示。弯曲过程中板材在不改变厚度的情况下发生塑性变形。薄板弯曲广泛应用于带波纹、法兰零件的成形。

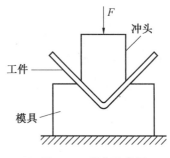

图 1.8　弯曲示意图

在板材弯曲过程中,中性轴外的材料受到拉应力的作用,里面的材料承受压应力。中性轴保持在薄板厚度的中心进行弹性弯曲。然而,对于塑性弯曲,中性轴向弯曲内部移动,外层材料的伸长率大于内层材料的收缩率,因此,弯曲段处的厚度减小。

2. 拉深

拉深是使平面板料成形为中空形状零件的板材成形工艺。其中板材通过压边圈固定在凹模开口上,然后通过冲头将其推入凹模中,如图 1.9 所示。

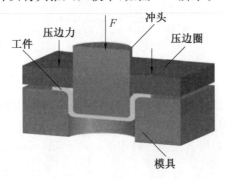

图 1.9　拉深示意图

1.2　位错理论

1.2.1　位错的类型

位错是晶体原子排列的一种特殊组态。根据位错线与滑移矢量的位置关系,可将它们分为三种类型,即刃型位错、螺型位错和混合位错。

1. 刃型位错

含有刃型位错的简单立方晶体结构如图1.10所示,多余的半原子面 $EFGH$ 中断于晶面 $ABCD$ 上的 EF 处,犹如一把刀刃插入晶体中,使晶面 $ABCD$ 上下两部分晶体之间产生了原子错排,称为刃型位错,多余的半原子面与滑移面的交线 EF 称为刃型位错线。

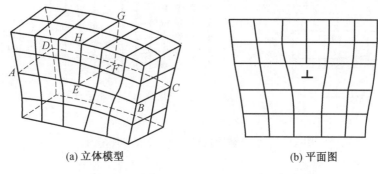

(a) 立体模型　　　　　　　　　　　(b) 平面图

图 1.10　含有刃型位错的简单立方晶体结构

刃型位错具有以下特点:

(1)刃型位错有一个额外的半原子面。当半原子面在滑移面上半部分时称为正刃型位错,记为"⊥";而当半原子面在滑移面下半部分时称为负刃型位错,记为"⊤"。

(2)刃型位错线可作为已滑移区与未滑移区的边界线。刃型位错线可以是直线、折线或曲线,但它必与滑移方向相垂直,也垂直于滑移矢量,如图1.11所示。

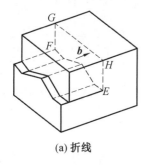
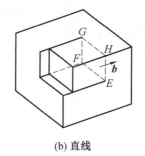
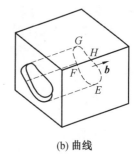

(a) 折线　　　　　　　　(b) 直线　　　　　　　　(b) 曲线

图 1.11　几种形状的刃型位错线

(3)滑移面是同时包含位错线和滑移矢量的平面,该滑移面是唯一的。

(4)刃型位错周围点阵产生的弹性畸变既包含切应变,又包含正应变。就正刃型位错而言,滑移面的上方点阵受到压应力,下方点阵受到拉应力;负刃型位错与此相反。

(5)在位错线周围的过渡区(畸变区)每个原子的平均能量较大。

2. 螺型位错

含有螺型位错的简单立方晶体结构如图1.12所示。设立方晶体右侧受到切应力 τ 的作用,其右侧上下两部分晶体沿滑移面 ABCD 发生了错动,如图1.12(a)所示,这时已滑移区和未滑移区的边界线 bb'(位错线)平行于滑移方向。图1.12(b)是其 bb' 附近原子排列的顶视图,图中以圆点"●"表示滑移面 ABCD 下方的原子(下层原子),用圆圈"○"表示滑移面上方的原子(上层原子)。在 aa' 右边晶体的上下层原子相对错动了一个原子间距,而在 bb' 和 aa' 之间出现了一个约有几个原子间距宽的、上下层原子位置不相吻合的过渡区,这里原子的正常排列遭到破坏。如果以位错线 bb' 为轴线,从 a 开始,按顺时针方向依次连接此过渡区的各原子,则其走向与一个右螺旋线的前进方向一样(图1.12(c))。这就是说,位错线附近的原子是按螺旋形排列的,所以把这种位错称为螺型位错。

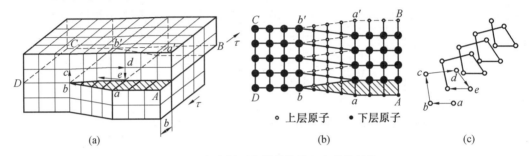

图1.12   含有螺型位错的简单立方晶体结构

螺型位错具有以下特点:

(1)螺型位错无额外半原子面,原子错排呈轴对称。

(2)根据位错线附近呈螺旋形排列的原子的旋转方向不同,螺型位错分为右旋和左旋螺型位错。

(3)螺型位错线与滑移矢量平行,因此一定是直线,而且位错线的移动方向与晶体滑移方向互相垂直。

(4)纯螺型位错的滑移面不是唯一的。凡是包含螺型位错线的平面都可以作为它的滑移面。但实际上,滑移通常是在那些原子密排面上进行的。

(5)螺型位错线周围的点阵也发生了弹性畸变,但是,只有平行于位错线的切应变而无正应变,不会引起体积膨胀和收缩,且在垂直于位错线的平面投影上,看不到原子的位移,看不出有缺陷。

(6)螺型位错周围的点阵畸变随离位错线距离的增加而急剧减少,故它也是包含几个原子宽度的线缺陷。

3. 混合位错

当滑移矢量既不平行也不垂直于位错线,而与位错线相交成任意角度时,这种位错称为混合位错。图1.13所示为形成混合位错时晶体局部滑移的情况。这里,混合位错线是一条曲线。在 A 处,位错线与滑移矢量平行,因此是螺型位错;而在 C 处,位错线与滑移矢量垂直,因此是刃型位错。A 与 C 之间,位错线既不垂直也不平行于滑移矢量,每一小段位错线都可分解为刃型和螺型两个分量。混合位错附近的原子组态如图1.13(c)所示。

由于位错线是已滑移区与未滑移区的边界线,因此,位错具有一个重要的性质,即一

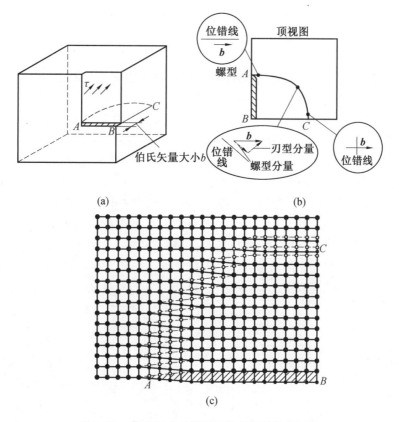

图 1.13　形成混合位错时晶体局部滑移的情况

根位错线不能终止于晶体内部,而只能露头于晶体表面(包括晶界)。若它终止于晶体内部,则必与其他位错线相连接,或在晶体内部形成封闭线。形成封闭线的位错称为位错环,如图 1.14 所示。图中的阴影区是滑移面上一个封闭的已滑移区。显然,位错环各处的位错结构类型也可按各处的位错线方向与滑移矢量的关系加以分析,如 A、B 两处是刃型位错,C、D 两处是螺型位错,其他各处均为混合位错。

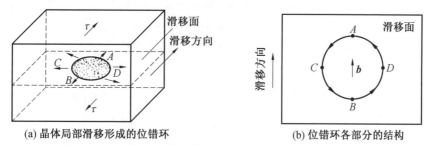

图 1.14　晶体中的位错环

1.2.2　位错的运动

位错的最重要性质之一是它可以在晶体中运动,而晶体宏观的塑性变形是通过位错运动来实现的。晶体的力学性能如强度、塑性和断裂等均与位错的运动有关。因此,了解位错运动的有关规律,对于改善和控制晶体力学性能是有益的。

位错的运动方式有两种最基本形式,即滑移和攀移。

1. 位错的滑移

位错的滑移是在外加切应力的作用下,通过位错中心附近的原子沿伯氏矢量方向在滑移面上不断地做少量的位移(小于一个原子间距)而逐步实现的。

图 1.15 所示为刃型位错的滑移过程。在外切应力 τ 的作用下,位错中心附近的原子由"●"位置移动小于一个原子间距的距离到达"○"位置,使位错在滑移面上向左移动了一个原子间距,如图 1.15(b)所示。如果切应力继续作用,位错将继续向左逐步移动。当位错线沿滑移面滑移通过整个晶体时,就会在晶体表面沿伯氏矢量方向产生宽度为一个伯氏矢量大小的台阶,即造成了晶体的塑性变形。从图中可知,随着位错的移动,位错线所扫过的区域 $ABCD$(已滑移区)逐渐扩大,未滑移区则逐渐缩小,两个区域始终以位错线为分界线。另外,值得注意的是,在滑移时,刃型位错的运动方向始终垂直于位错线而平行于伯氏矢量。刃型位错的滑移面就是由位错线与伯氏矢量所构成的平面,因此刃型位错的滑移限于单一的滑移面上。

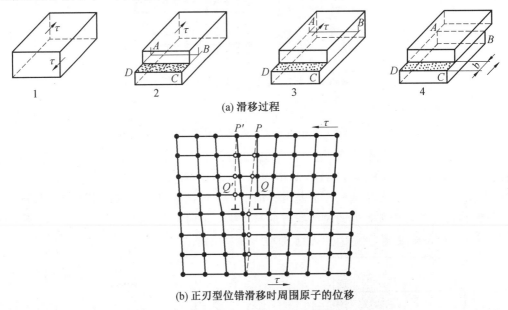

(a) 滑移过程

(b) 正刃型位错滑移时周围原子的位移

图 1.15　刃型位错的滑移过程

图 1.16 所示为螺型位错的滑移过程。由图 1.16(b)和(c)可见,如同刃型位错一样,滑移时位错线附近原子的移动量很小,所以螺型位错运动所需的力也很小。当位错线沿滑移面滑过整个晶体时,同样会在晶体表面沿伯氏矢量方向产生宽度为一个伯氏矢量大小 b 的台阶。应当注意,在滑移时,螺型位错的移动方向与位错线垂直,也与伯氏矢量垂直。对于螺型位错,由于位错线与伯氏矢量平行,故它的滑移不限于单一的滑移面上。

图 1.17 所示为混合位错的滑移过程。前已指出,任一混合位错均可分解为刃型分量和螺型分量两部分,故根据以上两种基本类型位错的分析,不难确定其混合情况下的滑移运动。根据确定位错线运动方向的右手法则(图 1.18),即以拇指代表沿伯氏矢量 b 移动

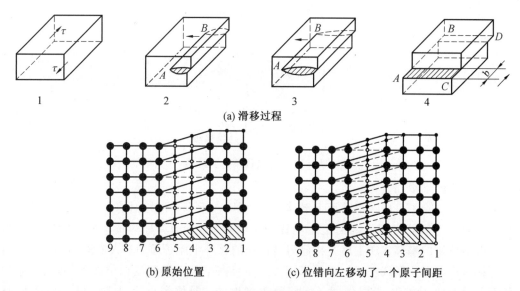

(a) 滑移过程

(b) 原始位置　　　(c) 位错向左移动了一个原子间距

图 1.16　螺型位错的滑移过程

的那部分晶体,食指代表位错线方向,则中指就表示位错线运动方向,即伯氏矢量所指的方向,该混合位错在外切应力 τ 作用下将沿其各点的法线方向在滑移面上向外扩展,最终使上下两块晶体沿伯氏矢量方向移动一个 b 大小的距离。

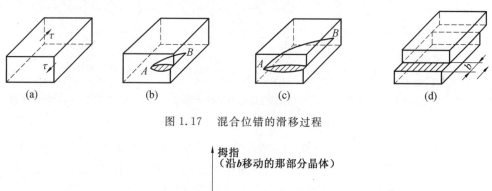

图 1.17　混合位错的滑移过程

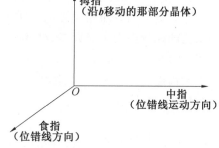

图 1.18　确定位错线运动方向的右手法则

　　必须指出:对于螺型位错,由于所有包含位错线的晶面都可成为其滑移面,因此,当某一螺型位错在原滑移面上运动受阻时,有可能从原滑移面转移到与之相交的另一滑移面上去继续滑移,这一过程称为交滑移,如图 1.19 所示。如果交滑移后的位错再转回和原滑移面平行的滑移面上继续运动,则称为双交滑移。

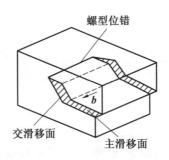

图 1.19   螺型位错的交滑移

2. 位错的攀移

刃型位错除了可以在滑移面上滑移外,还可以在垂直于滑移面的方向上运动,即发生攀移。通常把额外半原子面向上运动称为正攀移,向下运动称为负攀移,如图 1.20 所示。刃型位错的攀移实质上就是构成刃型位错的额外半原子面的扩大或缩小,因此,它可通过物质迁移即原子或空位的扩散来实现。如果有空位迁移到半原子面下端,或者半原子面下端的原子扩散到别处时,半原子面将缩小,即位错向上运动,则发生正攀移(图 1.20(b));反之,若有原子扩散到半原子面下端,半原子面将扩大,位错向下运动,就发生负攀移(图 1.20(c))。螺型位错没有额外半原子面,因此,不会发生攀移运动。

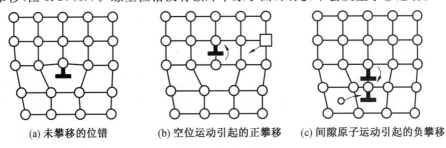

| (a) 未攀移的位错 | (b) 空位运动引起的正攀移 | (c) 间隙原子运动引起的负攀移 |

图 1.20   刃型位错的攀移运动模型

由于攀移伴随着位错线附近原子的增加或减少,即有物质迁移,因此需要通过扩散才能进行。故把攀移运动称为"非守恒运动";而相对应的位错滑移称为"守恒运动"。位错攀移需要热激活,较之滑移所需的能量更大。对大多数材料,在室温下很难进行位错的攀移,而在较高温度下,攀移较易实现。

经高温淬火、冷变形加工和高能粒子辐照后,晶体中将产生大量的空位和间隙原子,晶体中过饱和点缺陷的存在有利于攀移运动的进行。

3. 运动位错的交割

当一位错在某一滑移面上运动时,会与穿过滑移面的其他位错(通常将穿过此滑移面的其他位错称为林位错)交割。位错交割时会发生相互作用,这对材料的强化、点缺陷的产生有重要意义。

(1)割阶与扭折。

在位错的滑移运动过程中,其位错线往往很难同时实现全长的运动。因而一根运动的位错线,特别是在受到阻碍的情况下,有可能通过其中一部分线段(n 个原子间距)首先进行滑移。若由此形成的曲折线段就在位错的滑移面上时,称为扭折;若该曲折线段垂直于位错的滑移面时,则称为割阶。扭折和割阶也可由位错之间交割而形成。

从前面得知,刃型位错的攀移是通过空位或原子的扩散来实现的,原子(或空位)并不是在一瞬间就能一起扩散到整条位错线上,而是逐步迁移到位错线上的。这样,在位错的已攀移段与未攀移段之间就会产生一个台阶,于是也在位错线上形成了割阶。有时位错的攀移可理解为割阶沿位错线逐步推移,而使位错线上升或下降,因而攀移过程与割阶的形成能和移动速度有关。

图 1.21 所示为刃型和螺型位错中的割阶与扭折示意图。应当指出,刃型位错的割阶部分仍为刃型位错,而扭折部分则为螺型位错;螺型位错中的扭折和割阶线段,由于均与伯氏矢量相垂直,故均属于刃型位错。

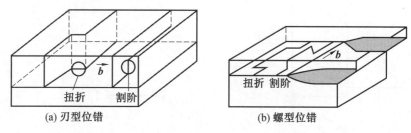

(a) 刃型位错　　　　　　　　　(b) 螺型位错

图 1.21　刃型和螺型位错中的割阶与扭折示意图

(2) 几种典型的位错交割。

① 两个伯氏矢量互相垂直的刃型位错交割。如图 1.22(a) 所示,伯氏矢量为 b_1 的刃型位错 XY 和伯氏矢量为 b_2 的刃型位错 AB 分别位于两垂直的平面 P_{XY}、P_{AB} 上。若 XY 向下运动与 AB 交割,由于 XY 扫过的区域,其滑移面 P_{XY} 两侧的晶体将发生 $|b_1|$ 距离的相对位移,因此,交割后,在位错线 AB 上产生 PP' 小台阶。显然,PP' 的大小和方向取决于 b_1。由于位错伯氏矢量的守恒性,PP' 的伯氏矢量仍为 b_2,b_2 垂直于 PP',因而 PP' 是刃型位错,且它不在原位错线的滑移面上,故是割阶。至于位错 XY,由于它平行于 b_2,因此,交割后不会在 XY 上形成割阶。

② 两个伯氏矢量互相平行的刃型位错交割。如图 1.22(b) 所示,交割后,在 AB 和 XY 位错线上分别出现平行于 b_1、b_2 的 PP'、QQ' 台阶,但它们的滑移面和原位错的滑移面一致,故为扭折,属螺型位错。在运动过程中,这种扭折在线张力的作用下可能被拉直而消失。

③ 两个伯氏矢量互相垂直的刃型位错和螺型位错的交割。如图 1.23 所示,交割后在刃型位错 AA' 上形成大小等于 $|b_2|$ 且方向平行于 b_2 的割阶 MM',其伯氏矢量为 b_1。由于该割阶的滑移面(图 1.23(b) 中的阴影区)与原刃型位错 AA' 的滑移面不同,因而当带有这种割阶的位错继续运动时,将受到一定的阻力。同样,交割后在螺型位错 BB' 上也形成长度等于 $|b_1|$ 的一段折线 NN',由于它垂直于 b_2,故属刃型位错;又由于它位于螺型位错 BB' 的滑移面上,因此 NN' 是扭折。

④ 两个伯氏矢量互相垂直的两螺型位错交割。如图 1.24 所示,交割后在 AA' 上形成大小等于 $|b_2|$,方向平行于 b_2 的割阶 MM'。它的伯氏矢量为 b_1,其滑移面不在 AA' 的滑移面上,是刃型割阶。同样,在位错线 BB' 上也形成一刃型割阶 NN'。这种刃型割阶都阻碍螺型位错的移动。

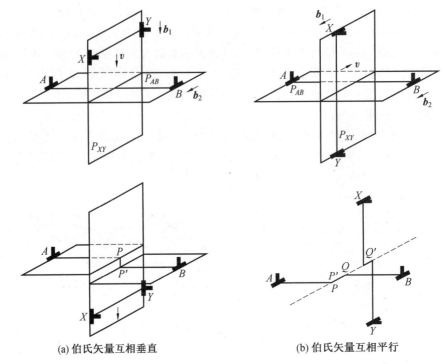

(a) 伯氏矢量互相垂直　　　　　　　　(b) 伯氏矢量互相平行

图 1.22　刃型位错的交割

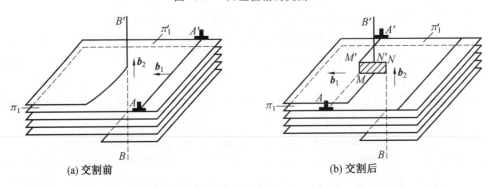

(a) 交割前　　　　　　　　　　　　　(b) 交割后

图 1.23　刃型位错和螺型位错的交割

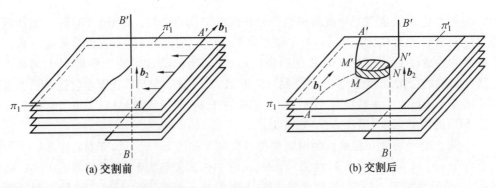

(a) 交割前　　　　　　　　　　　　　(b) 交割后

图 1.24　两个螺型位错的交割

综上所述,运动位错交割后,每根位错线上都可能产生扭折或割阶,其大小和方向取决于另一位错的伯氏矢量,但具有原位错线的伯氏矢量,所有的割阶都是刃型位错,而扭折可以是刃型也可以是螺型。另外,扭折与原位错线在同一滑移面上,可随主位错线一起运动,几乎不产生阻力,而且扭折在线张力作用下易消失。但割阶与原位错线不在同一滑移面上,故除非割阶产生攀移,否则割阶就不能跟随主位错线一起运动,成为位错运动的障碍,通常称此为割阶硬化。

按割阶高度的不同,带割阶位错的运动又可分为三种情况:第一种割阶的高度只有 $1 \sim 2$ 个原子间距,在外力足够大的条件下,螺型位错可以把割阶拖着走,在割阶后面留下一排点缺陷(图 1.25(a));第二种割阶的高度很大,在 20 nm 以上,此时割阶两端的位错相隔太远,它们之间的相互作用较小,它们可以各自独立地在各自的滑移面上滑移,并以割阶为轴,在滑移面上旋转(图 1.25(c)),这实际也是在晶体中产生位错的一种方式;第三种割阶的高度是在上述两种情况之间,位错不可能拖着割阶运动,在外应力作用下,割阶之间的位错线弯曲,位错前进就会在其身后留下一对拉长了的异号刃型位错线段(常称为位错偶)(图 1.25(b))。为降低应变能,这种位错偶常会断开而留下一个长的位错环,而位错线仍回复到原来带割阶的状态,长的位错环又常会再进一步分裂成小的位错环,这是形成位错环的机理之一。

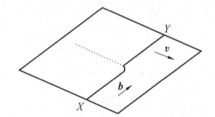

(a) 小割阶被拖着一起走,后面留下一排点缺陷

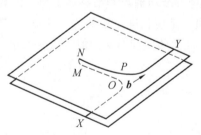

(b) 中等割阶——位错NP和MO形成位错偶

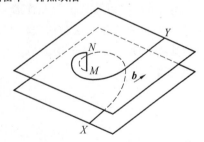

(c) 非常大的割阶——位错NY和XM各自独立运动

图 1.25　螺型位错中不同高度割阶的行为

对于刃型位错而言,其割阶段与伯氏矢量所组成的面一般都与原位错线的滑移方向一致,能与原位错一起滑移。此时割阶的滑移面并不一定是晶体的最密排面,故运动时割阶段所受到的晶格阻力较大,但相对于螺型位错的割阶的阻力则小得多。

1.3　塑性变形机制

1.3.1　滑移变形

晶内一部分相对于另一部分的剪切变形是通过位错运动来实现的,所以研究塑性变形就要研究相应的各种位错运动形式。位错必须克服点阵阻力对它的阻碍才能运动。

1. 点阵阻力

考虑图 1.26 所示的简单立方晶体中刃型位错所处的 3 个位置。位错处在 3 个位置上,如果只考虑除了中心区以外的弹性能,它们的能量都是相同的。但是如果考虑中心的"坏晶体"区,A 和 C 位置是位错的稳定平衡位置,能量最低;而 B 位置是不稳定的,能量较高。位错要向前运动就必须越过一个能量最大值的位置,才能从一个低能的稳定平衡位置过渡到另一个低能的稳定平衡位置。为此,就需要对位错施加足够的力以供克服这一能垒所需要的能量,这个能垒就称为派尔斯垒,克服这个能垒所需要的力就是派－纳力。

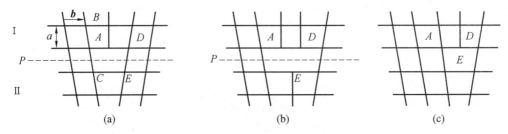

图 1.26　位错的滑移过程

派尔斯、纳巴罗以及其他一些作者,在经典的弹性介质假设和滑移面上原子的相互作用为原子相对位移的正弦函数假设的基础上,求出了单位长度位错的激活能 ΔW(即派尔斯垒)和其临界切应力(派－纳力)τ_p,它们按指数规律随面间距 a 和伯氏矢量大小 b 的比值 a/b 而变化:

$$\Delta W \approx \frac{Gb^2}{2\pi K}\exp(-2\pi a/Kb) \tag{1.1}$$

$$\tau_p \approx \frac{2G}{K}\exp(-2\pi a/Kb) \tag{1.2}$$

式中,螺型位错的 $K=1$,刃型位错的 $K=1-v$。

分析式(1.2)可以看出:

(1)位错运动所需的派－纳力比晶体刚体整体式滑移所需的理论切屈服应力 $m = G/2\pi$ 小许多。例如,对于简单立方晶体,当 $a=b,v=1/3,K \approx 2/3$(刃型位错)时,$\tau_p \approx 2.5 \times 10^{-4}G$。对于面心立方点阵,密排面上 $a/b=\sqrt{2/3}$,则刃型位错的 $\tau_p \approx 10^{-3}G$,螺型位错的 $\tau_p \approx 10^{-2}G$。

(2)伯氏矢量 b 值越小,滑移面面间距 a 越大,则临界切应力 τ_p 就越小。参数 a/b 稍有增加就对 τ_p 产生强烈的影响。例如,对简单立方晶体,当 $v=1/3,a/b=1$ 时,刃型位错的

$\tau_p \approx 2.5 \times 10^{-4} G$；而当 $a/b=1.5$ 时，$\tau_p \approx 2.1 \times 10^{-6} G$。因此，处于面间距最大的密排面上的小伯氏矢量的位错，其活动性最大。所以密排面就是易滑移面。

（3）在其他条件相同时，刃型位错的活动性比螺型位错的活动性大，从上例可见，当 $a/b=1$ 时，对于刃型位错，$\tau_p \approx 2.5 \times 10^{-4} G$；而对于螺型位错，$\tau_p \approx 4 \times 10^{-3} G$。但体心立方晶体在低温下则是螺型位错的活动性较大。

此外，还应说明，派一纳力还和原子键的类型以及位错宽度有关。在无定向的金属键晶体中，派一纳力很小，在各种温度下都容易滑移。具有共价键的晶体，例如有共价键特征的体心立方过渡族金属（Fe 等），在室温和室温以上容易滑移，在室温以下滑移就较困难；而某些共价键晶体如金刚石，则只有在高温下才发生滑移。关于位错宽度和温度对点阵阻力的影响，在第 3 章中还将详细讨论。

2. 滑移系统

因为面间距 a 越大、伯氏矢量越小时派一纳力越小，因此，单晶体和多晶体中滑移变形都是沿着密排面和密排方向进行的。这些密排面和密排方向就是滑移面和滑移方向。滑移面和位于其上的滑移方向就构成了滑移系统。

面心立方晶体的滑移变形是沿着密排的八面体平面 {111} 上的密排方向 ⟨110⟩ 进行的。4 个取向不同的 {111} 平面中的每个平面上有 3 个完全位错的方向 ⟨110⟩，所以，可能的滑移系统数为 12。高温下，还可能遇见两种不常见的滑移系统：第一种是 {100}⟨110⟩ 滑移系，这种系统在高温时的光学显微镜研究中已观察到了；第二种是 {110}⟨110⟩ 滑移系，在高温和冲击加载后的光学与电镜研究中观察到了。例如铝在高温下有 3 个 {100} 平面是滑移面，其上的两个 ⟨110⟩ 方向是滑移方向，即补充了 6 个滑移系统。铝在高温下大约有 40% 的滑移线是这类系统产生的。

体心立方金属的滑移总是沿着 ⟨111⟩ 方向的，它是单位位错的伯氏矢量 $a⟨111⟩/2$ 的方向。体心立方晶体的密排面是 {110}，而 {112} 是主要的层错面，它们也是常见的滑移面。在高温和低速变形时，还可见到 {123} 的滑移面和其他大指数 {hkl} 平面的滑移面。

体心立方金属有 4 个 ⟨111⟩ 滑移方向，每个 ⟨111⟩ 方向上有 3 个 {110} 面、3 个 {112} 面和 6 个 {123} 面同它相平行，即可有 12 个指数不同的滑移面以 ⟨111⟩ 方向为交线而相交，就是以 [1̄1̄1] 为交线的 12 个滑移面，显然这些平面都平行于 [1̄1̄1]。因此，一个 ⟨111⟩ 滑移方向上就可能有 12 个滑移系统。就一般情况而论，即不考虑滑移面为 {hkl} 面的情况，4 个 ⟨111⟩ 滑移方向共有 48 个滑移系统。

体心立方晶体每个滑移方向可能有 12 个参与滑移的平面，因此体心立方晶体中的螺型位错很容易改变滑移面，实现交滑移。有时产生明显的波浪形的滑移带就是其螺型位错交滑移而形成的。这种滑移是在以某些滑移面为棱柱面的棱柱上，或者是沿着带棱的铅笔侧表面产生的纵向剪切，因此，称之为铅笔式滑移。

密排六方晶体中密排面是 {0001} 面，密排方向是 ⟨112̄0⟩ 方向，{0001} 面上有 3 个 ⟨112̄0⟩ 方向，共组成 3 个滑移系统，Cd、Zn、Co、Mg 等轴比 c/a 较大的金属在室温下主要是这种滑移系统起作用。轴比 $c/a=1.633$ 是密排六方晶体中由密排的球组成的理想结构。Cd、Zn 的轴比都大于 1.633（表 1.1），在基面上滑移显然是有利的。虽然 Co、Mg 的

轴比 $c/a < 1.633$，但是由于层错能低，滑移仍然在基面上进行。Ti、Zr 等轴比更小的金属，滑移在室温时是沿 $\{10\overline{1}0\}$ 面上 $\langle 11\overline{2}0 \rangle$ 方向进行的。

此外，还发现密排六方金属沿棱锥面 $\{10\overline{1}1\}$ 和 $\{11\overline{2}2\}$ 面滑移，这些滑移面上的位错可分解为部分位错。

各种金属和合金的滑移系统见表 1.1。

表 1.1　各种金属和合金的滑移系统

金属或合金	占优势的滑移系统		测量 τ_c/MPa	定值 τ_c 的金属纯度/%
	室温	高温		
Cu	$\{111\}\langle110\rangle$	$\{100\}\langle110\rangle$	0.35	99.999
Au	$\{111\}\langle110\rangle$	$\{100\}\langle110\rangle$	0.50	99.999
Ag	$\{111\}\langle110\rangle$	$\{100\}\langle110\rangle$	$0.4 \sim 0.7$	99.999
Ni	$\{111\}\langle110\rangle$	$\{100\}\langle110\rangle$	$0.336 \sim 0.75$	99.98
Al	$\{111\}\langle110\rangle$ $\{100\}\langle110\rangle$	$\{100\}\langle110\rangle$	$0.55 \sim 1.0$	99.994
Fe	$\{110\}\langle111\rangle$ $\{112\}\langle111\rangle$ $\{123\}\langle111\rangle$	$\{123\}\{hkl\}\langle111\rangle$	15.00	99.98
Fe＋3％Si	$\{110\}\langle111\rangle$ $\{112\}\langle111\rangle$	$\{123\}\{hkl\}\langle111\rangle$	—	——
Nb	$\{110\}\langle111\rangle$	—	34.0	—
V；Mo；Mo－Re	$\{110\}\langle111\rangle$ $\{112\}\langle111\rangle$	—	—	—
W	$\{110\}\langle111\rangle$ $\{112\}\langle111\rangle$	$\{112\}\langle111\rangle$	—	——
Cr	$\{123\}\langle111\rangle$	—	—	——
Cd($c/a=1.886$)	$\langle11\overline{2}0\rangle\{0001\}$、$\{1\overline{1}01\}$	$\langle11\overline{2}0\rangle\{10\overline{1}0\}$、$\{0001\}$	0.13	99.999
Zn($c/a=1.856$)	$\langle11\overline{2}0\rangle\{0001\}$、$\{11\overline{2}2\}$	$\langle11\overline{2}0\rangle\{10\overline{1}0\}$ $\langle11\overline{2}3\rangle\{11\overline{2}2\}$	0.30	99.999
Mg($c/a=1.624$)	$\langle11\overline{2}0\rangle\{0001\}$、$\{1\overline{1}00\}$	$\langle11\overline{2}0\rangle\{10\overline{1}1\}$、$\{0001\}$	0.50	99.99
Co($c/a=1.621$)	$\langle11\overline{2}0\rangle\{0001\}$	—	6.5	99.999
Ti($c/a=1.59$)	$\langle11\overline{2}0\rangle\{10\overline{1}0\}$	$\langle11\overline{2}0\rangle\{0001\}$	14.0	99.99
Zr($c/a=1.59$)	$\langle11\overline{2}0\rangle\{10\overline{1}0\}$	$\langle11\overline{2}0\rangle\{0001\}$	7.0	99.99

前面已经说过，滑移是一种金属的一部分相对于另一部分的剪切运动。这种相对剪切运动的距离是剪切方向（即滑移方向）上原子间距的整数倍，剪切运动后并不破坏晶体原有的原子排列的规则性，因而不会改变晶体的取向。

滑移后在晶体表面上产生滑移台阶,每一个滑移台阶就是一条滑移线,一组相隔较近的平行台阶,就是一组(簇)滑移线,通常称之为滑移带。滑移线和滑移带的区别常和显微镜的放大倍数有关,一般金相显微镜下观察到的一条滑移线,在放大倍数很高的电镜下,则可观察到它实际上是一簇滑移线组成的滑移带。由于参与滑移过程的滑移系统的数目和组合的情况不同,滑移线可能是平行的许多直线,这种情况是滑移过程中只有一个滑移系统起作用产生的,称为单系滑移或单滑移;滑移线中可能有许多相互相交的线簇,这是滑移过程中出现了多个滑移系统起作用的现象,称为多系滑移;滑移线可能出现折线或波浪形弯曲线段,这是在同一个滑移方向上由几个滑移面产生滑动的现象,也就是交替滑移面时产生的,称为交滑移。

3. 广义临界分切应力定律

滑移既然是金属晶体的一部分相对于另一部分沿着滑移面和滑移方向产生的剪切变形,那么要产生这个剪切变形就需要在滑移面的滑移方向上加上驱动力来克服滑移运动的阻力。这个驱动力就是外力在滑移面上、滑移方向上的分切应力。

一点的应力状态一般情况下是由 9 个应力分量来表示的。如果选用 1、2 和 3 轴的直角坐标系(为了分析方便,通常设它们分别是立方晶系的[100]、[010] 和[001] 晶向),如图 1.27 所示。在其上作一斜平面代表滑移面,令其面积为一个单位面积,S_n 是滑移面法线,S 是任一滑移方向。S_{n1}、S_{n2}、S_{n3} 是作用在滑移面上和 1、2、3 轴平行的应力分量。滑移面法线 S_n 与坐标轴的夹角分别为 ϕ_1、ϕ_2、ϕ_3,滑移方向 S 与坐标轴(即与 S_{n1}、S_{n2}、S_{n3})的夹角分别为 λ_1、λ_2、λ_3,则

$$\begin{cases} S_{n1} = \sigma_{11} \cos \phi_1 + \sigma_{21} \cos \phi_2 + \sigma_{31} \cos \phi_3 \\ S_{n2} = \sigma_{12} \cos \phi_1 + \sigma_{22} \cos \phi_2 + \sigma_{32} \cos \phi_3 \\ S_{n3} = \sigma_{13} \cos \phi_1 + \sigma_{23} \cos \phi_2 + \sigma_{33} \cos \phi_3 \end{cases} \tag{1.3}$$

把作用在滑移面上的三个应力分量投影到该滑移面的某个滑移方向上,就得到了该滑移方向上的分切应力

$$\begin{aligned} \tau &= S_{n1} \cos \lambda_1 + S_{n2} \cos \lambda_2 + S_{n3} \cos \lambda_3 \\ &= \sigma_{11} \cos \phi_1 \cos \lambda_1 + \sigma_{21} \cos \phi_2 \cos \lambda_1 + \sigma_{31} \cos \phi_3 \cos \lambda_1 \\ &\quad + \sigma_{12} \cos \phi_1 \cos \lambda_2 + \sigma_{22} \cos \phi_2 \cos \lambda_2 + \sigma_{32} \cos \phi_3 \cos \lambda_2 \\ &\quad + \sigma_{13} \cos \phi_1 \cos \lambda_3 + \sigma_{23} \cos \phi_2 \cos \lambda_3 + \sigma_{33} \cos \phi_3 \cos \lambda_3 \end{aligned} \tag{1.4}$$

缩写为

$$\tau = \sigma_{ij} \cos \phi_i \cos \lambda_j$$

式中,ϕ_i 为滑移面法线与坐标轴的夹角;λ_j 为滑移方向与坐标轴的夹角。

试验证明,某个滑移系统的分切应力 τ 达到某一定值 τ_c 时,该滑移系统(由 ϕ_i 和 λ_j 确定的)开动,晶体开始滑移。把晶体开始滑移时,在该滑移面的滑移方向上所需要的切应力 τ_c 称为临界切应力。当分切应力 τ 等于临界切应力 τ_c,即 $\tau = \tau_c$ 时,晶体开始滑移的客观事实称为临界分切应力定律,或称为施密特定律。特别是在复杂应力状态下,滑移面的滑移方向上的分切应力 τ 等于临界切应力,即

$$\tau = \sigma_{ij} \cos \phi_1 \cos \lambda_j = \tau_c \tag{1.5}$$

晶体的 ϕ_i 和 λ_j 所决定的滑移系统开动,晶体滑移的这一事实称为广义临界分切应力定

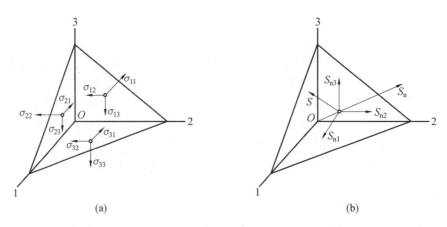

图 1.27　滑移方向上的分切应力

律,或称为广义的施密特定律。

很显然,在单向拉伸变形时,如果拉应力是平行于轴 1 的,那么这时只有 σ_{11} 一个应力分量,其他应力分量均为零。于是就有 $\tau = \sigma_{11} \cos \phi_1 \cos \lambda_1 = \tau_c$,也就是 $\tau = \sigma \cos \phi \cos \lambda = \tau_c$ 的形式,这就是单向应力状态时临界分切应力定律的常见形式。

$\tau = \tau_c$ 时,晶体产生滑移,开始塑性变形,与 τ 相对应的复杂应力 σ_{ij} 处于开始屈服时的应力状态。对于单向应力状态来说,这时的正应力 σ 也就是屈服应力 σ_s。所以,可把

$$\tau = \sigma \cos \phi \cos \lambda = \tau_c$$

改写为

$$\tau_c = \sigma_s \cos \phi \cos \lambda \tag{1.6}$$

由试验发现单晶体的屈服应力 σ_s 是随外力相对于晶体的取向不同而变化的,反映了外力和单晶体的取向关系,因此把 $\cos \phi \cos \lambda$ 称为取向因子,或称为施密特因子,通常用字母 μ 表示。单晶体的屈服应力 σ_s 和其取向因子 $\mu = \cos \phi \cos \lambda$ 的关系是双曲线 $xy = K$ 的关系,所以 $\tau_c = \sigma_s \cos \phi \cos \lambda$ 关系中的 τ_c 应是常数。

临界切应力 τ_c 这个滑移运动的阻力,实质上就是位错的阻力。它包括点阵阻力,其他位错对于运动位错的阻力以及点缺陷和位错相互作用造成的阻力等等。表 1.1 是已测得的某些金属的 τ_c 值。τ_c 的数值和金属的纯度、温度和应变速率都有密切的关系,明显地受到它们的影响。

τ_c 在一定的变形条件下对于一定的金属材料来说几乎是恒定的常数。那么,根据临界分切应力定律,$\tau_c = \sigma_s \mu$,取向因子 μ 越大,晶体开始滑移时所需要的外加应力 σ_s 就可以减小;反之,所需要的 σ_s 的数值就应增加。这就说明了滑移系对于外力的取向不同,滑移所需要的外加应力是不同的。

如果滑移面法线、滑移方向与外力轴共面,当 $\phi = \lambda = 45°$ 时,$\cos \phi \cos \lambda = 0.5$,可以证明,这是取向因子 μ 的最大值 μ_{max},所以外力在这个取向时,它在该滑移面上的分切应力最大,称为最大分切应力。这时,晶体滑移所需要的外应力最小。因此,把 $\mu = 0.5$ 以及 μ 接近于 0.5 的取向称为软取向。当 $\phi = 90°$,$\lambda = 0°$ 时,$\mu = \cos 90° \cos 0° = 0$,$\tau = \sigma \mu = 0$,这时无论外力 σ 多大,滑移的驱动力 τ 恒等于零,因而这个系统不能开动。当 $\phi = 0°$,$\lambda = 90°$ 时,$u = \cos 0° \cos 90° = 0$,$\tau = \sigma \mu = 0$,同样地处于这种取向的滑移系也不能开动。把这些取

向因子为零或接近于零的取向称为硬取向。处于这些取向的晶体,当外应力数值很大时,在该滑移系上的分切应力仍为零,或者数值仍然很小,所以是难以滑移的。当外力足够大时,可能发生断裂。

4. 分切应变

为了用位错的观点来解释单晶体的拉伸试验数据,需要一个与分切应力公式相适应的分切应变的表达式。

如图 1.28 所示,滑移时,晶体(试样)沿着图示的滑移方向产生切变。滑移前,外力轴与滑移面法线(AN)的夹角为 ϕ_0,与滑移方向(BB)的夹角为 λ_0,所考虑的两滑移面间的试样长度为 l_0。滑移后,外力轴与滑移面法线的夹角为 ϕ_1,与滑移方向间的夹角为 λ_1,所考虑的两滑移面间的试样长度为 l_1。由图可见,滑移后的切变形为 BB',把 BB' 与所考虑的两滑移面间的距离 AN 的比值定义为分切应变

$$\gamma = \frac{BB'}{AN}$$

考虑 $\triangle ABB'$ 有关系

$$\frac{BB'}{\sin(\lambda_0 - \lambda_1)} = \frac{l_1}{\sin(180 - \lambda_0)} = \frac{l_0}{\sin \lambda_1}$$

所以

$$BB' = \frac{l_1 \sin(\lambda_0 - \lambda_1)}{\sin \lambda_0} = \frac{l_0 \sin(\lambda_0 - \lambda_1)}{\sin \lambda_1} \tag{1.7}$$

而 $AN = l_0 \cos \phi_0$,所以

$$\gamma = \frac{BB'}{AN} = \frac{l_1 \sin(\lambda_0 - \lambda_1)}{l_0 \sin \lambda_0 \cos \phi_0}$$

因为

$$\frac{l_1}{l_0} = \frac{\sin \lambda_0}{\sin \lambda_1}$$

所以

$$\gamma = \frac{\sin \lambda_0}{\sin \lambda_1} \left[\frac{\sin \lambda_0 \cos \lambda_1 - \cos \lambda_0 \sin \lambda_1}{\sin \lambda_0 \cos \phi_0} \right]$$

$$= \frac{1}{\cos \phi_0} \left[\frac{\sin \lambda_0 \cos \lambda_1 - \cos \lambda_0}{\sin \lambda_1} \right]$$

$$= \frac{1}{\cos \phi_0} \left[\sin \lambda_0 \sqrt{\frac{\cos^2 \lambda_1}{\sin^2 \lambda_1}} - \cos \lambda_0 \right]$$

$$= \frac{1}{\cos \phi_0} \left[\sin \lambda_0 \sqrt{\frac{1 - \sin^2 \lambda_1}{\sin^2 \lambda_1}} - \cos \lambda_0 \right]$$

$$= \frac{1}{\cos \phi_0} \left[\sqrt{\frac{\sin^2 \lambda_0 - \sin^2 \lambda_1 \sin^2 \lambda_0}{\sin \lambda_1}} - \cos \lambda_0 \right] \tag{1.8}$$

$$\gamma = \frac{1}{\cos \phi_0} \left[\sqrt{\left(\frac{l_1}{l_0}\right)^2 - \sin^2 \lambda_0} - \cos \lambda_0 \right] \tag{1.9}$$

或改写为

$$\gamma = \frac{1}{\sin \lambda_0} \left[\sqrt{\left(\frac{l_1}{l_0}\right)^2 - \sin^2 \lambda_0} - \cos \lambda_0 \right] \tag{1.10}$$

方程右侧的参数包含试验前后试样的有效长度 l_0 和 l_1 以及晶体最初的取向角 λ_0，只要测量出这些数值，分切应变 γ 就可求得。

以分切应力和分切应变作为坐标，可以通过试验作出各种金属单晶体的 $\gamma - \tau$ 曲线。图 1.29 所示为某些面心立方金属和密排六方金属单晶体的典型 $\gamma - \tau$ 曲线。由图可见，所有金属的分切应力 τ 都随分切应变 γ 的增加而增加，这是一种加工硬化或称为应变强化的现象。面心立方金属的强化现象比密排六方金属强烈得多，对此以后将做解释。同时，从图 1.29 还可看出，密排六方金属如果有合适的取向，将可获得很大的剪切变形，这又是面心立方金属所不及的。要理解这些差别，需要进一步研究面心立方和密排六方金属的滑移几何学，研究它们在滑移过程中的转动情况。

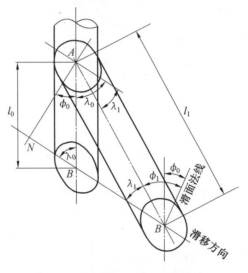

图 1.28　分切应变的几何参数

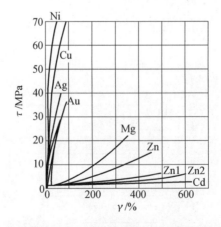

图 1.29　某些面心立方金属和密排六方金属单晶体的典型 $\gamma - \tau$ 曲线

5. 极射赤面投影

（1）极射赤面投影法。

要表示晶体中某些特定的晶面、晶向之间的取向关系，有时采用立体图解，虽然形象直观，但立体图画起来很复杂，诸多不便。晶面、晶向间的空间关系也可清晰地用平面图表示出来。广泛应用的平面图表示法就是极射赤面投影法。这个方法的大致步骤是：第一步是将各个晶面用其法线来表示，这样就把面化为线了；第二步是设想把晶体放入一个参考空心球的中心，并从参考球心引出各晶面的法线，延伸到参考球面与之相交，用这个交点代表相应晶面的法线，这样就把线化为点了；第三步是用绘制地图的方法，把这些点投影到一个平面上，这样就可以用这个投影平面上各点的夹角关系来表示相应的各晶面的空间夹角关系了。显然，立方晶系晶面的法线方向就是相应的晶向，所以投影平面上各点既表示相应的各晶面，又表示相应的各晶向，各点的夹角关系既表示各晶面间的夹角关系，也表示相应晶向间的夹角关系。下面进一步详细地介绍这种投影方法。

① 晶面的法线表示。若通过立方晶胞的中心分别作出 3 组主要晶面 {100}、{110} 和 {111} 的法线，则分别如图 1.30(a)、(b) 和 (c) 所示。图中所用四方形、椭圆形和三角形的符号，分别表示晶体相对于这些法线的对称性。它们依次为 4 次对称、两次对称和 3 次对称。4 次对称说明晶体以此法线为轴，每旋转一周，会出现 4 次重复。其余类推。在立方晶系中，晶面法线的方向指数，其数值就是该晶面的晶面指数，所以，一个指数既表示晶面，又表示与该晶面法线相平行的晶向，可以一举两得，这些指数可以不加括号，以示通用。

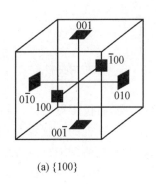
(a) {100}

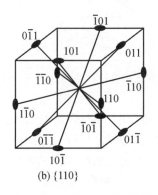
(b) {110}

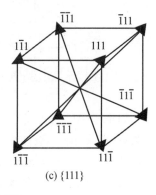
(c) {111}

图 1.30　立方晶胞中 3 组主要晶面的法线表示法

用上述方法，通过某晶胞中心可以作出晶体任何晶面的法线。

② 晶面的球面投影。将上述用晶面法线表示其晶面的晶体放入参考球的中心，如图 1.31 所示。为了清楚起见，这里仅取了参考球的 8 个象限之一，其他可类推。各法线与球面的交点称为极点，各极点间沿球面上的弧度正对应于相应法线之间的夹角，也正对应于相应晶面之间的夹角。这种球面投影图仍然是立体图，使用起来还是不方便，需要把它投影到一个平面上去。

③ 极射投影。得到各晶面的球面极点后，进一步的问题是如何将这些极点投影到一个平面上，才能得到极点的平面投影图。通常是利用极射投影法或极射赤面投影法。

做极射投影时，先过参考球心 O 设一直角坐标系统，如图 1.32 所示。图中 OA 是 Z 轴的正方向,OE 是 Y 轴的正方向,OS 是 X 轴的正方向。B 点作为投影的点光源,即投影点。过 A 点作一平面(π)与球面相切并垂直于 AB,以 π 平面作为投影面。若晶体的某一晶面的极点为 P,连接 BP 线并延长,使之与投影面相交于 P' 点,此 P' 即为极点 P 在投影面上的极射投影点(有时也称为极点)。同理,左半球面上任何极点都可通过极点 B 处的点光源的照射,投影到投影面上。

垂直于 AB 并通过球心的平面与球面的交线为一大圆,这一大圆投影后成为投影面上的基圆(过 $W'S'E'N'$ 的圆),基圆的直径是球径的两倍。位于左半球面上的极点都投影到基圆之内,而位于右半球上的极点都投影到基圆之外。对称性很高的晶体,左半球和右半球上的极点是对称的,因此只需要把左半球的全部极点投影到投影面上。

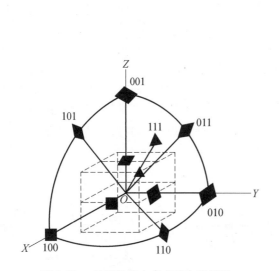

图 1.31   晶面法线在参考球上的投影

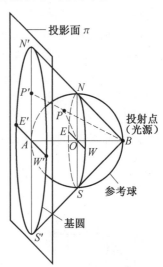

图 1.32   晶体的极射投影

如果沿 AB 线及其延长线移动投影面时,仅图形的放大倍数改变,而投影点之间的相对关系(即夹角)不会改变。投影面也可置于球心,这时基圆与同 AB 垂直的大圆重合。如果把参考球比拟为地球,过球心的投影面就相当于赤道平面,因此就把将球面极点投影到过球心的投影面的投影称为极射赤面投影;如投影面不是过球心的平面,这种平面上的极点投影就称为极射平面投影。两者原理相同,一般统称为极射投影。

根据以上所述的投影方法可知,在看投影图时,应设想观察者位于投影图的背面。

(2)吴氏网。

吴氏网实际上就是球网坐标的极射投影图。图 1.33 所示为刻有经线和纬线的球面坐标网,N、S 为球的两极。经线是过 N 和 S 的平面与球面的交线,它们是大圆;纬线平行赤道平面,除赤道是大圆外,其他的纬线都是小圆(圆半径小于球半径)。在球面上经纬线正交成球面坐标网。以赤道线上某点 B 为投射点,投影面垂直于 AB(直径)并与球面相切于 A 点,光源 B 将球面上的经纬线即球面坐标网投射至投影面上,就成为吴氏网,其简图如图 1.34 所示。球面上的经线大圆投影后成为通过南北极的长弧线(吴氏网经线);纬线小圆的投影是短弧线(吴氏网纬线)。经度沿赤道读数,纬线沿基圆读数。

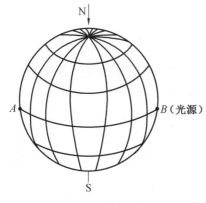

图 1.33　球面坐标网

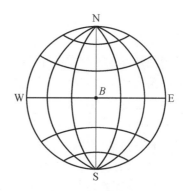

图 1.34　吴氏网简图

利用吴氏网可以进行极点(晶面或晶向)间的夹角测量。例如图 1.35(a)是画在透明纸上的极射投影图,其上有 A、B、C 3 个投影点。要测量它们之间的夹角时,只需把它重选在基圆相同的吴氏网上,使基圆心重合,并使所需测量的两个投影点处于同一大圆(同一经线或赤道上),例如图 1.35(b)上的 B、C 两点那样同处在吴氏网的一条经线上。于是在基圆上读出 B、C 两点的纬度差为 30°,这个值就是 B、C 两个投影点的夹角。

为什么同处于一个大圆(同一经线)上的 B、C 点间的纬度差就代表了 B、C 点间的夹角呢?因为 B、C 两投影点既然同在吴氏网的同一经线上,则它们也必然在球面投影图的同一经线上,如图 1.35(c)所示。而球面投影的同一经线上两极点之间的夹角,就是这条经线上过该两极点纬线的纬度差,所以 B、C 间夹角为 40° − 10° = 30°。

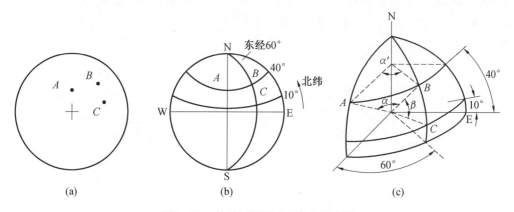

图 1.35　吴氏网测极点夹角的示意图

从图 1.35 可见,A 和 B 两极点正好在一条纬度线上,但是不可认为 A 和 B 点之间的夹角是同一纬度上的经度差 60°,因为 A 和 B 两点既然在吴氏网的同一纬度上,则它们也必然在球面投影图的同一纬度上,而如果这一纬度线又不是赤道线(赤道线是大圆,和成直线的那条经线相同),如图 1.35(b)所示,则该纬线上两极点之间的经度差 $\alpha' = 60°$,就不能代表两极点之间的真正夹角 α。由图可见 $\alpha < \alpha'$。

要测量 A 和 B 两极点间的夹角,必须按前面所述,保证极射投影图基圆心和吴氏网的基圆心重合的条件下,转动极射投影图,使 A 和 B 同时处于吴氏网的某一经线或赤道上时,读出经线上的纬度差,或赤道上的经度差,才是 A 和 B 之间的真正夹角。

为什么极射投影图可以绕吴氏网的基圆心做同心转动呢? 或者为什么可以允许它们同心转动到使 A 和 B 同处于一个大圆上来测量它们的夹角呢? 因为极射投影图上的投影点之间的夹角关系是确定的,只要有比例相同(同基圆)的投影坐标网尺就可以测量出来。吴氏网就是这样的坐标网尺。极射投影图绕吴氏网做同心转动,同吴氏网绕极射投影图转动是一样的,而吴氏网转动只不过是相当于 N、S 极绕吴氏网中心转动,N 和 S 极的设定本来就是任意的(只需它们在同一条直径上),它们的转动并没有改变球面坐标网投影在投影面上后的任何夹角关系,所以允许它们做同心转动。

总之,要特别强调:利用吴氏网测极射投影图上任意两投影点之间的夹角时,吴氏网和极射投影图的基圆必须相同,两图应同心重合,两投影点之间的夹角只能用同一经线上的纬度差来量度,不能用同一纬线上的经度差来量度,但可用赤道上的经度差来量度。

(3) 标准投影图。

为了分析各晶面(包括各晶向)间的空间关系方便起见,常需要运用一些低指数面的标准投影图。所谓标准投影图是指以投影面平行于某个晶面作出的单晶体各主要晶面的极射投影图。例如立方晶系(001)面标准投影图就是指将投影面平行于(001)面作出的各主要晶面的极射投影图,也就是将参考球上的 001 极点置于极射投影图的中心位置,并至少标出 {100}、{110}、{111} 面系各极点投影位置的一个极射投影图。立方晶系(001)面作为投影面时球面投影和极射投影的对应关系如图 1.36 所示。立方晶系(001)面的标准投影图如图 1.37 所示。如果标准投影图上反映出的投影点越多,也就是投影图上反映出的晶面数越多,使用起来就更方便。立方晶系常用的标准投影图还有(110)面标准投影图(图 1.38)和(111)面标准投影图(图 1.39)等。

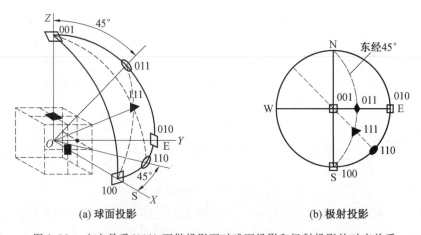

(a) 球面投影　　　　　　　　(b) 极射投影

图 1.36　立方晶系(001)面做投影面时球面投影和极射投影的对应关系

实际上有时仅用标准投影图的一个曲边三角形,例如图 1.39 所示的 001、011 和 111 这 3 个投影点为三角形顶点的曲边三角形,它是(001)面标准投影图上的画着影线的那部分(图 1.40),利用它就可以说明不少问题。这个曲边三角形常被称为标准三角形,它可以用来表示一个立方晶体的取向。因为立方晶系的对称关系,(001)面标准投影图上有

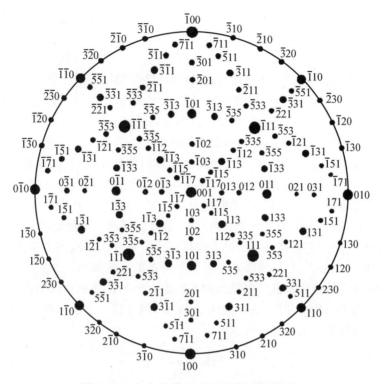

图 1.37　立方晶系(001)面的标准投影图

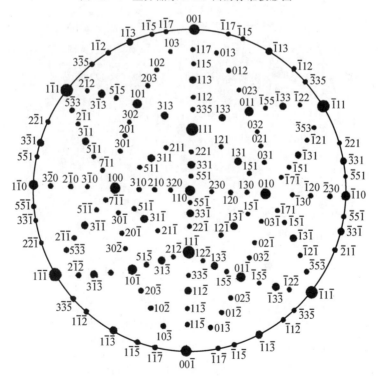

图 1.38　立方晶系(110)面标准投影图

由以 100、110、111 这 3 类投影点为顶点所组成的 24 个曲边三角形（球面投影图上有 48 个），如图 1.39 所示。这 24 个曲边三角形的同类投影点的指数顺序和正负号各不相同，但每个曲边三角形中各类投影点间的相互夹角关系是一样的（例如 $3i1$ 与 $2i1$ 的夹角同 $i13$ 与 $i12$ 的夹角是一样的）。就是说，每个曲边三角形的结构（投影点的组成、排列、夹角关系等）是一样的。指数顺序和符号的差异仅是由坐标设置造成的，任意两个曲边三角形，如果转换球面投影坐标后，它们的投影点指数的顺序和符号就可能相同。我们知道坐标转换只是一个描述方法问题，是不会影响实际的空间关系的。讨论任一方向相对于立方晶体的取向关系时，该方向的极点一定处于立方晶体的 48 个球面三角形（球面投影图上的）中的某一个三角形中，该方向的极点和球面三角形之顶点的夹角一定，因此，它和晶体取向关系就确定了。适当地选择投影面时，该方向的极点在投影面上的投影点一定在 24 个曲边投影三角形中的某一个三角形中，该方向同曲边三角形的 3 个顶点的夹角用吴氏网测出来后，是和它在球面三角形中和球面三角形 3 个顶点的夹角是一样的。也就是说，曲边投影三角形内，任一投影点与三角形顶点的夹角关系是确定的。因此，曲边三角形中的一个特定的投影点就可以表示出某特定方向与晶体的取向关系。前面介绍过，每个曲边三角形的结构都相同，所以，原则上说来，用任意一个曲边投影三角形来表示任一方向相对于晶体取向关系都是可以的。

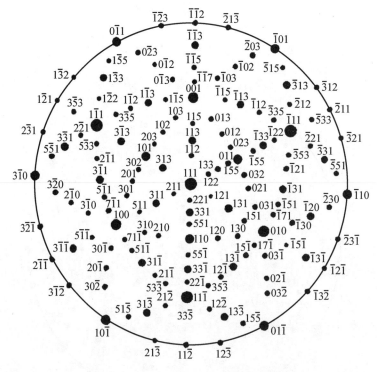

图 1.39　立方晶系 (111) 面标准投影图

举一个例子来说明如何利用标准三角形表示任一方向与晶体的取向关系。例如，一个单晶体金属丝的丝轴和单晶体的取向关系（即丝轴和晶体的各晶面和晶向的夹角关系）可以通过丝轴在标准三角形内的投影点 P 表示出来（图 1.41），P 和各晶面或晶向的投影点之间的夹角可用吴氏网测量出来。

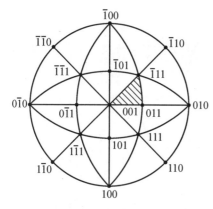
图 1.40　立方晶系(001)面标准投影简图

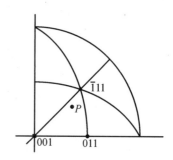
图 1.41　立方晶体极射标准三角形

6. 面心立方晶体的滑移几何学

（1）拉伸时最有利的滑移系统和取向的关系。

面心立方晶体有 12 个滑移系统，在一定的外力作用之下，哪个滑移系统开动（动作）呢？泰勒认为滑移恒在受到最大切应力的滑移系统上进行。哪个滑移系统上的分切应力最大，是和滑移系统的取向有关的。

在单向拉伸时，取向最有利的即取向因子最大的滑移系统可用(001)面标准投影图上的 24 个曲边投影三角形来表示。这种标准投影图也称为立体投影图。投影图有 4 个 ⟨111⟩ 型的投影点，分别用字母 A、B、C 和 D 表示，它们都是面心立方晶体的滑移面的投影点；还有 6 个 ⟨110⟩ 型的投影点，分别用罗马数字 Ⅰ、Ⅱ、…、Ⅵ 表示，它们都是面心立方晶体的滑移方向。W_1、W_2、W_3 分别是 ⟨100⟩ 型的投影点，如图 1.42 所示。以不同的 ⟨111⟩、⟨110⟩ 和 ⟨100⟩ 投影点为顶点可组成 24 个曲边三角形，当拉伸轴（拉力轴）处于 24 个曲边三角形中的某一个三角形内时，该曲边三角形所表示的晶体取向有一个最有利的滑移系统，在图 1.42 中用代表滑移面的英文字母和代表滑移方向的罗马数字的滑移系统符号，标注在每一个三角形内，它就是该三角形的最有利的滑移系统。例如标准三角形 $W_1 A$ Ⅰ 内的最有利的滑移系统就是 BⅣ，即滑移平面是(111)面，滑移方向是 $[\bar{1}01]$ 方向的滑移系统是最有利的。有时也把 BⅣ 称为标准三角形 $W_1 A$ Ⅰ 的主滑移系统或一次滑移系统。其他类推。

（2）拉伸时晶体的转动。

拉伸试验时，滑移方向有向拉伸轴方向转动的倾向，或者等效地说，拉伸轴将向滑移方向（动作的滑移系统上的）转动。后一种提法在讨论晶体拉伸变形中的转动情况时更为方便。下面以拉伸轴处在标准三角形 $W_1 A$ Ⅰ 中的情况为例，讨论面心立方单晶体在拉伸变形时晶体的转动和滑移系统的工作情况。

图 1.43 表示标准三角形 $W_1 A$ Ⅰ 中拉力轴在拉伸过程中的转动方向。具体的转动过程见图 1.44。标准三角形中的 P 点代表拉力轴的投影点，当拉力轴上加载到滑移方向上的分切应力 τ 达到临界分切应力 τ_c 时，拉力轴将向滑移方向转动，即 P 点将沿着球极平面

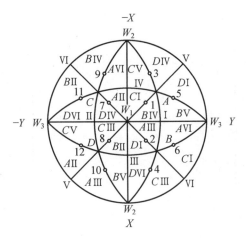

图 1.42 最有利的滑移系统和取向的关系

投影的大圆（相应于通过球心和 P 点以及滑移方向 N 点的平面与球面的交线的投影）向

滑移方向 Ⅳ 即 $[\overline{1}01]$ 转动。当晶体转动时，λ 减小，ϕ 增大。如果 $\lambda_0 > 45° > \phi_0$，晶体转动
使得取向因子增加（因为这时的转动使 λ 和 ϕ 都趋近于 45°），在较低的载荷下，滑移就能
继续进行，或者说随着滑移的进行，屈服应力可能降低，这种情况称为几何软化；反之若
$\phi_0 > 45° > \lambda_0$，晶体的转动将使取向因子越来越小，要保持原滑移系统继续滑移，需要增
加载荷，这种情况称为几何硬化。应该注意，这种几何软化或几何硬化，仅是由晶体取向
变化改变了滑移方向上的分切应力数值引起的，它和晶体结构上的变化（位错和其他晶体
缺陷的数目、组态、相互作用等的变化）无关。P 点向 Ⅳ 点转动过程中，当 $\lambda < 45°$ 时，就
要发生几何硬化。一旦 P 点转动到相邻的三角形 W_1ⅣA 和三角形 W_1AⅠ 的公共边 W_1A
上时，三角形 W_1AⅣ 的最有利的滑移系统 CⅠ 将与三角形 W_1AⅠ 的最有利的滑移系统
BⅣ 等效。因此称 CⅠ 是 BⅤ 的共轭滑移系，C 面 $(11\overline{1})$ 是共轭面，这时就出现了双系滑
移。BⅤ 滑移系要求 P 轴转向 Ⅳ 点，CⅠ 滑移系要求 P 轴转向 Ⅰ 点，最终是 P 轴沿着
W_1A 公共边滑动到 Ⅳ 点和 Ⅰ 点的对称位置 $[\overline{1}12]$ 上（Ⅰ、$\overline{1}12$、Ⅳ 共一大圆）。

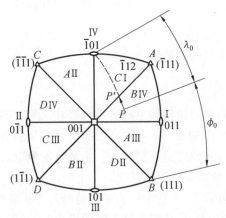

图 1.43 拉伸标准三角形

（3）拉伸时的超越现象。

事实上，某些合金晶体在 P 轴转动过程中有"超越"现象。即 P 轴超过 W_1A 边界之后，$B\mathbb{N}$ 滑移系统仍继续起作用，虽然这时共轭滑移系统 $C\mathrm{I}$ 的取向因子已经大于一次滑移系统 $B\mathbb{N}$（也称原始滑移系统）的取向因子。皮尔舍等认为超越现象是由"潜在硬化"过程造成的。原始滑移系开动后，在原始滑移面（B）上留下位错，增加了共轭滑移运动的阻力。也就是说，为使在共轭面（C）上产生滑移，该面上的位错要交截许多原滑移面上的位错。直到 $C\mathrm{I}$ 系统的取向因子大于 $B\mathbb{N}$ 系统取向因子的有利作用大于潜在硬化的作用时，$C\mathrm{I}$ 系统才开始工作，使 P 轴向 Ⅰ 转动。超越现象反复出现，如图 1.44 所示。

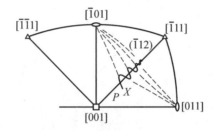

图 1.44　拉伸轴 P 的转动

（4）在特殊取向上拉伸时的多系滑移。

上面研究了拉力轴位于标准三角形内时晶体的变形行为。如果拉力轴位于标准三角形的 3 个边上或 3 个顶点上，这又属于另一类特殊情况。拉力轴处于每一个边上时，都有两个等效的滑移系统。如图 1.42 所示，W_1A 边上有 $C\mathrm{I}$ 和 $B\mathbb{N}$ 两系统等效。同样，$W_1\mathrm{I}$ 边上有 $B\mathbb{N}$ 和 $A\mathbb{III}$ 等效，$A\mathrm{I}$ 边上有 $B\mathbb{N}$ 和 $B\mathrm{V}$ 等效。

拉力轴处于三角形的任一边上时，既然都有两个等效的滑移系统，就会在一开始变形时出现双系滑移，每个系统滑移面上的位错随着滑移的进行密度都会增加，且造成另一滑移系统的滑移面上的位错运动阻力增加，所以，双系滑移时，每一个系统的临界切应力都比单系滑移时的数值要大，有强化效应存在。注意，这种强化是由形变引起的位错密度和组态变化而造成临界分切应力（即位错运动的阻力）提高引起的，属于物理强化性质，它不同于晶体取向改变引起分切应力降低的那种几何硬化（强化）。如果拉力轴位于标准三角形的 3 个顶点，情况又更复杂一些。拉力轴位于 W_1 上时，将有 8 个等效的滑移系统；拉力轴位于 A 上时，将有 6 个等效的滑移系统；拉力轴位于 Ⅰ 上时，将有 4 个等效的滑移系统。很显然，拉力轴处于这样的取向时，物理强化效应将是非常强烈的，因此，在这些取向上晶体的临界分切应力也将提高。可见由于不同取向的几何强化和物理强化作用不同，不同取向上单晶体的屈服应力是不同的。

（5）在压缩变形过程中单晶体的转动。

同拉伸变形时滑移首先在具有最大分切应力的滑移系统上进行一样，压缩变形时，例如铝晶体的滑移变形，也是首先在具有最大分切应力的滑移系统上进行。压缩变形时，具有最大分切应力的滑移系统同外力轴的取向关系和拉伸变形时是同样的，也可像图 1.41 那样用 24 个曲边三角形中最有利的滑移系统来表示。但是在压缩变形过程中，不是滑移方向转向外力轴，而是滑移面法线方向转向外力轴。为了说明问题方便起见，可以说是外力轴转向滑移面法线方向。因此当压力轴处于标准三角形 $W_1A\mathrm{I}$ 内时，外力轴 P 不是向 IV 方向转动，而是向 B 方向转动。图 1.45 所示为压缩变形中铝单晶体的转动。压力轴向 B 转动的轨迹线上标出的数字是压缩百分数。圆点是观测所得的取向，十字叉是按公式计算出的取向。可见计算值和实测值是十分接近的。

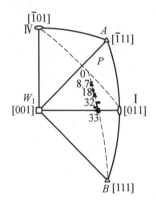

图 1.45　压缩变形中铝单晶体的转动

1.3.2　孪生变形

金属在适当的条件下变形时可形成孪晶，称为形变孪晶或机械孪晶。产生孪晶的过程称为孪生，孪生是塑性变形的基本机理之一。孪生是晶体的一部分相对于另一部分沿着一定的晶体学平面和方向产生的切变，该晶面就是孪生面，该晶向就是孪生方向。

1. 孪生的特点

孪生要改变晶体的取向。由图 1.46 可见，面心立方晶体的孪生面（111）上面的那一部分晶体沿着孪生方向 $[11\bar{2}]$ 产生相对切变，孪生部分的晶体中每层（111）晶面与其相邻的（111）面的相对切变量都是 $\dfrac{\sqrt{6}}{6}a$（a 为点阵常数）。在镜面对称的孪晶界面上的第一层（111）面的切变量为 $\dfrac{\sqrt{6}}{6}a$，第二层为 $\dfrac{2\sqrt{6}}{6}a$，第三层为 $\dfrac{3\sqrt{6}}{6}a$，以后照此类推。这就是面心立

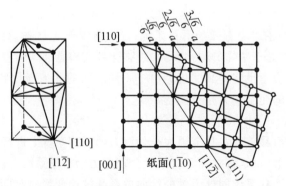

图 1.46　面心立方晶体的孪生过程
● 切变前原子位置；○ 切变后原子位置

方晶体孪生后原子排列的变化情况。从孪生后孪晶中原子排列情况可以看出,晶体切变后结构没有变化,和基体的晶体结构完全一样,但是,取向发生了变化。经过抛光可以把滑移痕迹去掉,而孪生因为有取向变化,即使抛光也不能把金相样品中的孪生现象消去。同时,由这个孪生过程可以看到孪生这种晶体的相对切变是沿孪生面逐层连续依次进行的,而不像滑移那样集中在一些滑移面上进行。

　　在一般情况下,孪生比滑移困难一些,所以变形时首先发生滑移,当切应力升高到一定数值时,才出现孪生。但像密排六方金属,由于滑移系统少,各滑移系相对于外力的取向都不利时,也可能在变形一开始就形成孪晶。

　　孪晶的生长速度很快,和冲击波的传播速度相当。在孪生时可听到声音,例如锌条弯曲时就可听到"轧轧"的响声,这是孪晶长大时发出的。

2. 孪生的几何学

　　既然孪生这种塑性变形机理具有保持其原来的晶体结构,又改变其取向使同原来的晶体保持对称的特点,就一定存在一些特定的因素可以用来描述这些特点,这些因素就称为孪生要素。孪生要素通常指的是孪生面或称第一不畸变面 K_1、第二不畸变面 K_2、孪生方向或称切变方向 η_1、切变平面与 K_2 的交线 η_2 和孪生切应变 S。讨论它们之间的关系,就是孪生几何学。

　　讨论晶体中一个球形区域进行孪生变形的情况(图 1.47)。设孪生发生于上半球,故孪生面是赤道平面 K_1,孪生的切变方向为 η_1。发生孪生时,孪生面以上的晶面都发生了切变,切变方向是 η_1,切变的位移量与离 K_1 面的距离成正比,在球的高度和宽度方向(与 η_1 相垂直的方向)上没有位移。因此孪生变形后,原来的半球成为椭球了,原来与纸面(切变平面)垂直的 O 面,被位移于 $A'O,A'O < AO$,此平面缩短,而原来的 CO 平面切变后,被拉长至 $C'O$。$CO > CO$,此平面伸长,由此可见孪生使原来晶体中各个平面产生了畸变,即平面上的原子排列有了变化。但是从图中也可以找到其中有两组平面的原子排列没有变化。第一组平面是孪生平面 K_1,称为第一不畸变面;第二组平面是 BO 面(标以 K_2),孪生后变为 $B'O$(标以 K_2'),$B'O = BO$,其长度不变。由于切变沿 η_1 方向进行,故其垂直于纸面的宽度也不受影响。K_2 面与切变平面(纸面)的交线为 η_2,孪生时此方向上原子排列不发生变化。K_1、η_1、K_2、η_2 这 4 个参数已定,则孪生时晶体的变化或者原子排列情况的变化就确定了。

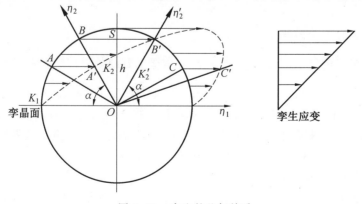

图 1.47　孪生的几何关系

从图 1.47 还可以很容易地算出孪生的切应变 γ。从 $\triangle BOB'$ 中可以看出：

$$\begin{cases} BB' = h\gamma \\ 2h\cot\alpha = h\gamma \\ \gamma = 2\cot\alpha \end{cases} \tag{1.11}$$

式中，α 为 K_1 与 K_2 两平面间的夹角，它由该两平面的晶体学特性所决定，在孪生变形时，此角度也是一定的。所以，对于一定的晶体来说，孪生所产生的切应变量是定值。在表 1.2 中列举的有关晶体的孪生参数中，也包括了孪生的切应变值。

表 1.2　某些金属的孪生参数

金属	晶体结构	c/a	K_1	K_2	η_1	η_2	γ	$(\Delta l/l_0)$ max/%
Al,Cu,Au,Ni, Ag,$\gamma-$Fe	面心立方	—	$\{111\}$	$\{\bar{1}11\}$	$\langle11\bar{2}\rangle$	$\langle112\rangle$	0.707	41.4
$\alpha-$Fe	体心立方	—	$\{112\}$	$\{\bar{1}\bar{1}2\}$	$\langle\bar{1}\bar{1}1\rangle$	$\langle111\rangle$	0.707	41.4
Cd	密排六方	1.886	$\{10\bar{1}2\}$	$\{\bar{1}012\}$	$\langle\bar{1}011\rangle$	$\langle10\bar{1}1\rangle$	0.17	8.6
Zn	密排六方	1.856	$\{10\bar{1}2\}$	$\{\bar{1}012\}$	$\langle\bar{1}011\rangle$	$\langle10\bar{1}1\rangle$	0.139	7.2
Mg	密排六方	1.624	$\{10\bar{1}2\}$ $\{11\bar{2}1\}$	$\{\bar{1}012\}$ $\{0001\}$	$\langle\bar{1}011\rangle$ $\{11\bar{2}6\}$	$\langle10\bar{1}1\rangle$ $\langle11\bar{2}0\rangle$	0.131 0.64	6.8 37.2
Zr	密排六方	1.589	$\{10\bar{1}2\}$ $\{11\bar{2}1\}$ $\{11\bar{2}2\}$	$\{\bar{1}012\}$ $\{0001\}$ $\{11\bar{2}4\}$	$\langle\bar{1}011\rangle$ $\langle11\bar{2}6\rangle$ $\langle11\bar{2}3\rangle$	$\langle10\bar{1}1\rangle$ $\langle11\bar{2}0\rangle$ $\langle22\bar{4}3\rangle$	0.167 0.63 0.225	8.7 36.3 11.9
Ti	密排六方	1.589	$\{10\bar{1}2\}$ $\{11\bar{2}1\}$ $\{11\bar{2}2\}$	$\{\bar{1}012\}$ $\{0001\}$ $\{11\bar{2}4\}$	$\langle\bar{1}011\rangle$ $\langle11\bar{2}6\rangle$ $\langle11\bar{2}3\rangle$	$\langle10\bar{1}1\rangle$ $\langle11\bar{2}0\rangle$ $\langle22\bar{4}3\rangle$	0.167 0.638 0.255	8.7 36.9 11.9
Be	密排六方	1.568	$\{10\bar{1}2\}$	$\{\bar{1}012\}$	$\langle\bar{1}011\rangle$	$\langle10\bar{1}1\rangle$	0.199	10.4

3. 面心立方金属中的孪生

面心立方金属的孪生面是 $\{111\}$ 面（即 K_1），孪生方向是 $\langle11\bar{2}\rangle$ 方向（即 η_1），第二不畸变面 K_2 是 $\{\bar{1}11\}$ 面，η_2 是 $\langle112\rangle$ 方向。面心立方金属孪生的切应变 $\gamma=0.707$。沿密排的 $\{111\}$ 面上的不全位错滑移过程比孪生过程要容易得多，因此，在面心立方金属中，只有极低温或极高的应变速率时，或者在某些合金中才出现孪生。共格孪晶界能为层错能的一半，因此孪生的倾向随层错能的减少而增加。所以，在 4 K 条件下变形的铜和在应力很高的条件下变形的银、金、镍中都有孪晶。

在此附带说明：面心立方金属虽然产生形变孪晶比较困难，但是某些面心立方合金却可能产生很多的退火孪晶。这些孪晶是形变后层错密度很高的材料，在再结晶晶粒生长时产生的。某一晶粒以某一特定的排列顺序例如 $ABCABC$ 生长时,堆垛形式将因出现堆垛层错而改变,排列顺序可能成为 $ABCBAC\cdots$,这组平面中央的 C 平面就是孪晶的镜面对称面,在它两边的原子互为映像,这就形成了退火孪晶的核心。由于这类晶粒的生长密切依赖于晶体中层错的数目,所以面心立方金属中退火孪晶的密度将随材料的堆垛层错能的增加而减少。例如黄铜有许多退火孪晶,而铝则没有。因出现堆垛层错的概率也和变形过程有关,所以给定材料中的退火孪晶数目将随冷加工变形程度的增加而增加。因而再结晶材料中的退火孪晶的数目,为我们提供了材料变形历史的线索。

在溶剂金属中,加入某些溶质原子时,有可能使层错能降低,因而面心立方金属的固溶体合金(例如 Ag＋Au、Cu＋Zn、Cu＋Al、Cu＋In 等)比纯金属有更大的孪生倾向性。

面心立方金属孪生这种切变过程,具体是如何进行的呢?下面介绍孪生的机理。开始孪生虽然要求比开始滑移更高的应力,但仍然比晶体的理论强度要低得多。因此,孪生这种切变过程同滑移一样,不能把它看成是刚性整体式的切变。借助于位错运动来实现这种切变,同样要容易得多,合理得多。

首先,分析如图 1.48 所示的孪生切变过程。这个过程可看成是平行于孪晶界面的每一个相邻的(111)面都依次在 $[11\bar{2}]$ 方向上滑动了 $\frac{\sqrt{6}}{6}a$ 滑移量的结果。对这一切变过程,很自然会想到它是每个(111)面上都扫过一个伯氏矢量为 $b=\frac{\sqrt{6}}{6}[11\bar{2}]$ 的不全位错的结果。图 1.48 所示的情况是和图 1.47(b) 的原子排列情况完全相符合的。保证每个相邻的(111)面上都有这样一个伯氏矢量 $b=\frac{\sqrt{6}}{6}[11\bar{2}]$ 的不全位错在孪生时都能动作有多种机理,其中之一是棘轮机理。例如,在(111)面上有一条伯氏矢量为 $\frac{a}{2}[110]$ 的位错,由于同柏氏矢量为 $\frac{a}{2}[0\bar{1}1]$ 的位错交割而形成了大割阶 $ABCD$,如图 1.49 所示。割阶部分 BC 可能产生分解:

$$\frac{a}{2}[110] \longrightarrow \frac{a}{3}[111] + \frac{a}{6}[11\bar{2}] \tag{1.12}$$

其中,伯氏矢量为 $\frac{a}{3}[111]$ 的部分位错 BC 不能在(111)面上滑移,停留在原地;伯氏矢量为 $\frac{a}{6}[11\bar{2}]$ 的部分位错线 BC 和它的伯氏矢量都在(111)面上,因此它可在(111)面上滑移,并将以 B、C 为结点扩展开去。如同弗兰克－里德源一样,它也可形成一个部分位错环。显然,部分位错环内的区域将是一个产生了 $\frac{a}{6}[11\bar{2}]$ 剪切位移的层错区,于是就形成了一层原子面厚的孪晶。散发了一个部分位错环后的伯氏矢量为 $\frac{a}{6}[11\bar{2}]$ 的部分位错 BC,同伯氏矢量为 $\frac{a}{3}[111]$ 的部分位错 BC 可重新合并成为伯氏矢量为 $\frac{a}{2}[110]$ 的全位错 BC。如果全位错 BC 在(111)面上滑动一个 $\frac{a}{2}[110]$ 的位移量,它就移动到了紧相邻的另一个(111)面上,全位错 BC 又可重新分解为伯氏矢量为 $\frac{a}{6}[11\bar{2}]$ 和 $\frac{a}{3}[111]$ 的两个部分位

错,伯氏矢量为 $\frac{a}{6}[11\bar{2}]$ 的可动位错又可形成一个部分位错环,在环内区域中再次产生一

个量为 $\frac{a}{6}[11\bar{2}]$ 的切变,于是就形成了两层原子厚的孪晶。而后两个部分位错又重新合

并成全位错。这个过程如果依次进行下去,就可形成一定厚度的孪晶,这就是棘轮机理。

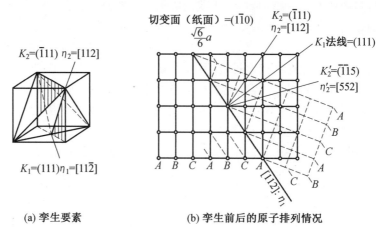

| (a) 孪生要素 | (b) 孪生前后的原子排列情况 |

图 1.48   面心立方金属的孪生切变过程

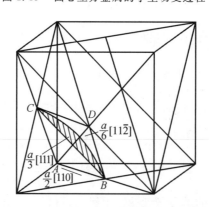

图 1.49   面心立方金属孪生的棘轮机理示意图

4. 体心立方金属中的孪生

很多体心立方金属例如 W、Mo、Cr、Nb、Ta、α—Fe 等都可以通过变形形成孪晶。α—Fe 在冲击加载例如爆炸成形的高速塑性变形时,可形成很薄的孪晶薄片。

体心立方金属的孪生面是{112},孪生方向是⟨111⟩方向。图 1.50 所示为体心立方金属中(121)孪生前后原子排列情况。图 1.50 的图面是(101)面,也就是孪生的切变平面。(101)平面上的原子(图中以实心圆点表示)和上一层的(101)面上的原子在它上面的投影(图中以空心圆圈表示)以及各孪生要素表示于图 1.50 上。孪生切变变形以后的那部分晶体的原子排列情况用虚线表示于图 1.50 的右部。由图 1.50 可见,孪生晶体的

原子排列情况是 $(\bar{1}21)$ 面相对于孪晶的对称面沿 η_1 方向 $[11\bar{1}]$ 依次逐面产生 $\dfrac{\sqrt{3}}{6}a$ 位移的结果。这一切变过程是一个伯氏矢量为 $\dfrac{1}{6}[11\bar{1}]$ 的位错逐层依次地在 $(\bar{1}21)$ 面扫过的结果，如图 1.51 所示。

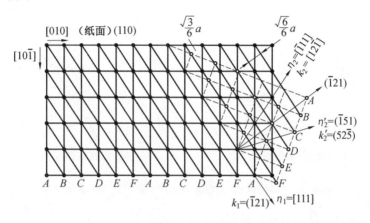

图 1.50　体心立方金属中 $(\bar{1}21)$ 面孪生前后原子排列情况

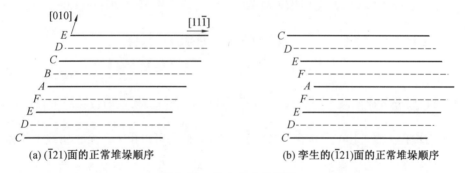

(a) $(\bar{1}21)$面的正常堆垛顺序　　　　　(b) 孪生的 $(\bar{1}21)$面的正常堆垛顺序

图 1.51　体心立方示意图

保证每个相邻的 $(\bar{1}21)$ 面上都有一个伯氏矢量为 $\dfrac{1}{6}[11\bar{1}]$ 的位错相继扫过各自所在的 $(\bar{1}21)$ 面有多种机理。例如面心立方晶体中的棘轮机理，对体心立方晶体也适用，不再重复。此外，极轴机理也在各种文献中常见，介绍如下。如图 1.52 所示的 AO 是一条不动位错，OC 是可动位错。OC 绕 AO 旋转，所以 AO 起到"轴"的作用，因而称为极轴位错。OC 可绕极轴位错旋转，因而称为扫动位错。作为极轴位错，它的伯氏矢量必须有一个垂直于扫动面（即孪生面）的分量，而且这个分量要恰好等于孪生面间距（$\dfrac{a}{6}[\bar{1}21]$）。极轴位错还必须是不动位错。符合这些条件的极轴位错 AO 面间距等于孪生面间距（$\dfrac{a}{6}[\bar{1}21]$），就使同它垂直的扫动面变成以 AO 为中心的螺旋面，而且 AO 是不动的。扫动位错必须能在孪生面上运动，而且扫动位错（OC）扫过一个孪生面之后，产生的切变量应该正好等于孪生的切变量$(\frac{\sqrt{3}}{6}a)$。扫动位错和极轴位错以及其他种类的位错必须形成一个结点(O)。显然,扫动位错绕结点 O 扫过一周,就产生一层原子面厚的孪晶。扫动位错绕结点 O 沿螺旋面扫动两周之后,就产生两层原子面厚的孪晶。过程继续下去就可产生一定厚度的孪晶。

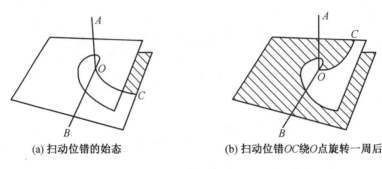

(a) 扫动位错的始态   (b) 扫动位错OC绕O点旋转一周后

图 1.52   极轴机理(阴影区表示产生了$\frac{\sqrt{3}}{6}a$ 切位移的区域)

这样的极轴机理是如何形成的呢? 现举例说明如下:

考虑一段处于(112)面上伯氏矢量为$\frac{a}{2}[111]$的全位错 AOC(图 1.53),它不平行于$[11\bar{1}]$,在合适的应力条件下,某一段位错线 OB 可能发生反应:

$$\frac{a}{2}[111] \longrightarrow \frac{a}{3}[112] + \frac{a}{6}[11\bar{1}] \tag{1.13}$$

即 OB 段位错分解成两段半位错线,其中$\frac{a}{6}[11\bar{1}]$这个伯氏矢量的位错线可在(112)面上滑动,因为伯氏矢量$\frac{a}{6}[11\bar{1}]$包含在(112)面内,因此它可以由 OB 全位错线上扩张出去,以 O 点和 B 点为结点而做滑移运动(B 点还可以随着位错分解而继续向前移动)。当它移动到(112)面和$(1\bar{2}1)$面的交线$[11\bar{1}]$方向上时,其中一段 OE 变为螺型位错,它可交滑移

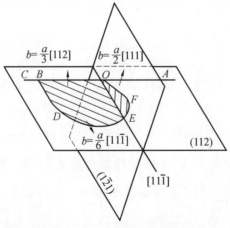

图 1.53   体心立方孪生的极轴机理示意图

到$(\bar{1}21)$面上滑动。对$(\bar{1}21)$面来说,伯氏矢量为$\frac{1}{6}[111]$的位错 OE 是滑动位错(可动的),因此它是可能作为$(\bar{1}21)$面上的扫动位错的,因为当它扫过$(\bar{1}21)$晶面以后,造成两相邻的$(\bar{1}21)$面的相对位移量正好等于$\frac{\sqrt{3}}{6}a$。OB 分解后的另一伯氏矢量为$\frac{a}{3}[11\bar{2}]$的位错线,因其伯氏矢量垂直于$(11\bar{2})$面,它不能在$(11\bar{2})$面上滑动,仍然留在原来的位置 OB 上,但它也可分解:

$$\frac{a}{3}[11\bar{2}] \longrightarrow \frac{a}{6}[1\bar{2}1] + \frac{a}{2}[101]$$

其中的一个伯氏矢量$\frac{a}{6}[1\bar{2}1]$正好垂直于$(\bar{1}21)$面,而且它的模也正好等于$(\bar{1}21)$面的间距$\frac{\sqrt{6}}{6}a$。也就是说,伯氏矢量$\frac{a}{3}[11\bar{2}]$的 OB 位错具有一个垂直于扫动面$(\bar{1}21)$面,并且等于扫动面间距的伯氏矢量分量,它不能在$(\bar{1}21)$面上,也不能在$(11\bar{2})$面上滑动,是不动位错,它可以作为极轴位错。因此,以$\frac{a}{6}[1\bar{1}1]$为伯氏矢量的位错 OE 就可以绕以$\frac{a}{3}[11\bar{2}]$为伯氏矢量的极轴位错 OB 以 O 为中心而旋转。OE 每转一周,即在$(\bar{1}21)$螺旋面上上升一个面间距,使相邻的两面相对切变一个等于$\frac{\sqrt{3}}{6}a$ 的位移量。OE 不断地绕 O 点旋转,过程继续下去,就可在体心立方晶体中形成一定厚度的多层孪晶。

5. 密排六方金属中的孪生

密排六方材料中,在很宽的温度范围内,孪生和滑移同样是非常活跃的变形机理。不管轴比(c/a)多大,即不管底面型还是棱柱型滑移占优势,由于独立滑移系统数目很少,如果仅是滑移变形,不能满足多晶体材料中任意形状改变所必需的 5 个独立应变分量的米泽斯屈服准则,也就保证不了多晶体材料变形成任意形状的可能性。但是很多密排六方结构的金属材料,例如镁、钛、锌等都有很好的塑性,说明这些材料的塑性变形必然包括孪生形变,是满足米泽斯屈服准则的。

从表 1.2 中可以看到密排六方金属可以在不同的晶面($\{10\bar{1}2\}$、$\{11\bar{2}1\}$、$\{11\bar{2}2\}$)上孪生。许多密排六方金属都共有一个孪生类型,就是在$\{10\bar{1}2\}$晶面上孪生。下面就以这种类型的孪生为代表来讨论孪生条件。图 1.54 所示为密排六方金属中$\{10\bar{1}2\}$型孪生的 3 种组合之一,产生哪一种组合,由取向因子决定。

密排六方金属的$\{10\bar{1}2\}$型孪生的条件和轴比 c/a 的关系非常密切。如果轴比 $c/a = \sqrt{3}$,这种密排六方晶体将不能发生$\{10\bar{1}2\}$型孪生。如图 1.55 所示,当 $c/a = \sqrt{3}$ 时,$(\bar{1}2\bar{1}0)$和密排六方晶胞的交线将是正方形,K_1 和 K_2 的夹角 $\alpha = 90°$,然而,K_2 与 K_2' 的夹角也恒是 α 角,所以在 $\alpha = 90°$ 时,K_2 和 K_2' 是重合的,也就是说晶体根本不能产生这种类型的切变。

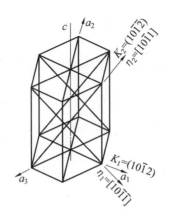

图 1.54   密排六方金属中 $\{10\bar{1}2\}$ 型孪生的 K_1、K_2 面的一种组合

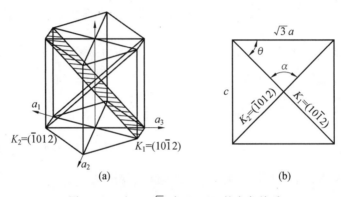

图 1.55 $c/a = \sqrt{3}$ 时，K_1、K_2 的夹角关系

当轴比 $c/a < \sqrt{3}$ 时，如 Be 孪生时那样（Be 的轴比 $c/a = 1.568$），底面（0001）将平分两个 $\{10\bar{1}2\}$ 所夹的锐角，而棱柱面（$10\bar{1}0$）则将平分该锐角之补角，如图 1.56 所示。因为棱柱面必须和底面（基面）垂直，所以当底面的位置确定以后，棱柱面的位置是很容易确定的。从图 1.56(b) 的应变椭圆图中可以看到，要发生（$10\bar{1}2$）的孪生，则底面将受到压缩，而棱柱面将会延长。所以如果一个单晶体的底面平行于加载方向时，那么如果加压缩载荷时就将出现孪生（或者说易于孪生）；如果加拉伸载荷时就将不会出现孪生。只有当底面垂直于载荷轴时，在拉伸载荷作用下，晶体才能出现孪生。

当轴比 $c/a > \sqrt{3}$ 时，如 Zn 孪生时那样（Zn 的 $c/a = 1.856$），这时情况完全相反，棱柱面将平分 K_1 和 K_2 面间的锐角，底面将平分 K_1 和 K_2 的钝角，所以孪生过程中，将从图 1.56(b) 的应变椭圆中看出，棱柱面要受到压缩，而底面将会伸长。因此，只有平行于底面的方向有拉伸载荷，或在平行于棱柱面的方向上受到压缩载荷时才会出现 $\{10\bar{1}2\}$ 型孪生。

密排六方金属和面心立方、体心立方金属中的孪生都是位错运动过程。这类位错运动的过程可用极轴机理、棘轮机理等来解释。

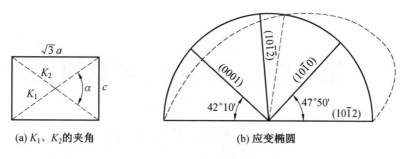

图 1.56　$c/a < \sqrt{3}$ 时,密排六方金属$(10\bar{1}2)$型孪生的条件

习　　题

1. 画出刃型位错和螺型位错的示意图,并说明它们的异同点。
2. 试比较位错的滑移与攀移。
3. 总结位错在材料中的作用。
4. 综述层错能和晶体结构对金属塑性变形机理的影响。

第2章　　应力与应变理论

2.1　应力与应变概念

2.1.1　应力

应力 σ 是指当物体中某一微元面积 ΔA 趋近于零时,作用在该面积上的内力 ΔP 与 ΔA 比值的极限,即

$$\sigma = \lim_{\Delta t \to 0}(\Delta P/\Delta A) \tag{2.1}$$

应力可以分解成两个分量:垂直于面(或平行于面法线方向)的分量,称为正应力,用 σ 表示;平行于面(或垂直于面法线方向)的一个或者两个正交分量,称为剪应力,用 τ 表示。

应力分量的下角标规定:每个应力分量的符号带有两个下角标,第一个下角标表示该应力分量所在的面,用其外法线方向表示,第二个下角标表示该应力分量的坐标轴方向。正应力分量的两个下角标相同,一般只需一个下角标表示,如图 2.1 所示。

应力分量的正负号规定:正应力分量以拉为正、压为负。剪应力分量正负号规定分为两种情况:当其所在面的外法线与坐标轴的正方向一致时,则以沿坐标轴正方向的剪应力为正,反之为负;当其所在面的外法线与坐标轴的负方向一致时,则以沿坐标轴负方向的剪应力为正,反之为负。

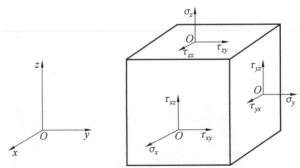

图 2.1　平行于坐标面上应力示意图

2.1.2　应变

1. 正应变

正应变表示变形体内线元长度的相对变化率。现设一单元体 $PABC$ 仅仅在 xOy 坐标平面内发生了很小的正变形,如图 2.2(a)(这里暂不考虑刚体位移)所示,变成了

$PA_1B_1C_1$。单元体内各线元的长度都发生了变化,例如其中线元 PB 由原长 r 变成了 $r_1 = r + \delta r$,于是把单元长度的变化

$$\varepsilon = \frac{r_1 - r}{r} = \frac{\delta r}{r} \qquad (2.2)$$

称为线元 PB 的正应变。线元伸长时 ε 为正,压缩时 ε 为负。其他线元也可同样定义,例如平行于 x 轴和 y 轴的线元 PA 和 PC,将分别有

$$\varepsilon_x = \frac{\delta r_x}{r_x}, \quad \varepsilon_y = \frac{\delta r_y}{r_y}$$

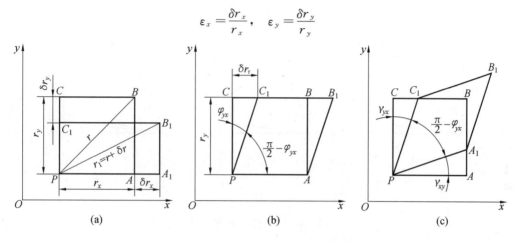

图 2.2　单元体在 xOy 平面内纯变形

2. 剪应变

剪应变表示变形体内相交两线元夹角在变形前后的变化。设单元体在 xOy 坐标平面内发生剪变形,如图 2.2(b) 所示,线元 PA 和 PC 所夹的直角 $\angle CPA$ 缩成了 φ 角,变成了 $\angle C_1PA$,相当于 C 点在垂直于 PC 的方向偏移了 δr_τ,一般把

$$\frac{\delta r_\tau}{r_y} = \tan \varphi \approx \varphi \qquad (2.3)$$

称为相对剪应变。$\angle CPA$ 缩短时 φ 取正号,图 2.2(b) 中的 φ 是在 xOy 坐标平面内发生的,故可写成 φ_{yx}。由于小变形,故可认为 PC 转至 PC_1 时长度不变。图 2.2(b) 所示的相对剪应变 φ_{yx} 可看成 PA 和 PC 同时向内偏转相同的角度 γ_{xy} 及 γ_{yx} 而成,如图 2.2(c) 所示:

$$\gamma_{xy} = \gamma_{yx} = \frac{1}{2}\varphi_{yx} \qquad (2.4)$$

将 γ_{xy}、γ_{yx} 定义为剪应变。

剪应变下角标的含义:第一个下角标表示线元的方向,第二个下角标表示线元的偏转的方向,如 γ_{xy} 表示 x 方向的线元向 y 方向偏转的角度。

在实际变形时,线元 PA 和 PC 的偏转角度不一定相同。现设它们的实际偏转角度分别为 α_{xy}、α_{yx},如图 2.3(a) 所示,偏转的结果仍然是 $\angle CPA$ 缩减了 φ_{yx} 角,于是有

$$\begin{cases} \varphi_{yx} = \alpha_{yx} + \alpha_{xy} \\ \gamma_{xy} = \gamma_{yx} = \dfrac{1}{2}(\alpha_{yx} + \alpha_{xy}) \end{cases} \qquad (2.5)$$

这时,在 α_{xy}、α_{yx} 中已包含了刚体转动。可以设想单元体的线元 PA 和 PC 同时偏转了 γ_{xy} 及 γ_{yx},如图 2.3(b) 所示,然后整个单元体绕 z 轴转动了一个角度 ω_z,如图 2.3(c) 所示,由几何关系得

$$\begin{cases} \alpha_{xy} = \gamma_{xy} - \omega_z \\ \alpha_{yx} = \gamma_{yx} + \omega_z \\ \omega_z = (\alpha_{xy} - \alpha_{yx})/2 \end{cases} \tag{2.6}$$

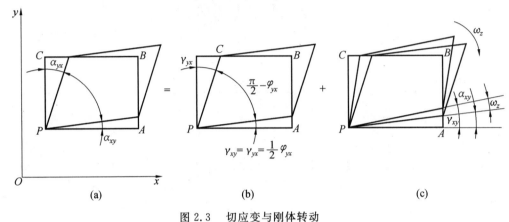

图 2.3　切应变与刚体转动

2.2　点的应力与应变状态

2.2.1　点的应力状态

1. 单向应力状态

单向均匀拉伸应力状态如图 2.4 所示,垂直于轴线的平面上的应力可以表示为

$$\sigma_1 = \frac{P}{A_0} \tag{2.7}$$

式中,P 为轴向力;A_0 为垂直于轴线的横截面面积。

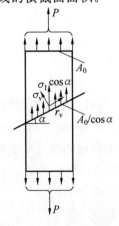

图 2.4　单向均匀拉伸应力状态

当所截平面的法线与轴线成 α 角时,相应的轴应力为

$$\sigma_1 = \frac{P}{A_0}\cos\alpha \tag{2.8}$$

随夹角 α 的增大,截面越来越倾斜,应力也越来越小。

2. 平面应力状态

假设 $\sigma_z = 0$,即在垂直于 xy 平面的方向上没有应力存在,物体中各点所受的应力都位于同一平面内。在 x 方向上作用应力 σ_1,在 y 方向上作用应力 σ_2,如图 2.5 所示。

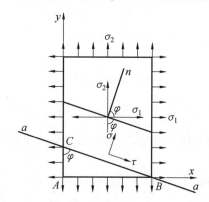

图 2.5　边界无剪应力的平面应力状态

设截面 BC 的面积为 A,则截面 AC 的面积为 $A\cos\varphi$,AB 的面积为 $A\sin\varphi$,沿 BC 面法线方向的力的平衡方程为

$$\sigma A = (\sigma_1 A\cos\varphi)\cos\varphi + (\sigma_2 A\sin\varphi)\sin\varphi$$

平行于 BC 方向的力的平衡方程为

$$\tau A = (\sigma_1 A\cos\varphi)\sin\varphi - (\sigma_2 A\sin\varphi)\cos\varphi$$

整理后,得

$$\begin{cases}\sigma = \sigma_1\cos^2\varphi + \sigma_2\sin^2\varphi \\ \tau = (\sigma_1 - \sigma_2)\sin\varphi\cos\varphi\end{cases} \tag{2.9}$$

消去 φ 后,则得

$$\left[\sigma - \frac{1}{2}(\sigma_1 + \sigma_2)\right]^2 + \tau^2 = \frac{1}{4}(\sigma_1 - \sigma_2)^2 \tag{2.10}$$

如果在边界 $x=0$ 和 $y=0$ 上,除了受正应力 σ_x、σ_y 的作用外还受剪应力的作用,如图 2.6 所示。

投影于斜面法线方向的力的平衡方程为

$$\sigma A = (\sigma_x A\cos\varphi)\cos\varphi + (\sigma_y A\sin\varphi)\sin\varphi + (\tau_{xy} A\cos\varphi)\sin\varphi + (\tau_{xy} A\sin\varphi)\cos\varphi$$

投影于沿斜面切线方向的力的平衡方程为

$$\tau A = (\sigma_x A\cos\varphi)\sin\varphi - (\sigma_y A\sin\varphi)\cos\varphi + (\tau_{xy} A\sin\varphi)\sin\varphi - (\tau_{xy} A\cos\varphi)\cos\varphi$$

整理后,得

$$\begin{cases}\sigma = \sigma_x\cos^2\varphi + \sigma_y\sin^2\varphi + 2\tau_{xy}\sin\varphi\cos\varphi \\ \tau = (\sigma_x - \sigma_y)\sin\varphi\cos\varphi - \tau_{xy}(\cos^2\varphi - \sin^2\varphi)\end{cases} \tag{2.11}$$

消去 φ 后,则得

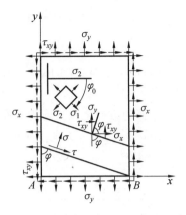

图 2.6   边界的剪应力的平面应力状态

$$\left[\sigma - \frac{1}{2}(\sigma_x + \sigma_y)\right]^2 + \tau^2 = \left[\frac{1}{2}(\sigma_x - \sigma_y)\right]^2 + \tau_{xy}^2 \tag{2.12}$$

在平面应力状态中有纯剪切应力状态,它的特点是在主剪应力平面上的正应力为零,如图 2.7 所示。

纯剪应力 τ 就是最大剪应力,主轴与任意坐标轴成 45°,主应力的特点是 $\sigma_1 = -\sigma_2$。

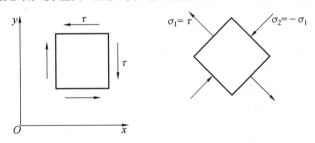

图 2.7   纯剪切应力状态

3. 三维应力状态

全应力:物体受外力系 F_1、F_2、F_3、… 的作用而处于平衡状态,若要知道物体 Q 点的应力,可以过 Q 点作一法线为 N 的平面 B,将物体切成两部分并将上半部分移除,则 B 面上的内力就成了外力,并与作用在下半部分的外力相平衡,如图 2.8 所示。在 B 面上围绕 Q 点取一无限小的面积 ΔA,设该面上的内力的合力为 ΔF,则定义为 B 面上 Q 点的全应力 S,即

$$S = \lim_{\Delta A \to 0} \frac{\Delta F}{\Delta A} = \frac{\mathrm{d}F}{\mathrm{d}A} \tag{2.13}$$

全应力可以分解为两个分量:垂直于作用面的正应力 σ 和平行于作用面的剪应力 τ,其表达式为

$$S^2 = \sigma^2 + \tau^2 \tag{2.14}$$

设过 Q 点 3 个坐标面上的应力为已知,斜面与 3 个坐标轴的截距为 $\mathrm{d}x$、$\mathrm{d}y$、$\mathrm{d}z$,微四面体近似表示 Q 点。斜面外法线 N 的方向余弦分别为

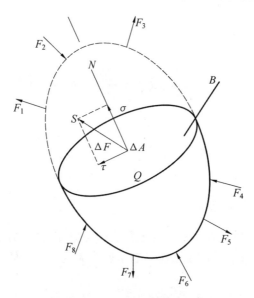

图 2.8　内力与应力图

$$\begin{cases} \cos(N,x) = l \\ \cos(N,y) = m \\ \cos(N,z) = n \end{cases} \tag{2.15}$$

全应力 S 在 3 个坐标轴上的投影分别为 S_x、S_y、S_z，如图 2.9 所示，列微四面体的力平衡方程，即 $\sum x = 0$，$\sum y = 0$，$\sum z = 0$，有

$$\begin{cases} S_x = l\sigma_x + m\tau_{yx} + n\tau_{zx} \\ S_y = l\tau_{xy} + m\sigma_y + n\tau_{zy} \\ S_z = l\tau_{xz} + m\tau_{yz} + n\sigma_z \end{cases} \tag{2.16}$$

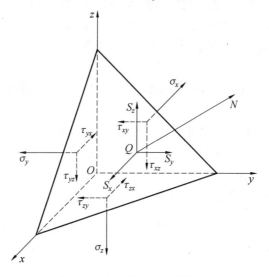

图 2.9　四面体受力示意图

全应力 S 为

$$S^2 = S_x^2 + S_y^2 + S_z^2 \tag{2.17}$$

正应力 σ 为

$$\sigma = S_x l + S_y m + S_z n \tag{2.18}$$

剪应力 τ 为

$$\tau = \sqrt{S^2 - \sigma^2} \tag{2.19}$$

如果作用在物体表面上的外部载荷用 F_x、F_y、F_z 表示,则 S_x、S_y、S_z 都换成 F_x、F_y、F_z,即可作为力的边界条件。

2.2.2　点的应变状态

物体变形时,其内的质点在所有方向上都会产生应变。因此,描述质点的变形需要引入点的应变状态的概念。点的应变状态是表示变形体内某一点任意截面上的应变大小及方向。

在直角坐标系中取一极小的单元体 $PA{\cdots}G$,边长分别为 r_x、r_y、r_z,小变形后移至 $P_1A_1{\cdots}G_1$,变成了一个偏斜的平行六面体,如图 2.10(a)所示。图 2.10(b)为它在 3 个坐标平面上的投影,这时,单元体同时产生了正应变、剪应变、刚体平移和转动。可以假设单元体首先平移至 $P_1A'{\cdots}G'$,然后可能产生如图 2.11 所示的 3 种正应变和 3 种切应变。

(1)单元体在 x 方向的长度变化了 δr_x,其正应变为 $\varepsilon_x = \dfrac{\delta r_x}{r_x}$,如图 2.11(a)所示。

(2)单元体在 y 方向的长度变化了 δr_y,其正应变为 $\varepsilon_y = \dfrac{\delta r_y}{r_y}$,如图 2.11(b)所示。

(3)单元体在 z 方向的长度变化了 δr_z,其正应变为 $\varepsilon_z = \dfrac{\delta r_z}{r_z}$,如图 2.11(c)所示。

(4)单元体的 $P_1C'G'D'$ 面(也即 x 面)在 xOy 平面偏转了 α_{yx} 角,$P_1A'E'D'$ 面(y 面)在 xOy 平面偏转了 α_{xy} 角,形成了 $\varphi_{xy} = \alpha_{yx} + \alpha_{xy}$,如图 2.11(d)所示。

(5)y 面和 z 面在 yOz 平面分别偏转了 α_{zy} 角和 α_{yz} 角,形成了 $\varphi_{yz} = \alpha_{yz} + \alpha_{zy}$,如图 2.11(e)所示。

(6)z 面和 x 面在 zOx 平面分别偏转了 α_{xz} 角和 α_{zx} 角,形成了 $\varphi_{zx} = \alpha_{zx} + \alpha_{xz}$,如图 2.11(f)所示。

将以上 6 个变形叠加起来就可得到图 2.10(a)中偏斜的六面体 $P_1A_1{\cdots}G_1$。于是该单元体的变形就可以用上述的 ε_x、ε_y、ε_z、φ_{xy}、φ_{yz}、φ_{zx} 这 6 个应变来表示。

3 个 φ 由 6 个偏转角 α 组成,它们之中包含了切应变和刚体转动。将式(2.4)、式(2.5)、式(2.6)推广至三维,得到切应变 γ_{ij} 为

$$\begin{cases} \gamma_{xy} = \gamma_{yx} = \dfrac{1}{2}(\alpha_{yx} + \alpha_{xy}) \\[2mm] \gamma_{yz} = \gamma_{zy} = \dfrac{1}{2}(\alpha_{yz} + \alpha_{zy}) \\[2mm] \gamma_{zx} = \gamma_{xz} = \dfrac{1}{2}(\alpha_{zx} + \alpha_{xz}) \end{cases} \tag{2.20}$$

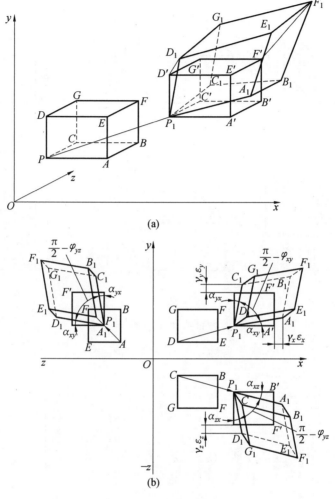

图 2.10　单元体变形

刚体转动为

$$\begin{cases} \omega_x = (\alpha_{zy} - \alpha_{yz})/2 \\ \omega_y = (\alpha_{xz} - \alpha_{zx})/2 \\ \omega_z = (\alpha_{xy} - \alpha_{yx})/2 \end{cases} \tag{2.21}$$

ε_x、α_{xy} 等 9 个分量可构成一个张量,称为相对位移张量 r_{ij} ,即

$$\boldsymbol{r}_{ij} = \begin{bmatrix} \varepsilon_x & \alpha_{xy} & \alpha_{xz} \\ \alpha_{yx} & \varepsilon_y & \alpha_{yz} \\ \alpha_{zx} & \alpha_{zy} & \varepsilon_z \end{bmatrix}$$

在一般情况下 $\alpha_{xy} \neq \alpha_{yx}$, $\alpha_{yz} \neq \alpha_{zy}$, $\alpha_{zx} \neq \alpha_{xz}$,即 $\boldsymbol{r}_{ij} \neq \boldsymbol{r}_{ji}$,故是非对称张量。将 $\boldsymbol{r}_{ij}$ 叠加一个零张量 $(\boldsymbol{r}_{ji} - \boldsymbol{r}_{ji})/2$,即可分解为

$$\boldsymbol{r}_{ij} = \boldsymbol{r}_{ij} + (\boldsymbol{r}_{ji} - \boldsymbol{r}_{ji})/2 = (\boldsymbol{r}_{ij} + \boldsymbol{r}_{ji})/2 + (\boldsymbol{r}_{ij} - \boldsymbol{r}_{ji})/2$$

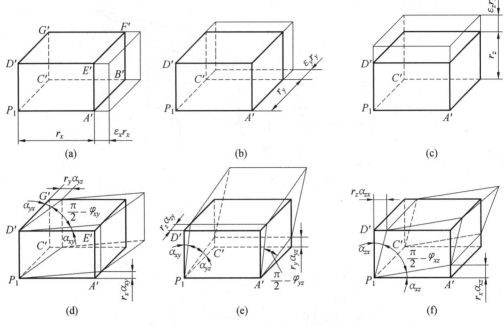

图 2.11 单元体变形的分解

$$
= \begin{bmatrix} \varepsilon_x & (\alpha_{xy}+\alpha_{yx})/2 & (\alpha_{xz}+\alpha_{zx})/2 \\ (\alpha_{yx}+\alpha_{xy})/2 & \varepsilon_y & (\alpha_{yz}+\alpha_{zy})/2 \\ (\alpha_{zx}+\alpha_{xz})/2 & (\alpha_{zy}+\alpha_{yz})/2 & \varepsilon_z \end{bmatrix} +
$$
$$
\begin{bmatrix} 0 & (\alpha_{xy}-\alpha_{yx})/2 & (\alpha_{xz}-\alpha_{zx})/2 \\ (\alpha_{yz}-\alpha_{zy})/2 & 0 & (\alpha_{yz}-\alpha_{zy})/2 \\ (\alpha_{zx}-\alpha_{xz})/2 & (\alpha_{zy}-\alpha_{yz})/2 & 0 \end{bmatrix}
$$

将式(2.20)、式(2.21)代入上式,可得

$$
\boldsymbol{r}_{ij} = \begin{bmatrix} \varepsilon_x & \gamma_{xy} & \gamma_{xz} \\ \gamma_{yx} & \varepsilon_y & \gamma_{yz} \\ \gamma_{zx} & \gamma_{zy} & \varepsilon_z \end{bmatrix} + \begin{bmatrix} 0 & -\omega_z & \omega_y \\ \omega_z & 0 & -\omega_x \\ -\omega_y & \omega_x & 0 \end{bmatrix} \tag{2.22}
$$

式(2.22)的后一项为反对称张量,表示刚体转动,称为刚体转动张量;前一项为对称张量,表示纯变形,这就是应变张量,用 $\boldsymbol{\varepsilon}_{ij}$ 表示,即

$$
\boldsymbol{\varepsilon}_{ij} = \begin{bmatrix} \varepsilon_x & \gamma_{xy} & \gamma_{xz} \\ \gamma_{yx} & \varepsilon_y & \gamma_{yz} \\ \gamma_{zx} & \gamma_{zy} & \varepsilon_z \end{bmatrix}
$$

为了便于记忆,两个下角标的意义可以这样理解:第一个下角标表示通过 P 点的线元方向,第二个下角标表示该线元变形的方向。例如 ε_x 表示 P 点 x 方向线元在 x 方向的线应变, γ_{xy} 表示 x 方向线元在 y 方向的偏转角等。

2.3　张量及其分解

2.3.1　主应力与主应力状态图

1. 主应力

变形体内任一微元体总可以找到 3 个互相垂直的平面,在这些平面上剪应力等于零,则此方向称为主方向,与该方向相垂直的平面称为主平面,在该面上的正应力称为主应力,3 个主应力用 σ_1、σ_2、σ_3 来表示,习惯上它们是按代数值大小顺序排列,即 $\sigma_1 > \sigma_2 > \sigma_3$。

若 3 个坐标轴的方向为主方向,分别用 1、2、3 表示,则可得

$$S_1 = l\sigma_1, \quad S_2 = m\sigma_2, \quad S_3 = l\sigma_3 \tag{2.23}$$

同时,可得出任意斜面上的正应力和剪应力为

$$\begin{cases} \sigma = \sigma_1 l^2 + \sigma_2 m^2 + \sigma_3 n^2 \\ \tau = \sqrt{\sigma_1^2 l^2 + \sigma_2^2 m^2 + \sigma_3^2 2n^2 - (\sigma_1 l^2 + \sigma_2 m^2 + \sigma_3 n^2)^2} \end{cases} \tag{2.24}$$

2. 主应力状态图

一点的应力状态可以用单元体的 3 个互相垂直的主平面上的 3 个主应力分量表示。为了定性地说明变形体某点处的应力状态,通常采用主应力状态图表示。主应力状态图是在变形体内某点处用截面法截取单元体,在其 3 个互相垂直的面上用箭头定性地表示有无主应力存在,即受力状况(拉应力箭头指外,压应力箭头指内)的示意图。

主应力状态图共有 9 种,如图 2.12 所示,其中单向应力状态有两种,即单向拉应力、单向压应力;平面应力状态有 3 种,即两向拉应力、两向压应力、一向拉应力和一向压应力;三向应力状态的有 4 种,即三向拉应力、三向压应力、一向拉应力和两向压应力、一向压应力和两向拉应力。

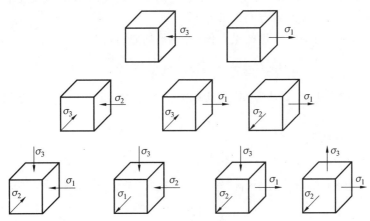

图 2.12　主应力状态图

2.3.2　应力张量及其分解

1. 应力张量

一点的应力状态可用互相垂直的 3 个坐标面上的 9 个应力分量来描述。当坐标系绕原点旋转一定角度后,各个应力分量按照一定规律变化,即满足张量所要求的关系。所以一点的应力可写成状态张量形式,称为应力张量,即

$$\boldsymbol{\sigma}_{ij} = \begin{bmatrix} \sigma_x & \tau_{yx} & \tau_{zx} \\ \tau_{xy} & \sigma_y & \tau_{zy} \\ \tau_{xz} & \tau_{yz} & \sigma_z \end{bmatrix} \tag{2.25}$$

2. 应力张量不变量

若已知一点的应力张量,求过该点的 3 个主应力,存在一个应力状态的特征方程:

$$\sigma_p^3 - I_1\sigma_p^2 + I_2\sigma_p - I_3 = 0 \tag{2.26}$$

对于一个确定的应力状态,3 个主应力具有单值性,故上述特征方程式(2.26)中的 I_1、I_2、I_3 也具有单值性,它们就是应力张量第一、第二、第三不变量,相应表达式为

$$\begin{cases} I_1 = \sigma_x + \sigma_y + \sigma_z \\ I_2 = \sigma_x\sigma_y + \sigma_y\sigma_z + \sigma_z\sigma_x - \tau_{xy}^2 - \tau_{yz}^2 - \tau_{zx}^2 \\ I_3 = \sigma_x\sigma_y\sigma_z + 2\tau_{xy}\tau_{yz}\tau_{zx} - \sigma_x\tau_{yz}^2 - \sigma_y\tau_{zx}^2 - \sigma_z\tau_{xy}^2 \end{cases} \tag{2.26a}$$

以主应力表示的应力张量不变量为

$$\begin{cases} I_1 = \sigma_1 + \sigma_2 + \sigma_3 \\ I_2 = \sigma_1\sigma_2 + \sigma_2\sigma_3 + \sigma_3\sigma_1 \\ I_3 = \sigma_1\sigma_2\sigma_3 \end{cases} \tag{2.26b}$$

3. 应力张量的分解

塑性变形时体积变化为零,只有形状变化。按照应力的叠加原理,表示受力物体内一点的应力状态的应力张量可以分解为与体积变化有关的量和与形状变化有关的量,前者称为应力球张量,后者称为应力偏张量。

现设 σ_m 为 3 个正应力分量的平均值,称为平均应力,即

$$\sigma_m = \frac{1}{3}(\sigma_x + \sigma_y + \sigma_z) = \frac{1}{3}(\sigma_1 + \sigma_2 + \sigma_3) \tag{2.27}$$

由式(2.27)可知,σ_m 是不变量,与所取的坐标无关,即对于一个确定的应力状态,它为单值。

应力张量分解如下:

$$\begin{bmatrix} \sigma_x & \tau_{xy} & \tau_{xz} \\ \tau_{yx} & \sigma_y & \tau_{yz} \\ \tau_{zx} & \tau_{zy} & \sigma_z \end{bmatrix} = \begin{bmatrix} \sigma_m & 0 & 0 \\ 0 & \sigma_m & 0 \\ 0 & 0 & \sigma_m \end{bmatrix} + \begin{bmatrix} \sigma_x - \sigma_m & \tau_{xy} & \tau_{xz} \\ \tau_{yx} & \sigma_y - \sigma_m & \tau_{yz} \\ \tau_{zx} & \tau_{zy} & \sigma_z - \sigma_m \end{bmatrix} \tag{2.28}$$

（应力张量）　　　（应力球张量）　　　　　（应力偏张量）

简记为

$$\boldsymbol{\sigma}_{ij} = \boldsymbol{\sigma}'_{ij} + \boldsymbol{\delta}_{ij}\sigma_m \tag{2.29}$$

式中,$\boldsymbol{\delta}_{ij}$ 为柯氏符号,也称单位张量,当 $i = j$ 时,$\boldsymbol{\delta}_{ij} = 1$;当 $i \neq j$ 时,$\boldsymbol{\delta}_{ij} = 0$。即

$$\boldsymbol{\delta}_{ij} = \begin{bmatrix} 1 & 0 & 0 \\ 0 & 1 & 0 \\ 0 & 0 & 1 \end{bmatrix} \tag{2.30}$$

应力球张量所决定的是各向等压(或等拉)应力状态,这种应力状态不引起物体形状的变化,只决定物体体积的弹性变化。应力偏张量决定物体的形状变化。

4. 应力偏张量不变量

应力偏张量与应力张量一样,也有 3 个不变量 J_1、J_2 及 J_3,如下:

$$\begin{cases} J_1 = \sigma_1' + \sigma_2' + \sigma_3' \\ J_2 = \sigma_1' \sigma_2' + \sigma_2' \sigma_3' + \sigma_3' \sigma_1' \\ \quad = -\dfrac{1}{2}\left[(\sigma_1')^2 + (\sigma_2')^2 + (\sigma_3')^2\right] = (I_1^2 - 3I_2)/3 \\ J_3 = \sigma_1' \sigma_2' \sigma_3' = \dfrac{1}{27}\left[(2\sigma_1' - \sigma_2' - \sigma_3')(2\sigma_2' - \sigma_3' - \sigma_1')(2\sigma_3' - \sigma_1' - \sigma_2')\right] \\ \quad = (2I_1^3 - 9I_1 I_2 + 27I_3)/27 \end{cases} \tag{2.31}$$

式中,J_1、J_2、J_3 分别是应力偏张量第一、第二、第三不变量。

2.3.3　主应变与主应变状态图

1. 主应变

存在 3 个互相垂直的平面,在这些平面上没有剪应变,只有线应变,这样的平面称为主平面,这些平面的法线方向称为主方向,对应于主方向的正应变则称为主应变,用 ε_1、ε_2、ε_3 表示。对于同性材料,可认为应变主方向与应力主方向重合。

2. 主应变状态图

用主应变的个数和符号来表示应变状态的简图称为主应变状态图。

3 个主应变中绝对值最大的主应变反映了变形的特征,称为特征应变。由塑性变形的体积不变条件可知,特征应变等于其他两个应变之和,但符号相反。如用主应变状态图来表示应变状态,则塑性变形只能有如下 3 种变形类型,如图 2.13 所示。

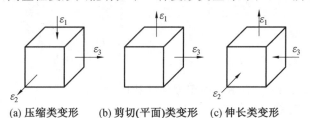

(a) 压缩类变形　　　(b) 剪切(平面)类变形　　　(c) 伸长类变形

图 2.13　3 种变形类型

(1)压缩类变形。如图 2.13(a)所示,其特征应变为负应变($\varepsilon_1 < 0$),另外两个应变为正应变,即 $-\varepsilon_1 = \varepsilon_2 + \varepsilon_3$。

(2)剪切(平面)类变形。如图 2.13(b)所示,其中一个应变为零,其他两个应变大小相等,方向相反,即 $\varepsilon_2 = 0$,$\varepsilon_1 = -\varepsilon_3$。

(3)伸长类变形。如图 2.13(c)所示,其特征应变为正应变($\varepsilon_1 < 0$),另外两个应变为

负应变,即 $\varepsilon_1 = -(\varepsilon_2 + \varepsilon_3)$。

主应变状态图对于分析塑性变形时的金属流动具有重要意义,它可以用来判断塑性变形的类型。

2.3.4　应变张量及其分解

1. 应变张量

若取应变主轴为坐标轴,则应变张量为

$$\boldsymbol{\varepsilon}_{ij} = \begin{bmatrix} \varepsilon_1 & 0 & 0 \\ 0 & \varepsilon_2 & 0 \\ 0 & 0 & \varepsilon_3 \end{bmatrix} \tag{2.32}$$

2. 应变张量不变量

若已知一点的应变张量,求过该点的 3 个主应变,也存在一个应变状态的特征方程:

$$\varepsilon^3 - I_1'\varepsilon^2 + I_2'\varepsilon - I_3' = 0 \tag{2.33a}$$

对于一个确定的应变状态,3 个主应变有单值性,故特征方程式(2.33a)中的 I_1'、I_2'、I_3' 也具有单值性,它们就是应变张量第一、第二、第三不变量,相应表达式为

$$\begin{cases} I_1' = \varepsilon_x + \varepsilon_y + \varepsilon_z \\ I_2' = \varepsilon_x\varepsilon_y + \varepsilon_y\varepsilon_z + \varepsilon_z\varepsilon_x - (\gamma_{xy}^2 + \gamma_{yz}^2 + \gamma_{zx}^2) \\ I_3' = \varepsilon_x\varepsilon_y\varepsilon_z + 2\gamma_{xy}\gamma_{yz}\gamma_{zx} - (\varepsilon_x\gamma_{yz}^2 + \varepsilon_y\gamma_{zx}^2 + \varepsilon_z\gamma_{xy}^2) \end{cases} \tag{2.33b}$$

以主应变表示的应变张量不变量将为

$$\begin{cases} I_1' = \varepsilon_1 + \varepsilon_2 + \varepsilon_3 \\ I_2' = \varepsilon_1\varepsilon_2 + \varepsilon_2\varepsilon_3 + \varepsilon_3\varepsilon_1 \\ I_3' = \varepsilon_1\varepsilon_2\varepsilon_3 \end{cases} \tag{2.33c}$$

3. 应变张量的分解

应变张量也可以分解为如下两个张量,即

$$\boldsymbol{\varepsilon}_{ij} = \begin{bmatrix} \varepsilon_x & \gamma_{xy} & \gamma_{xz} \\ \gamma_{yx} & \varepsilon_y & \gamma_{yz} \\ \gamma_{zx} & \gamma_{zy} & \varepsilon_z \end{bmatrix} = \begin{bmatrix} \varepsilon_x - \varepsilon_m & \gamma_{xy} & \gamma_{xz} \\ \gamma_{yx} & \varepsilon_y - \varepsilon_m & \gamma_{yz} \\ \gamma_{zx} & \gamma_{zy} & \varepsilon_z - \varepsilon_m \end{bmatrix} + \begin{bmatrix} \varepsilon_m & 0 & 0 \\ 0 & \varepsilon_m & 0 \\ 0 & 0 & \varepsilon_m \end{bmatrix}$$

$$= \boldsymbol{\varepsilon}_{ij}' + \boldsymbol{\delta}_{ij}\varepsilon_m \tag{2.34}$$

式中,ε_m 称为平均应变,$\varepsilon_m = \dfrac{1}{3}(\varepsilon_1 + \varepsilon_2 + \varepsilon_3)$;$\boldsymbol{\varepsilon}_{ij}'$ 称为应变偏张量,表示变形单元体形状的变化;$\boldsymbol{\delta}_{ij}\varepsilon_m$ 称为应变球张量,表示变形单元体体积的变化。

4. 应变偏张量不变量

应变偏张量也有 3 个不变量,称为应变偏张量第一、第二和第三不变量:

$$\begin{cases} J_1' = \varepsilon_x' + \varepsilon_y' + \varepsilon_z' = \varepsilon_1' + \varepsilon_2' + \varepsilon_3' = 0 \\ J_2' = \varepsilon_x'\varepsilon_y' + \varepsilon_y'\varepsilon_z' + \varepsilon_z'\varepsilon_x' - (\gamma_{xy}^2 + \gamma_{yz}^2 + \gamma_{zx}^2) \\ \quad\;\; = \varepsilon_1'\varepsilon_2' + \varepsilon_2'\varepsilon_3' + \varepsilon_3'\varepsilon_1' \\ J_3' = \varepsilon_x'\varepsilon_y'\varepsilon_z' + 2\gamma_{xy}\gamma_{yz}\gamma_{zx} - (\varepsilon_x'\gamma_{yz}^2 + \varepsilon_y'\gamma_{zx}^2 + \varepsilon_z'\gamma_{xy}^2) \\ \quad\;\; = \varepsilon_1'\varepsilon_2'\varepsilon_3' \end{cases} \tag{2.35}$$

变形时,根据体积不变条件有 $\varepsilon_m = 0$,故此时应变偏张量即为应变张量。

2.4　平衡微分方程与变形几何方程

2.4.1　应力平衡微分方程

1. 直角坐标系下的平衡微分方程

在物体内任意一点 P 取一微小平行六面体，它的 6 个面垂直于坐标轴，棱边的长度为 $PA = \mathrm{d}x$、$PB = \mathrm{d}y$、$PC = \mathrm{d}z$，如图 2.14 所示。应力分量是位置坐标的函数，六面体是微小的，可以认为体力均匀分布。

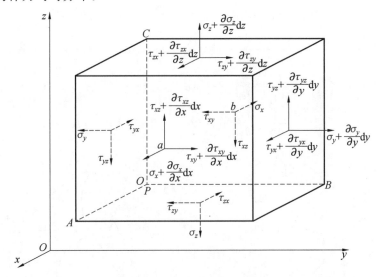

图 2.14　平衡六面体微元受力分析

以 x 轴为投影轴，列出力的平衡方程 $\sum F_x = 0$，得

$$\left(\sigma_x + \frac{\partial \sigma_x}{\partial x}\mathrm{d}x\right)\mathrm{d}y\mathrm{d}z - \sigma_x\mathrm{d}y\mathrm{d}z + \left(\tau_{yx} + \frac{\partial \tau_{yx}}{\partial y}\mathrm{d}y\right)\mathrm{d}z\mathrm{d}x$$

$$- \tau_{yx}\mathrm{d}z\mathrm{d}x + \left(\tau_{zx} + \frac{\partial \tau_{zx}}{\partial z}\mathrm{d}z\right)\mathrm{d}x\mathrm{d}y - \tau_{zx}\mathrm{d}x\mathrm{d}y + K_x\mathrm{d}x\mathrm{d}y\mathrm{d}z = 0$$

又以 y 轴、z 轴为投影轴，列出力的平衡方程 $\sum F_y = 0$、$\sum F_z = 0$，可以得出其他的两个方程。将这 3 个方程约简以后，除以 $\mathrm{d}x\mathrm{d}y\mathrm{d}z$，得到空间问题的平衡微分方程，即纳维叶方程，如下所示：

$$\begin{cases} \dfrac{\partial \sigma_x}{\partial x} + \dfrac{\partial \tau_{yx}}{\partial y} + \dfrac{\partial \tau_{zx}}{\partial z} + K_x = 0 \\[2mm] \dfrac{\partial \sigma_y}{\partial y} + \dfrac{\partial \tau_{zy}}{\partial z} + \dfrac{\partial \tau_{xy}}{\partial x} + K_y = 0 \\[2mm] \dfrac{\partial \sigma_z}{\partial z} + \dfrac{\partial \tau_{xz}}{\partial x} + \dfrac{\partial \tau_{yz}}{\partial y} + K_z = 0 \end{cases} \tag{2.36}$$

2. 柱坐标系下的平衡微分方程

对于柱坐标系，如图 2.15 所示，力平衡条件 $\sum F_r = 0$、$\sum F_\theta = 0$、$\sum F_z = 0$，得

$$\begin{cases} \dfrac{\partial \sigma_r}{\partial r} + \dfrac{1}{r}\dfrac{\partial \tau_{\theta r}}{\partial \theta} + \dfrac{\partial \tau_{zr}}{\partial z} + \dfrac{1}{r}(\sigma_r - \sigma_\theta) + K_r = 0 \\[2mm] \dfrac{\partial \sigma_{r\theta}}{\partial r} + \dfrac{1}{r}\dfrac{\partial \sigma_\theta}{\partial \theta} + \dfrac{\partial \tau_{zr}}{\partial z} + \dfrac{2}{r}\tau_{r\theta} + K_\theta = 0 \\[2mm] \dfrac{\partial \tau_{rz}}{\partial r} + \dfrac{1}{r}\dfrac{\partial \tau_{z\theta}}{\partial \theta} + \dfrac{\partial \sigma_z}{\partial z} + \dfrac{\tau_{rz}}{r} + K_z = 0 \end{cases} \qquad (2.37)$$

3. 球坐标系下的平衡微分方程

对于球坐标系，如图 2.16 所示，力平衡条件 $\sum F_r = 0$、$\sum F_\theta = 0$、$\sum F_\varphi = 0$，得

$$\begin{cases} \dfrac{\partial \sigma_r}{\partial r} + \dfrac{1}{r}\dfrac{\partial \theta_r}{\partial \theta} + \dfrac{1}{r\sin\theta}\dfrac{\partial \tau_{\varphi r}}{\partial r} + \dfrac{1}{r}\left[2\sigma_r - (\sigma_\theta + \sigma_\varphi) + \tau_{r\theta}\cot\theta\right] + K_r = 0 \\[2mm] \dfrac{\partial \tau_{r\theta}}{\partial} + \dfrac{1}{r}\dfrac{\partial \sigma_\theta}{\partial \theta} + \dfrac{1}{r\sin\theta}\dfrac{\partial \tau_{\varphi\theta}}{\partial \varphi} + \dfrac{1}{r}\left[(\sigma_\theta - \sigma_\varphi)\cot\theta + 3\tau_{r\theta}\right] + K_\theta = 0 \\[2mm] \dfrac{\partial \tau_{r\theta}}{\partial r} + \dfrac{1}{r}\dfrac{\partial \tau_{\theta\varphi}}{\partial \theta} + \dfrac{1}{r\sin\theta}\dfrac{\partial \sigma_\varphi}{\partial \varphi} + \dfrac{1}{r}(3\tau_{r\varphi} + 2\tau_{\theta\varphi}\cot\theta) + K_\varphi = 0 \end{cases} \qquad (2.38)$$

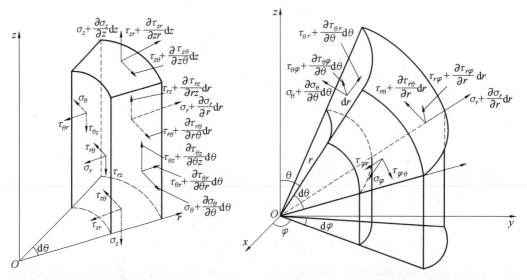

图 2.15　柱坐标系下微元体受力　　　　图 2.16　球坐标系下微元体受力

2.4.2　小变形几何方程

1. 直角坐标系下的小变形几何方程

由变形物体中取出一个微小的平行六面体，将六面体的各面投影到直角坐标系的各个坐标面上，如图 2.17 所示，根据这些投影的变形规律来研究整个平行六面体的变形。

（1）平行六面体在 xOz 面上的投影 $ABCD$。

如图 2.18 所示，整个矩形 $ABCD$ 移到 $A'B'C'D'$ 的位置，A 点的位移是 u 和 w，它们是坐标的函数，因此有

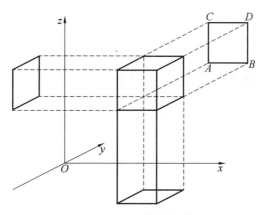

图 2.17　变形体的投影

$$u = f_1(x, y, z), \quad w = f_3(x, y, z) \tag{2.39}$$

B 点沿 x 轴位移，与 A 点位移不同，由泰勒级数展开并略去高阶微量后，表达式为

$$u_1 = f_1(x + \mathrm{d}x, y, z) = u + \frac{\partial u}{\partial x}\mathrm{d}x \tag{2.40}$$

如果边长 $AB = \mathrm{d}x$，则在 x 轴上投影的全伸长量为

$$u_1 - u = \frac{\partial u}{\partial x}\mathrm{d}x \tag{2.41}$$

如用 ε_x 表示沿 x 轴的相对伸长，则有

$$\varepsilon_x = \frac{u_1 - u}{\mathrm{d}x} = \frac{\partial u}{\partial x} \tag{2.42}$$

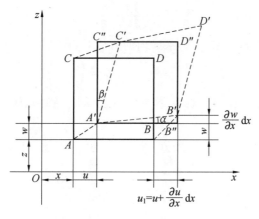

图 2.18　应变和位移关系示意图

用同样的方法可以得到平行于 y 轴和 z 轴边长的相对伸长为

$$\varepsilon_y = \frac{\partial v}{\partial y}, \quad \varepsilon_z = \frac{\partial w}{\partial z} \tag{2.43}$$

（2）六面体的各直角由于剪应变而发生的角变形。

变形前，BAC 或 $B''A''C''$（A'' 与 A' 重合）是直角，变形时，棱边 $A''B''$ 转动角度 α，棱边 $A'C''$ 转动角度 β，在 xOz 平面内，剪应变用 γ_{zx} 表示，其值为角 α 和角 β 之和，即

$$\gamma_{zx} = \alpha + \beta$$

由于变形是微小的,角可以用正切之和表示,也可以用位移表示。若 A 点在 z 轴方向的位移为

$$w = f_3(x, y, z)$$

则 B 点在 z 轴方向的位移为

$$w_1 = f(x + \mathrm{d}x, y, z) = w + \frac{\partial w}{\partial x}\mathrm{d}x$$

A 点过渡到 B 点时,位移由于 x 的变化而变化。B 点与 A 点沿 z 轴方向位移之差为

$$B''B' = w_1 - w = \frac{\partial w}{\partial x}\mathrm{d}x$$

由直角三角形 $A'B''B'$ 可得

$$\alpha \approx \tan\alpha = \frac{B''B'}{A'B''} = \frac{\dfrac{\partial w}{\partial x}\mathrm{d}x}{\mathrm{d}x + \dfrac{\partial u}{\partial x}\mathrm{d}x} = \frac{\dfrac{\partial w}{\partial x}}{1 + \dfrac{\partial u}{\partial x}}$$

在分母中,$\dfrac{\partial u}{\partial x}$ 与 1 相比是个微量,故可略去,因而得

$$\alpha = \frac{\partial w}{\partial x}$$

用同样的方法可得

$$\beta = \frac{\partial u}{\partial z}$$

在 xOz 平面内相对剪应变为

$$\gamma_{zx} = \frac{\partial u}{\partial z} + \frac{\partial w}{\partial x}$$

用同样的方法可以得到 xOz 和 yOz 平面内的剪应变为

$$\gamma_{xy} = \frac{\partial u}{\partial y} + \frac{\partial v}{\partial x}, \quad \gamma_{yz} = \frac{\partial v}{\partial z} + \frac{\partial w}{\partial y} \tag{2.44}$$

以上分析便得到三维直角坐标系下用位移表示应变的几何关系(又称柯西几何关系):

$$\begin{cases} \varepsilon_x = \dfrac{\partial u}{\partial x}, & \gamma_{xy} = \dfrac{\partial u}{\partial y} + \dfrac{\partial v}{\partial x} \\[2mm] \varepsilon_y = \dfrac{\partial v}{\partial y}, & \gamma_{yz} = \dfrac{\partial w}{\partial y} + \dfrac{\partial v}{\partial z} \\[2mm] \varepsilon_z = \dfrac{\partial w}{\partial z}, & \gamma_{zx} = \dfrac{\partial w}{\partial x} + \dfrac{\partial u}{\partial z} \end{cases} \tag{2.45}$$

对于正应变,正值相当于单元 $\mathrm{d}x$ 的伸长,负值相当于单元 $\mathrm{d}x$ 的缩短;对于剪应变,六面体夹角的减小对应于正的剪应变,夹角的增大对应于负的剪应变。

2. 柱坐标系下的小变形几何方程

三维柱坐标系下的柯西几何关系为

$$
\begin{cases}
\varepsilon_r = \dfrac{\partial u}{\partial r}, \quad \gamma_{r\theta} = \dfrac{\partial v}{\partial r} + \dfrac{1}{r}\dfrac{\partial u}{\partial \theta} - \dfrac{v}{r} \\[2mm]
\varepsilon_\theta = \dfrac{1}{r}\dfrac{\partial v}{\partial \theta} + \dfrac{u}{r}, \quad \gamma_{\theta z} = \dfrac{1}{r}\dfrac{\partial w}{\partial \theta} + \dfrac{\partial v}{\partial z} \\[2mm]
\varepsilon_z = \dfrac{\partial w}{\partial z}, \quad \gamma_{zr} = \dfrac{\partial w}{\partial r} + \dfrac{\partial u}{\partial z}
\end{cases}
\tag{2.46}
$$

式中，u、v、w 分别表示一点位移在径向和环向以及高度方向的分量；ε_r、ε_θ、ε_z 分别表示在 r 方向、θ 方向、z 方向的正应变；$\gamma_{r\theta}$、$\gamma_{\theta z}$、γ_{zr} 表示剪应变。

二维平面极坐标系下的柯西几何关系为

$$
\varepsilon_r = \frac{\partial u}{\partial r}, \quad \varepsilon_\theta = \frac{1}{r}\frac{\partial v}{\partial \theta} + \frac{u}{r}, \quad \gamma_{r\theta} = \frac{1}{r}\frac{\partial u}{\partial \theta} + \frac{\partial v}{\partial r} - \frac{v}{r}
\tag{2.47}
$$

直角坐标系与平面极坐标系下的位移与应变之间的关系相比较，主要差别在于平面极坐标中 ε_θ 和 $\gamma_{r\theta}$ 中各多出一项，其几何意义如下：

假定平面物体的半径为 r，圆周上微元弧段发生了相同的位移 u，如图 2.19 所示，则变形后该微元弧段长度为 $(r+u)\mathrm{d}\theta$，而原始长度为 $r\mathrm{d}\theta$，相对伸长为

$$
\varepsilon_\theta = \frac{(r+u)\mathrm{d}\theta - r\mathrm{d}\theta}{r\mathrm{d}\theta} = \frac{u}{r}
$$

由上式可知式 (2.47) 中，$\dfrac{u}{r}$ 表示由发生径向位移引起的环向应变分量。另外，如果平面变形体某一微元线段 AB 发生了下列形式的位移，即在变形后线段上各点沿其环向方向移动了相同的距离 v，如图 2.20 所示，这样变形前与半径重合的直线段 AB，变形后移动到 CD 位置，不再与 C 点的半径方向 CE 相重合，而彼此的夹角为 $\dfrac{v}{r}$，于是微元线段 AB 变形后的 CD 与 C 点圆周切线（θ 坐标线正方向）夹角为 $\dfrac{\pi}{2} + \dfrac{v}{r}$，夹角比 $\dfrac{\pi}{2}$ 增大了 $\dfrac{v}{r}$，根据剪应变的定义，即发生了剪应变 $\gamma_{r\theta} = -\dfrac{v}{r}$，这就说明了所多出项的几何意义。

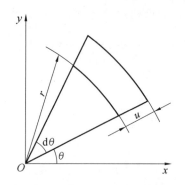

图 2.19　具有相同径向位移的微元弧

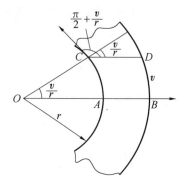

图 2.20　具有环向位移的圆弧

3. 球坐标系下的小变形几何方程

球坐标系下的小变形几何方程为

$$
\varepsilon_r = \frac{\partial u}{\partial r}, \quad \varepsilon_\theta = \varepsilon_\varphi = 0
\tag{2.48}
$$

2.4.3   应变协调方程

1. 变形的协调性

变形的协调性：满足连续体假设，物体变形后必须仍保持其整体性和连续性。

数学观点：要求位移函数 u、v、w 在其定义域内为单值连续函数。

变形的不协调性可能结果：变形后出现"撕裂"（图 2.21(b)）、"套叠"（图 2.21(c)）等现象。"撕裂"后位移函数就出现了间断，"套叠"后位移函数就不是单值的，破坏了物体整体性和连续性。

为保持物体的整体性，各应变分量之间必须要有一定的关系，给出应变分量需要求出位移。

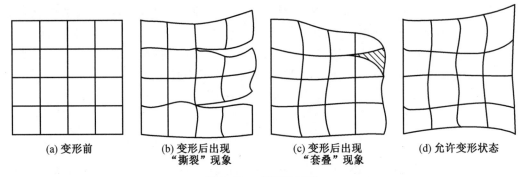

(a) 变形前   (b) 变形后出现"撕裂"现象   (c) 变形后出现"套叠"现象   (d) 允许变形状态

图 2.21   变形示意图

2. 应变连续方程

由小变形几何方程可知，6 个应力分量取决于 3 个位移分量，所以 6 个应变分量不能是任意的，其间必存在一定的关系，这种关系就称为应变连续方程或变形协调方程。应变连续方程有两组共 6 式。简略推导如下：

一组为每个坐标平面应变分量之间满足的关系。

如在 xOy 坐标平面内，将几何方程中的 ε_x 对 y 求两次偏导数，ε_y 对 x 求两次偏导数，得

$$\frac{\partial^2 \varepsilon_x}{\partial y^2} = \frac{\partial^2}{\partial x \partial y}\left(\frac{\partial u}{\partial y}\right), \quad \frac{\partial^2 \varepsilon_y}{\partial x^2} = \frac{\partial^2}{\partial x \partial y}\left(\frac{\partial v}{\partial x}\right) \tag{2.49}$$

两式相加，得

$$\frac{\partial^2 \varepsilon_x}{\partial y^2} + \frac{\partial^2 \varepsilon_y}{\partial x^2} = \frac{\partial^2}{\partial x \partial y}\left(\frac{\partial u}{\partial y} + \frac{\partial v}{\partial x}\right) = \frac{\partial^2 \gamma_{xy}}{\partial x \partial y}$$

用同样的方法还可求出其他两式，共得下列 3 式：

$$\begin{cases} \dfrac{\partial^2 \varepsilon_x}{\partial y^2} + \dfrac{\partial^2 \varepsilon_y}{\partial x^2} = \dfrac{\partial^2 \gamma_{xy}}{\partial x \partial y} \\[2mm] \dfrac{\partial^2 \varepsilon_y}{\partial z^2} + \dfrac{\partial^2 \varepsilon_z}{\partial y^2} = \dfrac{\partial^2 \gamma_{yz}}{\partial y \partial z} \\[2mm] \dfrac{\partial^2 \varepsilon_z}{\partial x^2} + \dfrac{\partial^2 \varepsilon_x}{\partial z^2} = \dfrac{\partial^2 \gamma_{xz}}{\partial z \partial x} \end{cases} \tag{2.50a}$$

式(2.50a) 表明:在一个坐标平面内,一个线应变分量已经确定,则切应变分量也就被确定。

另一组为不同坐标平面内应变分量之间应满足的关系。

将式(2.45)中的 ε_x 对 y、z,ε_y 对 z、x,ε_z 对 x、y 分别求偏导,并将切应变分量 γ_{xy}、γ_{yz}、γ_{zx} 分别对 z、x、y 求偏导,得

$$\frac{\partial^2 \varepsilon_x}{\partial y \partial z} = \frac{\partial^3 u}{\partial x \partial y \partial z} \tag{a}$$

$$\frac{\partial^2 \varepsilon_y}{\partial z \partial x} = \frac{\partial^3 v}{\partial x \partial y \partial z} \tag{b}$$

$$\frac{\partial^2 \varepsilon_z}{\partial z \partial x} = \frac{\partial^3 w}{\partial x \partial y \partial z} \tag{c}$$

$$\frac{\partial \gamma_{yz}}{\partial x} = \frac{\partial^2 v}{\partial z \partial x} + \frac{\partial^2 w}{\partial x \partial y} \tag{d}$$

$$\frac{\partial \gamma_{zx}}{\partial y} = \frac{\partial^2 w}{\partial x \partial y} + \frac{\partial^2 u}{\partial z \partial y} \tag{e}$$

$$\frac{\partial \gamma_{xy}}{\partial z} = \frac{\partial^2 u}{\partial y \partial z} + \frac{\partial^2 v}{\partial x \partial z} \tag{f}$$

将式(d) 和式(e) 相加减去式(f),得

$$\frac{\partial \gamma_{yz}}{\partial x} + \frac{\partial \gamma_{zx}}{\partial y} - \frac{\partial \gamma_{xy}}{\partial z} = 2 \frac{\partial^2 w}{\partial x \partial y}$$

再将上式对 z 求偏导,得

$$\begin{cases} 2 \dfrac{\partial^2 \varepsilon_x}{\partial y \partial z} = \dfrac{\partial}{\partial x}\left(-\dfrac{\partial \gamma_{yz}}{\partial x} + \dfrac{\partial \gamma_{xz}}{\partial y} + \dfrac{\partial \gamma_{xy}}{\partial z}\right) \\[2mm] 2 \dfrac{\partial^2 \varepsilon_y}{\partial z \partial x} = \dfrac{\partial}{\partial y}\left(\dfrac{\partial \gamma_{yz}}{\partial x} - \dfrac{\partial \gamma_{xz}}{\partial y} + \dfrac{\partial \gamma_{xy}}{\partial z}\right) \\[2mm] 2 \dfrac{\partial^2 \varepsilon_z}{\partial x \partial y} = \dfrac{\partial}{\partial z}\left(\dfrac{\partial \gamma_{yz}}{\partial x} + \dfrac{\partial \gamma_{xz}}{\partial y} - \dfrac{\partial \gamma_{xy}}{\partial z}\right) \end{cases} \tag{2.50b}$$

式(2.50b) 表明,在三维空间内三个切应变分量一经确定,则线应变分量也就被确定了。

应变协调方程的物理意义:应变分量满足变形协调就保证了物体在变形后不会出现撕裂、套叠等现象,保证了位移解的单值和连续性。

应变分量只确定物体中各点间的相对位置,刚体位移不包含在应变分量之中,无应变状态下可以产生任一种刚体移动,如能正确地求出物体各点的位移函数 u、v、w,根据应变位移方程求出各应变分量,则应变协调方程即可满足。

因为应变协调方程本身是从应变位移方程推导出来的。从物理意义来看,如果位移函数是连续的,变形也就可以协调。因而,在以后用位移法解题时,应变协调方程可以满足;而用应力法解题时,则需同时考虑应变协调方程。

2.5　平面问题与轴对称问题

2.5.1　应力状态

实际塑性加工过程一般都是三维问题,求解是很困难的,在处理实际问题时,通常将复杂的三维问题简化为平面问题或轴对称问题。因此,研究平面和轴对称问题的应力状态有重要的实际意义。

1. 平面应力状态

平面应力状态特点:

(1)变形体内各质点在与某一方向(如 z 向)垂直的平面上没有应力作用,即 $\sigma_z = \tau_{zx} = \tau_{xz} = 0$,$z$ 轴为主方向,只有 σ_x、σ_y、τ_{xy} 3 个应力分量。

(2)σ_x、σ_y、τ_{xy} 沿 z 轴方向均匀分布,即应力分量与 z 轴无关,对 z 的偏导数为零。

在工程实际中,薄壁管扭转、薄壁容器承受内压、板料成形中的一些工序等,由于厚度方向的应力相对很小而可以忽略,一般均作为平面应力状态处理。

平面应力状态的应力张量为

$$\boldsymbol{\sigma}_{ij} = \begin{bmatrix} \sigma_x & \tau_{xy} & 0 \\ \tau_{yx} & \sigma_y & 0 \\ 0 & 0 & 0 \end{bmatrix} \text{ 或 } \boldsymbol{\sigma}_{ij} = \begin{bmatrix} \sigma_1 & 0 & 0 \\ 0 & \sigma_2 & 0 \\ 0 & 0 & 0 \end{bmatrix} \tag{2.51}$$

在直角坐标系中,平面应力状态下的应力平衡微分方程为

$$\begin{cases} \dfrac{\partial \sigma_x}{\partial x} + \dfrac{\partial \tau_{yx}}{\partial y} + K_x = 0 \\ \dfrac{\partial \sigma_y}{\partial y} + \dfrac{\partial \tau_{xy}}{\partial x} + K_y = 0 \end{cases} \tag{2.52}$$

平面应力状态下任意斜面上的应力、主应力和主剪应力可分别由三向应力状态的公式导出,某斜面的 3 个方向余弦为

$$l = \cos \varphi, \quad m = \cos(90° - \varphi) = \sin \varphi, \quad n = 0 \tag{2.53}$$

应力分量为

$$\begin{cases} S_x = \sigma_x l + \tau_{yx} m = \sigma_x \cos \varphi + \tau_{yx} \sin \varphi \\ S_y = \sigma_y m + \tau_{xy} l = \sigma_y \sin \varphi + \tau_{xy} \cos \varphi \end{cases} \tag{2.54}$$

正应力为

$$\begin{aligned} \sigma &= \sigma_x l^2 + \sigma_y m^2 + 2\tau_{xy} lm \\ &= \frac{1}{2}(\sigma_x + \sigma_y) + \frac{1}{2}(\sigma_x - \sigma_y)\cos 2\varphi + \tau_{xy} \sin 2\varphi \end{aligned} \tag{2.55}$$

剪应力为

$$\tau = S_x m - S_y l = \frac{1}{2}(\sigma_x - \sigma_y)\sin 2\varphi - \tau_{xy} \cos 2\varphi \tag{2.56}$$

应力张量的 3 个不变量为

$$J_1 = \sigma_x + \sigma_y, \quad J_2 = -\sigma_x \sigma_y, \quad J_3 = 0 \tag{2.57}$$

应力状态的特征方程为

$$\sigma^2 - (\sigma_x + \sigma_y)\sigma + \sigma_x \sigma_y - \tau_{xy}^2 = 0 \tag{2.58}$$

主应力为

$$\left.\begin{array}{r}\sigma_1\\\sigma_2\end{array}\right\} = \frac{1}{2}(\sigma_x + \sigma_y) \pm \sqrt{\left(\frac{\sigma_x - \sigma_y}{2}\right)^2 + \tau_{xy}^2} \tag{2.59}$$

主剪应力为

$$\tau_{12} = \pm\frac{\sigma_1 - \sigma_2}{2} = \pm\sqrt{\left(\frac{\sigma_x - \sigma_y}{2}\right)^2 + \tau_{xy}^2}, \quad \tau_{23} = \pm\frac{\sigma_2}{2}, \quad \tau_{31} = \pm\frac{\sigma_1}{2} \tag{2.60}$$

需要特别说明,平面应力状态中,虽然 z 轴没有应力,但是有应变。纯剪切应力状态时,没有应力的方向上没有应变。

2. 平面变形时的应力状态

变形物体在某一方向上不产生变形时的应力状态称为平面应变状态下的应力状态,发生变形的平面称为塑性流平面。

平面变形时的应力状态特点:

(1) 不产生变形的方向(设为 z 方向)为主方向,与该方向垂直的平面上没有剪应力。

(2) 在不变形的方向上有阻止变形的正应力,其值为:对于弹性变形,$\sigma_z = \nu(\sigma_x + \sigma_y)$,式中 ν 为泊松比;对于塑性变形,$\sigma_z = \frac{1}{2}(\sigma_x + \sigma_y) = \sigma_m$。

(3) 所有的应力分量沿 z 轴均匀分布,且与 z 轴无关,对 z 的偏导数为零。

平面应变状态下的应力张量可写成

$$\boldsymbol{\sigma}_{ij} = \begin{bmatrix} \sigma_x & \tau_{xy} & 0 \\ \tau_{yx} & \sigma_y & 0 \\ 0 & 0 & 0 \end{bmatrix} = \begin{bmatrix} \dfrac{\sigma_x - \sigma_y}{2} & \tau_{xy} & 0 \\ \tau_{yx} & -\dfrac{\sigma_x - \sigma_y}{2} & 0 \\ 0 & 0 & 0 \end{bmatrix} + \begin{bmatrix} \sigma_m & 0 & 0 \\ 0 & \sigma_m & 0 \\ 0 & 0 & \sigma_m \end{bmatrix} \tag{2.61}$$

在主应力坐标系下为

$$\boldsymbol{\sigma}_{ij} = \begin{bmatrix} \sigma_1 & 0 & 0 \\ 0 & \sigma_2 & 0 \\ 0 & 0 & \dfrac{\sigma_1 - \sigma_2}{2} \end{bmatrix} = \begin{bmatrix} \dfrac{\sigma_1 - \sigma_2}{2} & 0 & 0 \\ 0 & -\dfrac{\sigma_1 - \sigma_2}{2} & 0 \\ 0 & 0 & 0 \end{bmatrix} + \begin{bmatrix} \sigma_m & 0 & 0 \\ 0 & \sigma_m & 0 \\ 0 & 0 & \sigma_m \end{bmatrix} \tag{2.62}$$

式中,$\sigma_m = \frac{1}{2}(\sigma_x + \sigma_y) = \frac{1}{2}(\sigma_1 + \sigma_2)$。由于式(2.62)中的应力偏量 $\sigma_1' = \frac{\sigma_1 - \sigma_2}{2} = -\sigma_2'$,$\sigma_3' = 0$,即为纯剪应力状态,所以,平面变形时的应力状态就是纯剪应力状态叠加一个应力球张量。

平面变形时的主剪应力和最大剪应力为

$$\begin{cases} \tau_{12} = \pm \dfrac{\sigma_1 - \sigma_2}{2} = \tau_{\max} \\[3mm] \tau_{23} = \tau_{31} = \pm \dfrac{\sigma_1 - \sigma_2}{4} \end{cases} \qquad (2.63)$$

由式(2.63)可知,平面变形时最大剪应力所在的平面与变形平面上的两个主平面相交成45°角,这是建立平面应变滑移线理论的重要依据。

3. 轴对称应力状态

当旋转体承受的外力对称于旋转轴分布时,物体内质点所在的应力状态称为轴对称应力状态。由于变形体是旋转体,所以采用柱坐标系更为方便,如图 2.22 所示。

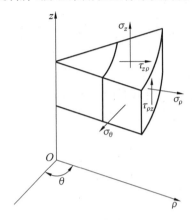

图 2.22　轴对称应力状态

轴对称应力状态的特点:

(1) 由于子午面(指通过旋转体轴线的平面,即 θ 面)在变形过程始终不会扭曲,所以在 θ 面上没有剪应力,即 $\tau_{\theta\rho} = \tau_{\theta z} = 0$,只有 σ_ρ、σ_θ、σ_z、$\tau_{\rho z}$ 等应力分量,而且 σ_θ 是主应力。

(2) 各应力分量与 θ 坐标无关,对 θ 的偏导数等于零。

轴对称应力状态的应力张量为

$$\boldsymbol{\sigma}_{ij} = \begin{bmatrix} \sigma_\rho & 0 & \tau_{\rho z} \\ 0 & \sigma_\theta & 0 \\ \tau_{z\rho} & 0 & \sigma_z \end{bmatrix} \qquad (2.64)$$

轴对称应力状态的应力平衡微分方程式为

$$\begin{cases} \dfrac{\partial \sigma_\rho}{\partial \rho} + \dfrac{\partial \tau_{z\rho}}{\partial z} + \dfrac{\sigma_\rho - \sigma_\theta}{\rho} = 0 \\[4mm] \dfrac{\partial \tau_{\rho z}}{\partial} + \dfrac{\partial \sigma_z}{\partial z} + \dfrac{\tau_{\rho z}}{\rho} = 0 \end{cases} \qquad (2.65)$$

在有些轴对称问题中,例如圆柱体的平砧镦粗、圆柱体坯料的均匀挤压和拉拔等,其径向和轴向的正应力分量相等,即 $\sigma_\rho = \sigma_\theta$。此时,只有 3 个独立的应力分量。

2.5.2　应变状态

1. 平面变形问题

物体内所有质点都只在一个坐标平面内发生变形,而在该平面的法线方向没有变形,这种变形称为平面变形。

设 z 方向没有变形,则 z 方向必为主方向,z 向的位移分量 $w=0$,且其余各位移分量与 z 轴无关,故有 $\varepsilon_z=\gamma_{zy}=\gamma_{zx}=0$。因此,平面变形只有 3 个应变分量,即 ε_x、ε_y、γ_{xy}。平面变形问题的几何方程为

$$\begin{cases} \varepsilon_x=\dfrac{\partial u}{\partial x}, & \varepsilon_y=\dfrac{\partial v}{\partial y} \\[2mm] \gamma_{xy}=\dfrac{\partial u}{\partial y}+\dfrac{\partial v}{\partial x} \end{cases} \tag{2.66}$$

又根据塑性变形时体积不变条件及 $\varepsilon_z=0$,有

$$\varepsilon_x=-\varepsilon_y$$

需要特别指出的是,平面塑性变形时应变为零的方向的应力一般不为零,其正应力是主应力,且其大小为另外两个应力之和的一半,如下式:

$$\sigma_z=\frac{\sigma_x+\sigma_y}{2}=\frac{\sigma_1+\sigma_2}{2}=\sigma_m$$

它是一不变量。

2. 轴对称变形问题

轴对称变形问题采用柱坐标比较方便。轴对称变形时,由于通过轴线的子午面始终保持平面,所以 θ 向位移分量 $v=0$,且各位移分量均与 θ 坐标无关,因此 $\gamma_{\rho\theta}=\gamma_{\theta z}=0$,$\theta$ 向必为应变主方向,这时只有 4 个应变分量,其几何方程为

$$\begin{cases} \varepsilon_\rho=\dfrac{\partial u}{\partial \rho}, & \varepsilon_z=\dfrac{\partial w}{\partial z}, & \varepsilon_\theta=\dfrac{u}{\rho} \\[2mm] \gamma_{z\rho}=\dfrac{\partial w}{\partial \rho}+\dfrac{\partial u}{\partial z} \end{cases} \tag{2.67}$$

对于某些轴对称问题,例如单向均匀拉伸、锥形模挤压及拉拔、圆柱体镦粗等,其径向位移分量 u 与坐标 ρ 呈线性关系,于是有

$$\frac{\partial u}{\partial \rho}=\frac{u}{\rho}$$

所以

$$\varepsilon_\rho=\varepsilon_\theta$$

可以进一步推出此时的径向应变和周向应变必然相等,即 $\varepsilon_\rho=\varepsilon_\theta$。

2.6　莫尔圆

2.6.1　应力莫尔圆

应力莫尔圆:以图形描述一点的应力状态。在以正应力 σ 和剪应力 τ 为轴的 $\sigma-\tau$ 坐

标系中,应力莫尔圆给出了微单元体上任一斜截面上的正应力与剪应力变化的全貌。

应力莫尔圆中剪应力的正负按照材料力学中的规定确定:顺时针作用于所研究的微单元体上的剪应力为正,反之为负。

1. 平面应力状态莫尔圆

平面应力状态的应力分量为σ_x、σ_y、τ_{xy},如果已知这3个应力分量,就可以利用应力莫尔圆求任意斜面上的应力、主应力和主剪应力。

在$\sigma-\tau$坐标系内标出点$P_1(\sigma_x,\tau_{xy})$和点$P_2(\sigma_y,\tau_{yx})$,连接P_1、P_2两点,以P_1P_2线与σ轴的交点C为圆心,P_1C为半径作圆,即得应力莫尔圆,如图2.23所示。圆心坐标为$\left(\dfrac{\sigma_1+\sigma_2}{2},0\right)$,圆与$\sigma$轴的两个交点$A$点和$B$点是主应力$\sigma_1$和$\sigma_2$。由图中的几何关系可以很方便地求出主应力和主剪应力:

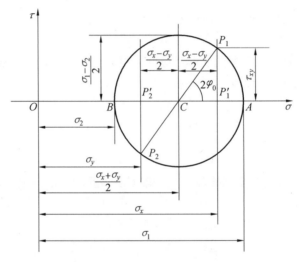

图 2.23　平面应力状态莫尔圆

$$\left.\begin{array}{r}\sigma_1\\\sigma_2\end{array}\right\}=\frac{1}{2}(\sigma_x+\sigma_y)\pm\sqrt{\left(\frac{\sigma_x-\sigma_y}{2}\right)^2+\tau_{xy}^2}$$

$$\tau_{12}=\pm\frac{1}{2}(\sigma_1-\sigma_2)=\pm\sqrt{\left(\frac{\sigma_x-\sigma_y}{2}\right)^2+\tau_{xy}^2},\quad \tau_{23}=\pm\frac{\sigma_2}{2},\quad \tau_{31}=\pm\frac{\sigma_1}{2}$$

实际物体中平面间夹角在应力莫尔圆中所对应的平面间圆心角被放大了一倍。平面应力状态下的主剪应力不是最大剪应力,最大剪应力应该等于由σ_1和$\sigma_3(\sigma_3=0)$组成的应力莫尔圆的半径所对应的数值$\tau_{\max}=\tau_{13}=\pm\dfrac{\sigma_1}{2}$,只有在$\sigma_1$和$\sigma_2$的大小相等方向相反的情况下,如图2.24所示,$\tau_{12}$才是最大剪应力,这时主剪应力平面上的正应力等于零,主剪应力在数值上等于主应力,这种应力状态就是纯剪应力状态,是平面应力状态的特例。

2. 三向应力莫尔圆

设变形体中某点的3个主应力为σ_1、σ_2、σ_3,且$\sigma_1>\sigma_2>\sigma_3$。则在$\sigma-\tau$坐标系中可作得3个圆,这就是三向应力莫尔圆,如图2.25所示。3个圆的圆心都在σ轴上,圆心到原点

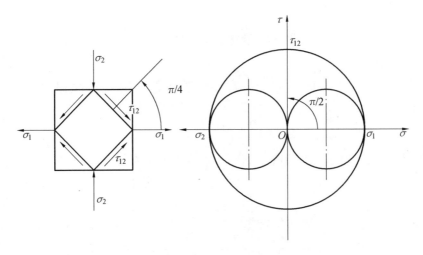

图 2.24　纯剪应力状态莫尔圆

的距离分别为 $\frac{\sigma_1+\sigma_2}{2}$、$\frac{\sigma_1+\sigma_3}{2}$、$\frac{\sigma_2+\sigma_3}{2}$。3 个圆的半径恰好是主剪应力值，即 $\frac{\sigma_1-\sigma_2}{2}$、$\frac{\sigma_1-\sigma_3}{2}$、$\frac{\sigma_2-\sigma_3}{2}$。

　　每个圆分别表示某方向余弦为零的斜截面上的正应力和剪应力的变化规律。例如，在以 σ_1 和 σ_2 构成的圆中，圆周上的点均代表与 σ_3 平行的斜截面（这些斜截面的法线与 σ_3 垂直及 $n=0$）上的 σ 和 τ 值。因此，3 个圆所围绕的面积内的点表示 l、m、n 都不为零的斜截面上的正应力值和剪应力值。故应力莫尔圆可形象地表示出点的应力状态。

　　顺便指出，应力球张量在 $\sigma-\tau$ 坐标系中只是一个点 O'，距坐标原点的距离为 σ_m。而应力偏张量莫尔圆与原莫尔圆的大小是相同的，只需将 τ 轴移动 σ_m 到 τ' 的位置，而 τ' 轴必然处在大圆之内，如图 2.26 所示。

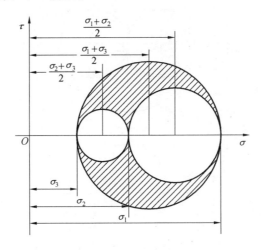

图 2.25　三向应力莫尔圆

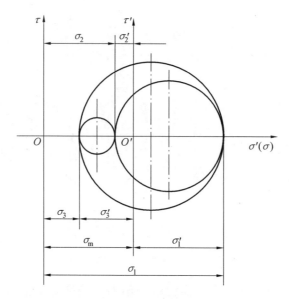

图 2.26   应力偏张量莫尔圆

3. 平面变形时的应力莫尔圆

平面变形时的 3 个主应力 σ_1、σ_2 和 $\sigma_3 = \dfrac{\sigma_1 + \sigma_2}{2} = \sigma_m$，其应力莫尔圆如图 2.27 所示，与图 2.24 比较可知，其应力莫尔圆就是纯剪应力莫尔圆的圆心向右移动 σ_3 的距离，所以，平面变形时的应力张量是纯剪应力张量与应力球张量的叠加。

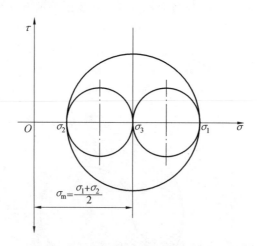

图 2.27   平面变形时的应力莫尔圆

2.6.2   应变莫尔圆

应力状态可以用应力莫尔圆表示，应变状态可以用应变莫尔圆表示。已知 3 个主应变，在 ε 和 $\dfrac{\gamma}{2}$ 的平面坐标系中，以 P_1、P_2、P_3 为圆心的坐标为

$$OP_1 = \frac{\varepsilon_1 + \varepsilon_2}{2}, \quad OP_2 = \frac{\varepsilon_1 + \varepsilon_3}{2}, \quad OP_3 = \frac{\varepsilon_3 + \varepsilon_2}{2}$$

圆的半径分别为

$$r_1 = \frac{\varepsilon_1 - \varepsilon_2}{2}, \quad r_2 = \frac{\varepsilon_1 - \varepsilon_3}{2}, \quad r_3 = \frac{\varepsilon_2 - \varepsilon_3}{2}$$

用这 3 个半径画 3 个圆如图 2.28 所示，所有可能的应变状态都在阴影线部分。由图 2.28 可知，最大剪应变为

$$\gamma_{\max} = \varepsilon_1 - \varepsilon_2$$

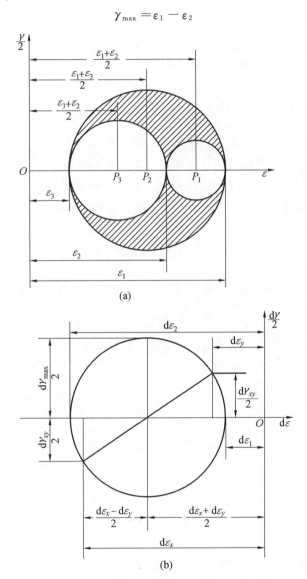

图 2.28　应变莫尔圆

如果所研究的是平面应变状态，并已知的是应变增量 $d\varepsilon_x$、$d\varepsilon_y$、$d\gamma_{xy} = d\gamma_{yx}$，且假设正应变是受压的，即取 $d\varepsilon_x$、$d\varepsilon_y$ 为负值，这里莫尔圆的半径为

$$r^2 = \left(\frac{\mathrm{d}\varepsilon_x - \mathrm{d}\varepsilon_y}{2}\right)^2 + \left(\frac{\mathrm{d}\gamma_{xy}}{2}\right)^2 = \frac{1}{4}(\mathrm{d}\varepsilon_x - \mathrm{d}\varepsilon_y)^2 + \frac{1}{4}\mathrm{d}\gamma_{xy}^2$$

或

$$r = \frac{1}{2}\sqrt{(\mathrm{d}\varepsilon_x - \mathrm{d}\varepsilon_y)^2 + \mathrm{d}\gamma_{xy}^2}$$

这时主应变的值为

$$\left.\begin{array}{c}\mathrm{d}\varepsilon_1\\\mathrm{d}\varepsilon_2\end{array}\right\} = \frac{\mathrm{d}\varepsilon_x + \mathrm{d}\varepsilon_y}{2} \pm \frac{1}{2}\sqrt{(\mathrm{d}\varepsilon_x - \mathrm{d}\varepsilon_y)^2 + \mathrm{d}\gamma_{xy}^2}$$

2.7　八面体应力应变及等效应力应变

2.7.1　八面体应力与等效应力

1. 八面体应力

等倾面：以 x、y、z 为主轴时的正方体如图 2.29(a) 所示，如在正方体上取 $\overline{11'} = \overline{22'} = \overline{33'}$，则截面 $1'2'3'$ 与 3 个坐标轴的倾角相等，这个面便是八面体上的一个平面。 图 2.29(b) 即为正八面体。平面 $1'2'3'$ 的法线方向也就是立方体对角线的方向，此法线与坐标轴之间的夹角的方向余弦为

$$l = m = n = \pm\frac{1}{\sqrt{3}} \tag{2.68}$$

八面体平面：在过一点的应力单元体中，与三应力主轴等倾的平面有 4 对，即 4 组平行平面，构成正八面体。

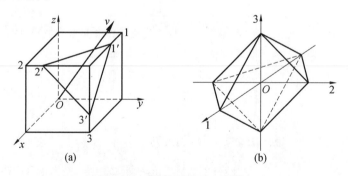

图 2.29　等倾面及正八面体

在主应力空间中由正应力和剪应力构成了 3 种特殊应力面，如图 2.30 所示，它们分别是：

(1)3 组主平面，应力空间中构成平行六面体。

(2)6 组主剪应力平面，应力空间中构成十二面体。

(3)4 组八面体平面，构成正八面体。

八面体正应力：作用在正八面体平面上的正应力，用 σ_8 表示，即

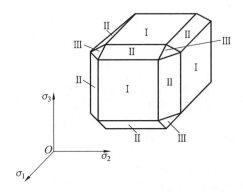

图 2.30　主应力空间中的特殊应力面

$$\sigma_8 = \sigma_1 l^2 + \sigma_2 m^2 + \sigma_3 n^2 = \frac{1}{3}(\sigma_1 + \sigma_2 + \sigma_3) \tag{2.69}$$

用应力张量第一不变量表示为

$$\sigma_8 = \frac{1}{3} I_1 \tag{2.70}$$

八面体剪应力：作用在正八面体平面上的剪应力，用 τ_8 表示，其数值等于平均应力，即

$$\tau_8 = \sqrt{l^2 \sigma_1^2 + m^2 \sigma_2^2 + n^2 \sigma_3^1 - (\sigma_1 l^2 + \sigma_2 m^2 + \sigma_3 n^2)^2}$$
$$= \frac{1}{3}\sqrt{(\sigma_1 - \sigma_2)^2 + (\sigma_2 - \sigma_3)^2 + (\sigma_3 - \sigma_1)^2} \tag{2.71}$$

可以用应力张量第一不变量和应力张量第二不变量来表示，因为

$$(\sigma_1 - \sigma_2)^2 + (\sigma_2 - \sigma_3)^2 + (\sigma_3 - \sigma_1)^2 = 2(\sigma_1^2 + \sigma_2^2 + \sigma_3^2 - \sigma_1\sigma_2 - \sigma_2\sigma_3 - \sigma_3\sigma_1)$$
$$= 2(\sigma_1^2 + \sigma_2^2 + \sigma_3^2 + 2\sigma_1\sigma_2 + 2\sigma_2\sigma_3 + 2\sigma_3\sigma_1) - 6(\sigma_1\sigma_2 + \sigma_2\sigma_3 + \sigma_3\sigma_1)$$
$$= 2I_1^2 - 6I_2$$

所以

$$\tau_8 = \frac{1}{3}\sqrt{2I_1^2 - 6I_2} \tag{2.72}$$

正八面体剪应力也可以用主剪应力表示，即

$$\tau_8 = \frac{2}{3}\sqrt{\tau_{23}^2 + \tau_{31}^2 + \tau_{12}^2} \tag{2.73}$$

2. 等效应力

等效应力又称应力强度，代表复杂应力折合成单向应力状态的当量应力，用下式表示：

$$\sigma_i = \frac{1}{\sqrt{2}}\sqrt{(\sigma_1 - \sigma_2)^2 + (\sigma_2 - \sigma_3)^2 + (\sigma_3 - \sigma_1)^2} = \frac{3}{\sqrt{2}}\tau_8 \tag{2.74}$$

式中，σ_1、σ_2、σ_3 为主应力。

等效应力是衡量材料处于弹性状态或塑性状态的重要依据，它反映了各主应力的综合作用。等效应力有以下特点：

（1）等效应力是一个不变量。

（2）等效应力在数值上等于单向均匀拉伸（或压缩）时的拉伸应力（或压缩应力）σ_1，即 $\sigma_i = \sigma_1$。

（3）等效应力并不代表某一实际表面上的应力，因而不能在某一特定平面上表示出来。

（4）等效应力可以理解为代表一点应力状态中应力偏张量的综合作用。

2.7.2   八面体应变与等效应变

1. 八面体应变

如以 3 个应变主轴为坐标轴，同样可作出正八面体。八面体平面的法线方向线元的应变称为八面体应变，分为八面体线应变和八面体切应变，分别记为 ε_8、γ_8。

八面体线应变为

$$\varepsilon_8 = \frac{1}{3}(\varepsilon_x + \varepsilon_y + \varepsilon_z) = \frac{1}{3}(\varepsilon_1 + \varepsilon_2 + \varepsilon_3) = \varepsilon_m = \frac{1}{3}I_1 \tag{2.75}$$

八面体切应变为

$$\gamma_8 = \frac{1}{3}\sqrt{(\varepsilon_x - \varepsilon_y)^2 + (\varepsilon_y - \varepsilon_z)^2 + (\varepsilon_z - \varepsilon_x)^2 + 6(\gamma_{xy}^2 + \gamma_{yz}^2 + \gamma_{zx}^2)}$$

$$= \frac{1}{3}\sqrt{(\varepsilon_1 - \varepsilon_2)^2 + (\varepsilon_2 - \varepsilon_3)^2 + (\varepsilon_3 - \varepsilon_1)^2} \tag{2.76}$$

2. 等效应变

等效应变又称应变强度，代表复杂应变状态折合成单向拉伸（或压缩）状态的当量应变。可用下式表示：

$$\varepsilon_{eff} = \frac{\sqrt{2}}{3}\sqrt{(\varepsilon_x - \varepsilon_y)^2 + (\varepsilon_y - \varepsilon_z)^2 + (\varepsilon_z - \varepsilon_x)^2 + 6(\gamma_{xy}^2 + \gamma_{yz}^2 + \gamma_{zx}^2)}$$

$$= \frac{\sqrt{2}}{3}\sqrt{(\varepsilon_1 - \varepsilon_2)^2 + (\varepsilon_2 - \varepsilon_3)^2 + (\varepsilon_3 - \varepsilon_1)^2} \tag{2.77}$$

等效应变的特点：

（1）等效应变是一个不变量。

（2）在单向均匀拉伸时，等效应变的数值等于拉伸方向上的线应变 ε_1，即 $\varepsilon_{eff} = \varepsilon_1$。因为此时 $\varepsilon_2 = \varepsilon_3$，由体积不变条件（后面将要讲到）可得 $\varepsilon_2 = \varepsilon_3 = -\frac{1}{2}\varepsilon_1$，代入式（2.77）得

$$\varepsilon_{eff} = \frac{\sqrt{2}}{3}\sqrt{\left(\frac{3}{2}\varepsilon_1\right)^2 + \left(-\frac{3}{2}\varepsilon_1\right)^2} = \varepsilon_1$$

（3）等效应变并不代表某一实际线元上的应变，因此在坐标系中不存在这一特定线元。

（4）在负载应变状态下，等效应变可以理解为代表一点应变状态中应变偏张量的综合作用。

2.8　点的应力状态与应变状态的组合

变形体内一点的主应力图与主应变图结合构成变形力学图。它形象地反映了该点主应力、主应变有无和方向。主应力图有 9 种可能,塑性变形主应变有 3 种可能,二者组合,则有 27 种可能的变形力学图。但单拉、单压应力状态只可能分别对应一种变形图,所以实际变形力学图应该只有 23 种组合方式。如图 2.31 所示,主应力图和主应变图随机组合共 27 种,去掉其中 4 种不能的组合情况即是 23 种。

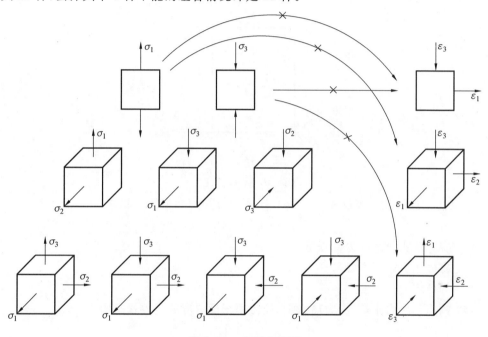

图 2.31　变形力学图

习　　题

1.已知受力物体中某点的应力张量为 $\boldsymbol{\sigma}_{ij} = \begin{bmatrix} 2a & 0 & 3a \\ 0 & 4a & -3a \\ 3a & -3a & 0 \end{bmatrix}$,试将它分解为应力球张量和应力偏张量,并求出应力偏张量第二不变量。

2.已知受力物体中某点的主应力分别为

(1)$\sigma_1 = 50, \sigma_2 = -50, \sigma_3 = 75$;

(2)$\sigma_1 = 50, \sigma_2 = 50, \sigma_3 = -100$。

试求正八面体上的总应力、正应力和剪应力。

3.已知应力分量为

$(1)\sigma_x = -Qxy^3 + Ax^3 + By^2$;

$(2)\sigma_y = -\dfrac{3}{2}Bxy^2 + \dfrac{3}{5}Cx^3$;

$(3)\sigma_z = -By^4 + Cx^2y$。

试利用平衡方程求系数 A、B 和 C。（体力为零）

4.如图 2.32 所示,杆件的体力为 f,且为常数,长度为 h,其应力分量为 $\sigma_x = 0$,$\sigma_y = Ay + B$,$\tau_{xy} = 0$,求系数 A 和 B。

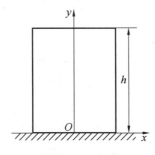

图 2.32　杆件

5.已知某点的应力张量 $\boldsymbol{\sigma}_{ij} = \begin{bmatrix} 10 & 0 & 0 \\ 0 & 10 & 0 \\ 0 & 0 & -2 \end{bmatrix}$（单位:MPa）,试求:

（1）应力球张量及应力偏张量;

（2）应力张量第三不变量;

（3）等效应力;

（4）画出与应力张量、应力球张量、应力偏张量对应的应力状态图。

6.已知应变张量 $\boldsymbol{\varepsilon}_{ij} = \begin{bmatrix} \varepsilon_1 & 0 & 0 \\ 0 & \varepsilon_2 & 0 \\ 0 & 0 & \varepsilon_3 \end{bmatrix}$,试求与应变主轴呈等倾面上的正应变 ε_0 和 γ_0。

7.已知弹性应变张量

$$\boldsymbol{\varepsilon}_{ij} = \begin{bmatrix} 0.004 & 0.002 & 0 \\ 0.002 & 0.004 & 0 \\ 0 & 0 & 0.004 \end{bmatrix}$$

试求（1）主应变;

　　（2）主方向;

　　（3）应变偏张量;

　　（4）应变偏张量第二不变量。

第3章 屈服理论

3.1 屈服准则

屈服准则又称塑性条件,它是描述不同应力状态下变形体某点进入塑性状态和使塑性变形继续进行的一个判据。

3.1.1 米泽斯(Mises)屈服准则

Mises 屈服准则:金属体内任一小部分发生由弹性状态向塑性状态过渡的条件是等效应力达到单向塑性应力状态下相应变形温度、应变速率及变形程度下的流动应力。表达式为

$$\sigma_i = \frac{1}{\sqrt{2}} \sqrt{(\sigma_1 - \sigma_2)^2 + (\sigma_2 - \sigma_3)^2 + (\sigma_3 - \sigma_1)^2} = \sigma_s \tag{3.1}$$

在塑性状态下等效应力总是等于流动应力。此时已不能将 σ_s 理解为屈服极限而是单向应力状态下的对应于一定温度、一定变形程度及一定应变速率的流动应力;该应力不是以名义应力来表示而是用真实应力来表示,是把开始屈服后的整个真实应力曲线视作确定后继屈服所需应力的依据,式(3.1)可表示为

$$(\sigma_1 - \sigma_2)^2 + (\sigma_2 - \sigma_3)^2 + (\sigma_3 - \sigma_1)^2 = 2\sigma_s^2 \tag{3.2}$$

米泽斯屈服准则又称能量准则:当受力物体内一点处的形状改变的弹性能(但未提及形状变化弹性位能)达到某一定值时,该点处即由弹性状态过渡到塑性状态。

3.1.2 特雷斯卡(Tresca)屈服准则

Tresca屈服准则:当材料质点中的最大剪应力达到某一临界值 C 时,材料发生屈服。该临界值 C 取决于材料在变形条件下的性质,而与应力状态无关,可用单向拉伸试验来确定 C 值。该准则也叫最大剪应力准则,其表达式为

$$\tau_{max} = C \tag{3.3}$$

设 $\sigma_1 \geqslant \sigma_2 \geqslant \sigma_s$,上式可写成

$$\tau_{max} = (\sigma_1 - \sigma_3)/2 = C \tag{3.4}$$

单向拉伸试样屈服时,$\sigma_2 = \sigma_3 = 0$、$\sigma_1 = \sigma_s$,得 $C = \sigma_s/2$。于是,特雷斯卡屈服准则为

$$\sigma_1 - \sigma_3 = \sigma_s \tag{3.5}$$

即受力物体的某一质点处的最大切应力达到一定值后就会发生屈服而产生塑性变形,物体的破坏是由剪切力导致的。

3.2　屈服准则的试验验证

采用薄壁管承受轴向拉力及内压力或轴向力及扭矩的试验方法是研究塑性理论的常用方法。

1. 罗德试验与罗德参数

薄壁管加轴向拉力 P 和内压力 p，如图 3.1 所示。

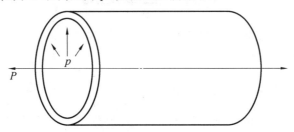

图 3.1　薄壁管受轴向拉力和内压力作用

分析出发点：两个准则是否考虑中间主应力影响。

分析条件：主应力方向是固定不变的，应力次序给定（$\sigma_1 \geqslant \sigma_2 \geqslant \sigma_3$）。

为了将米泽斯屈服准则写成类似特雷斯卡屈服准则的形式，罗德引入参数 μ_σ，$\mu_\sigma = \dfrac{2\sigma_2 - \sigma_1 - \sigma_3}{\sigma_1 - \sigma_3}$，可得米泽斯屈服准则表达式：

$$\frac{\sigma_1 - \sigma_3}{\sigma_s} = \frac{2}{\sqrt{3 + \mu_\sigma^2}} \tag{3.6}$$

试验中采用不同轴向拉力 P 与内压力 p，可得各种应力状态下 μ_σ 及屈服点应力 $\dfrac{\sigma_1 - \sigma_3}{\sigma_s}$ 值。当 $\mu_\sigma = 1$ 时，两屈服准则重合；当 $\mu_\sigma = 0$ 时，两屈服准则相对误差最大，为 15.4%。试验结果如图 3.2 所示，与米泽斯屈服准则比较符合。

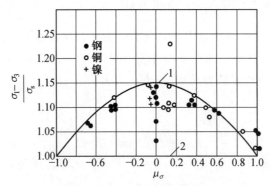

图 3.2　罗德试验资料
1— 米泽斯屈服准则；2— 特雷斯卡屈服准则

2. 泰勒及奎乃试验

试验内容：用铜、铝、钢的薄壁管承受轴向拉力及扭矩做试验，如图 3.3 所示。

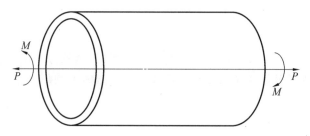

图 3.3　薄壁管受轴向拉力和扭矩作用

试验时用不同的拉力与扭矩之比作为试验变量,从而测定在不同的应力状态下不同屈服准则的数据,结果试验点仍在米泽斯屈服准则的曲线附近,如图 3.4 所示。

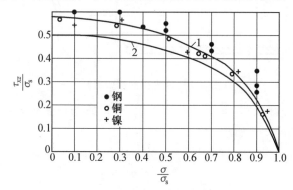

图 3.4　泰勒及奎乃试验资料

1—米泽斯屈服准则;2—特雷斯卡屈服准则

两个准则综合比较:

(1)试验说明一般韧性金属材料(如铜、镍、铝、中碳钢等)与米泽斯屈服准则符合较好,总体说来多数金属符合米泽斯屈服准则。

(2)当应力的次序预知时,特雷斯卡屈服函数为线性,使用起来很方便,在工程设计中常常采用,并用修正系数来考虑中间主应力的影响或作为米泽斯屈服准则的近似。即米泽斯屈服准则可以写成

$$\sigma_1 - \sigma_3 = \frac{2}{\sqrt{3 + \mu_\sigma^2}} \sigma_s \tag{3.7}$$

或

$$\sigma_1 - \sigma_3 = \beta \sigma_s \tag{3.8}$$

式中,β 为称中间主应力影响系数,$\beta = \dfrac{2}{\sqrt{3 + \mu_\sigma^2}}$。

上式与特雷斯卡屈服准则 $\sigma_1 - \sigma_3 = \sigma_s$ 在形式上仅差一个系数 β。应用中当应力状态确定时,β 为一常量,根据应力状态所得值加以修正即可。关于 β 的选择:如果变形接近于平面变形,$\beta = \dfrac{2}{\sqrt{3}}$;变形为简单拉伸类($\mu_\sigma = -1$)或简单压缩类($\mu_\sigma = \pm 1$)时,$\beta = 1$;应力状态连续变化的变形区,如板料冲压,多数工序近似地取 $\beta = 1.1$。

(3)两屈服准则虽然不一致,但这并不能说明哪一个不正确,屈服准则是对物体在受

力时其是否发生屈服的描述,是从不同角度来阐述本已存在的事实。

下面以两道例题看下屈服准则的实际应用。

【例1】 一个两端封闭的薄壁圆筒,如图3.5所示,半径为r、壁厚为t、容器内气体压强为p,试求圆筒内壁开始屈服以及整个壁厚进入屈服时的内压力p(设该筒的材料单向拉伸时的屈服应力为Y)。

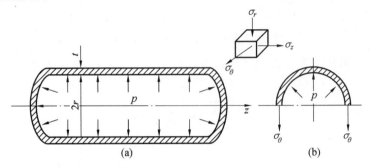

图3.5 受内压的薄壁圆筒

解 因为圆筒为圆柱状,属于轴对称图形,所以宜用柱坐标系,在筒壁选取一单元体,进行应力分析,如图3.5所示。

根据平衡条件可求得应力分量为

$$\sigma_\theta = \frac{2pr}{2t} = \frac{pr}{t} > 0$$

$$\sigma_z = \frac{2p\pi r^2}{2\pi rt} = \frac{pr}{2t} > 0$$

认为σ_r沿壁厚为线性分布,在内表面$\sigma_r = p$,在外表面$\sigma_r = 0$。

(1) 在外表面有

$$\sigma_1 = \sigma_\theta = \frac{pr}{t}, \quad \sigma_2 = \sigma_z = \frac{pr}{2t}, \quad \sigma_3 = \sigma_r = 0$$

由米泽斯屈服准则,得

$$(\sigma_1 - \sigma_2)^2 + (\sigma_2 - \sigma_3)^2 + (\sigma_3 - \sigma_1)^2 = 2Y^2$$

即

$$\left(\frac{pr}{t} - \frac{pr}{2t}\right)^2 + \left(\frac{pr}{2t}\right)^2 + \left(\frac{pr}{t}\right)^2 = 2Y^2$$

可求得

$$p = \frac{2}{\sqrt{3}} \frac{t}{r} Y$$

由特雷斯卡屈服准则,得

$$\sigma_1 - \sigma_3 = Y$$

即

$$\frac{pr}{t} - 0 = Y$$

可求得

$$p = \frac{t}{r}Y$$

（2）同理可得在内表面处有 $\sigma_3 = \sigma_r = -p$。

由米泽斯屈服准则，得

$$p = \frac{2t}{\sqrt{3r^2 + 6rt + 4t^2}}Y$$

由特雷斯卡屈服准则，得

$$p = \frac{t}{r+t}Y$$

圆筒内表面首先产生屈服，然后向外层扩展，当外表面产生屈服时整个圆筒就开始进入塑性变形状态，进而会产生破裂。

【例 2】　一直径为 60 mm 的圆柱形试样在两平行平板间压缩，如图 3.6(a) 所示，忽略试样与平板之间的摩擦，当压力为 618 kN 时试样发生屈服。若在圆柱周围加上 20 MPa 的静水压力，试求试样屈服时所需要的压力？

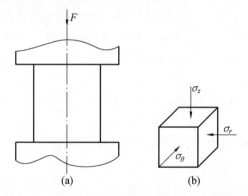

图 3.6　圆柱形试样平板间压缩及受力分析图

解　圆柱形试样受力分析如图 3.6(b) 所示，根据平衡条件可求得应力分量为

$$\sigma_z = \frac{F}{\frac{\pi}{4}d^2}$$

$$\sigma_r = \sigma_\theta = 20 \text{ MPa}$$

当没有在圆柱周围施加静水压力时，得

$$\frac{F}{\frac{\pi}{4}d^2} - 0 = Y \Rightarrow Y = \frac{2\,000}{9}\text{MPa}$$

当在圆柱周围施加静水压力时，得

$$(\sigma_z - \sigma_r)^2 + (\sigma_z - \sigma_\theta)^2 + (\sigma_r - \sigma_\theta)^2 = 2Y^2$$

即

$$2(\sigma_z - 20)^2 = 2Y^2 \Rightarrow Y = \sigma_z - 20$$

$$\sigma_z = \frac{2\,180}{9}$$

将上式代入

$$\sigma_z = \frac{F}{\frac{\pi}{4}d^2}$$

得

$$F = 684.52 \text{ kN}$$

故在圆柱周围加上静水压力时,试样屈服时所需压力为 684.52 kN。

3.3   屈服准则与第三及第四强度理论的关系

现以低碳钢等材料的简单拉伸为例来说明此概念。

图 3.7 所示为低碳钢单向拉伸的应力－应变曲线。随着轴向应力 σ 的增加,当其值达到 σ_s 时,材料进入塑性状态。为了使塑性变形继续进行,考虑加工硬化效应应力值仍需继续增加。如果把屈服应力 σ_s 不局限于 A 点的初始屈服应力,而将其理解为与某一应变 ε_N 对应的曲线 AC 上 N 点的应力 Y_N,只要在试件中的应力不低于 Y_N,此时塑性变形仍继续进行。因此,一般线段 AC 上所对应的应力以流动应力 Y 来表示,它是一个广义的"屈服"应力。于是,单向拉伸的屈服准则可以写为

$$\sigma = Y \tag{3.9}$$

式中,Y 为材料的流动应力,它随温度、应变速率及应变的变化而变化,即

$$Y = f(T, \dot{\varepsilon}, \varepsilon) \tag{3.10}$$

此数值可从相应的手册中查找,或由一系列试验获得。

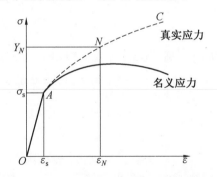

图 3.7   低碳钢单向拉伸的应力－应变曲线

由于变形体中应力状态比较复杂,对于三向应力状态,就不能简单地用某一个主应力,例如 σ_{max} 或 σ_{min} 来表征应力的综合效果,好在材料力学中的强度理论提供了一个很好的范例。强度理论是给出复杂应力状态下构件是否安全的一个判据,其表征应力的方法可以借鉴。在材料力学中,韧性材料的强度理论可以表达为第三及第四强度理论,其表达式分别是

$$\sigma_{max} - \sigma_{min} \leqslant [\sigma] = \frac{\sigma_s}{n} \tag{3.11}$$

及

$$\frac{1}{\sqrt{2}}\sqrt{(\sigma_1-\sigma_2)^2+(\sigma_2-\sigma_3)^2+(\sigma_3-\sigma_1)^2}\leqslant[\sigma]=\frac{\sigma_s}{n} \tag{3.12}$$

式中，σ_s 为材料的屈服应力；n 为安全系数，其值大于 1。

为安全起见，在式(3.11)和式(3.12)中取 $n>1$，即许用应力小于材料的屈服应力。应该强调的是，第三强度理论及第四强度理论适用于任何应力状态，即不局限于某一特定应力状态(如单向拉伸或双向压缩)。在式(3.11)的左端为两倍大小的最大剪应力，其物理概念是：如果构件中的任何一处的最大剪应力都小于某一许用数值，则该构件不会产生塑性变形。对于三向应力状态，只要找到最大正应力 σ_{max} 及最小正应力 σ_{min}，将其代入式(3.11)，则可判别此构件是否安全。由此可见，对于第三强度理论是以 σ_{max} 或 $\sigma_{max}-\sigma_{min}$ 作为表征应力的，这从物理概念上也是合理的。因此塑性变形的主要机制是滑移与孪晶，都是由剪应力引起的。

下面进一步分析式(3.11)中的安全系数 n，若将 n 取为 1，则式(3.11)变为

$$\sigma_{max}-\sigma_{min}=\sigma_s \tag{3.13}$$

可以将式(3.13)理解为一个屈服准则，至少在简单拉伸时($\sigma_2=\sigma_3=0$)可以得到验证，此时由式(3.13)可见，当 $\sigma_1=\sigma_s$ 时材料进入屈服状态。于是，可以从物体内应力由弹性状态进入屈服和继续塑性变形的全过程来进一步加深对强度理论的理解，以及它与屈服准则的内在联系。

在材料力学中，因主要研究弹性问题而把发生塑性变形看成构件的失效，因此必须远离它。而对塑性加工而言，开始塑性变形只是一个起点，由于材料有比较大的延展性，例如不锈钢 0Cr18Ni9 的延伸率可达 45% 左右，低碳钢的延伸率一般也大于 25%，因此，开始发生塑性变形并不意味着材料失效。

图 3.8 所示为拉伸时的应力应变分区，在屈服点以前为弹性区，屈服点以后为塑性区。图 3.9 中 Ⅰ 区相当于材料力学所限制的应力范围，即安全范围；Ⅱ 区是一个人为设置的"缓冲区"，或称为"安全储备区"；Ⅲ 区为塑性加工中表征应力范围。

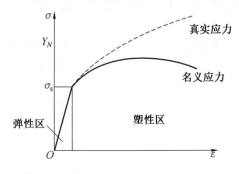

图 3.8　拉伸时的应力应变分区

第三强度理论实质上是 1864 年特雷斯卡对很多材料进行了大量的挤压试验后得出的一个假说，即塑性变形起源于物体内的最大剪应力达到某一数值。追其根源，强度理论也是起源于产生塑性变形的判据，它仅仅从结构安全的角度，降低了综合应力的许用值，于是在图 3.9 中形成了一个"隔离带"。

前面讲到的"表征应力"是指将一个复杂应力状态的综合效果以表征应力来描述。

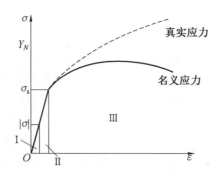

图 3.9　材料力学与塑性力学中的应力分区

对于第三强度理论,其表征应力为最大剪应力 $\sigma_{\max}$ 或 $(\sigma_{\max}-\sigma_{\min})/2$。正如前面所说,第三强度理论并不是严格从数学角度推导出来的,而是基于一定的试验事实提出又被试验证实的。严格来讲,最大剪应力仅取决于最大正应力 $\sigma_{\max}$ 及最小正应力 $\sigma_{\min}$,忽略了中间主应力的影响。对此,屈服准则还有其他描述,例如 1913 年米泽斯提出一个决定塑性变形是否发生的判据,它涵盖了最大、最小及中间主应力,其表现形式为

$$(\sigma_1-\sigma_2)^2+(\sigma_2-\sigma_3)^2+(\sigma_3-\sigma_1)^2=2\sigma_3^2 \tag{3.14}$$

整理可得

$$\frac{1}{\sqrt{2}}\sqrt{(\sigma_1-\sigma_2)^2+(\sigma_2-\sigma_3)^2+(\sigma_3-\sigma_1)^2}=\sigma_{\mathrm{s}} \tag{3.15}$$

对比式(3.15)与式(3.12)可见,当式(3.12)中 $n=1$ 时,两者完全相同,即第四强度理论来源于式(3.15),仅仅是从安全角度做了一些处理。对比式(3.11)、式(3.12),我们可以指出其差别是表征应力不同,而对于不同强度理论,或更实质地说,对于不同的屈服准则其表征应力不同。

3.4　屈服表面

屈服函数式在应力空间中的几何图形称为屈服表面。物体单向拉压的应力空间是一维的,初始屈服准则是两个离散的点,即拉(压)初始屈服点,在复杂应力状态下,初始屈服函数在应力空间中表示一个曲面,称为初始屈服面。它是初始弹性阶段的界限,当应力点位于此曲面内,材料处于弹性状态;当应力点位于此曲面上,材料进入塑性状态。这个曲面就是由达到初始屈服的各种应力状态点集合而成的,它相当于简单拉伸曲线上的初始屈服点。

假如描述应力状态的点在屈服表面上,则开始屈服;各向同性的理想塑性材料屈服面是连续的,屈服表面不随塑性流动而变化;应变强化材料的不同塑性变形阶段要用到后继屈服表面。

1. 平面应力状态下的屈服表面

在平面应力状态下,米泽斯屈服准则图形为椭圆,特雷斯卡屈服准则图形为六边形,如图 3.10 所示。

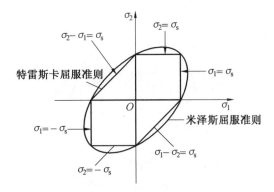

图 3.10 平面应力状态下的米泽斯屈服准则及特雷斯卡屈服准则图形

2. 三向应力状态下的屈服表面

对于三向应力需要用主应力空间描述,图 3.11 中表示出 3 个互相垂直的坐标轴(σ_1, σ_2, σ_3),该空间称为主应力空间。

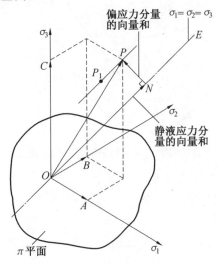

图 3.11 主应力空间三向应力状态

现考察一个过原点与三个主应力轴等倾斜轴线 OE,它的方向余弦是 $l = m = n = \dfrac{1}{\sqrt{3}}$,这个轴上的每一点应力状态为 $\sigma_1 = \sigma_2 = \sigma_3 = \sigma_m$,等同于静液应力状态,此时偏应力等于零。$\pi$ 平面为过原点等静液应力为零的平面,$\sigma_1 + \sigma_2 + \sigma_3 = 0$。

过 P 点平行于 OE 的直线上全部点至 OE 线有相同的距离,即应力偏量相同,其动点的轨迹为与 OE 线等距离的圆柱面,圆柱的半径等于 $\sqrt{\dfrac{2}{3}}\sigma_s$,圆柱轴线与三坐标轴等倾斜。因此,主应力空间中米泽斯屈服表面是一圆柱面,而特雷斯卡屈服表面是一正六棱柱,内接于米泽斯圆柱。

3. π 平面上两准则的图形

π 平面上两准则的图形即为屈服表面在 π 平面上的投影。图 3.12、图 3.13 所示分别为 π 平面上、主应力空间中米泽斯屈服准则及特雷斯卡屈服准则的图形。

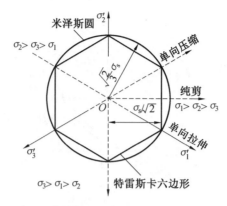

图 3.12 π 平面上米泽斯屈服准则及特雷斯卡屈服准则的图形

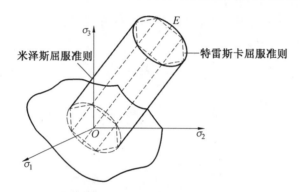

图 3.13 主应力空间中米泽斯屈服准则及特雷斯卡屈服准则的图形

图 3.12 和图 3.13 反映了如下概念：

（1）屈服面内为弹性区。

（2）屈服面上为塑性区。

（3）当物体承受三向等拉或三向等压应力状态时，如图中 OE 线，不管其绝对值多大，都不可能发生塑性变形。

3.5 后继屈服准则

1. 包辛格(Bauschinger) 效应

材料经预先加载并产生少量塑性变形（残余应变为 $1\% \sim 4\%$），卸载后，再同向加载，规定残余伸长应力增加，反向加载规定残余伸长应力降低的现象，称为包辛格效应。

2. 后继屈服表面

应变硬化材料塑性流动的应力应随着塑性应变的增加而增加，如果应变超过初始屈服时的应变，屈服表面必然发生变化。

如果初始屈服应力用 σ_{s0} 表示，则在 π 平面内的初始屈服轨迹是半径为 $\sqrt{\dfrac{2}{3}}\sigma_{s0}$ 的圆。如果在超过初始屈服准则后继续变形，这时所需应力设为 σ_s，假设进一步塑性变形并不引起材料的各向异性,则屈服轨迹仍是圆,其半径为$\sqrt{\dfrac{2}{3}}\sigma_s$。后继屈服轨迹包围初始屈服轨迹,两者同轴,$\pi$ 平面上同心圆或六边形,如果材料应变硬化时保持各向同性,屈服轨迹就随着应力及应变的进程而胀大,屈服表面一定沿某种途径向外运动,如图 3.14 所示。

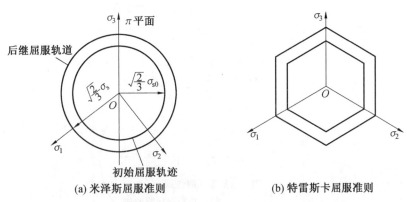

图 3.14　各向同性应变硬化材料在 π 平面上的后继屈服轨迹

理想塑性材料屈服函数可由下式确定:

$$\Phi(\sigma_{ij})=Y \tag{3.16}$$

函数 Φ 变到常数 σ_s 时产生屈服,主应力空间中用初始屈服表面表示。应变硬化材料 σ_s 值的变化取决于材料的应变硬化特性,函数 Φ 是加载函数,其代表应力的施加函数,函数 Φ 也是应变硬化屈服函数,取决于先前的材料的应变过程,也取决于材料的应变硬化特性。

区别三种不同的情况:

当 $\Phi=\sigma_s$ 时,应力状态由屈服表面上一点表示:

如果

$$\mathrm{d}\Phi=\frac{\partial\Phi}{\partial\sigma_{ij}}\mathrm{d}\sigma_{ij}>0 \tag{3.17}$$

则为加载过程,应力状态由初始屈服表面向外运动并产生塑性流动。

如果

$$\mathrm{d}\Phi=\frac{\partial\Phi}{\partial\sigma_{ij}}\mathrm{d}\sigma_{ij}=0$$

则为中性变载,应力状态在屈服表面上(若此时应力分量在改变),应变硬化材料不产生塑性流动。

如果

$$\mathrm{d}\Phi=\frac{\partial\Phi}{\partial\sigma_{ij}}\mathrm{d}\sigma_{ij}<0$$

则为弹性卸载,应力状态从屈服表面向内运动。

当 $\Phi<\sigma_s$ 时,表示弹性应力状态。

对于理想塑性材料,$\Phi=\sigma_s$,$\mathrm{d}\Phi=0$ 时为塑性流动,$\mathrm{d}\Phi>0$ 时情况不可能 。

　　各向同性应变硬化材料的概念在数学上很简单,但这只是初步近似,因为它没有考虑包辛格效应。这个效应使屈服轨迹一边收缩另一边膨胀,塑性变形过程中,屈服表面形状是变化的。试验结果表示米泽斯椭圆屈服轨迹呈不对称膨胀,如图 3.15 所示。

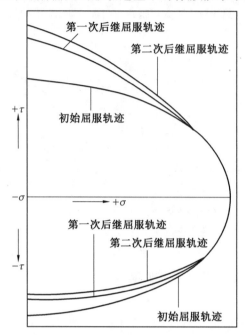

图 3.15　反映了包辛格效应的应变硬化材料的初始及后继屈服轨迹的图形

习　　题

　　1.试求平面应力或两向应力状态的米泽斯屈服准则和特雷斯卡屈服准则的几何图形。

　　2.如图 3.11 所示,如果物体某点的应力为 $P(\sigma_1,\sigma_2,\sigma_3)$,则这个应力状态可由应力空间中的应力向量 $\overrightarrow{OP}$ 表示,图中 $\overrightarrow{OE}$ 则为与 3 个主应力轴等倾斜的轴线。过 P 点作 OE 的垂线交 OE 于 N 点。

　　(1) OE 所表示的意义?

　　(2) $|\overrightarrow{NP}|$ 与 Y 呈什么关系时发生屈服(以米泽斯屈服准则计算)?

　　(3)由(2)可知米泽斯屈服准则的空间几何形状是什么?

　　3.试写出平面应力状态下米泽斯屈服准则和特雷斯卡屈服准则的数学表达式,画出其屈服轨迹的几何图形,指出两准则相差最大的点及其变形特征,说明两准则的物理意义和异同点。

　　4.已知两端封闭的薄壁圆筒受内压力 p 的作用,如图 3.16 所示,直径为 50 cm、厚度为 5 mm、材料的屈服极限为 250 N/mm²,试分别用米泽斯屈服准则和特雷斯卡屈服准则求出圆筒的屈服压力。如果考虑 σ_r 时,其影响将多大?

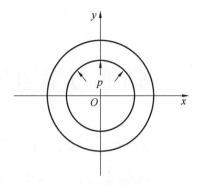

图 3.16　薄壁圆筒受力状态

5.计算受均内压的厚壁球壳的应力分布,证明在塑性状态时用米泽斯屈服准则或特雷斯卡屈服准则计算将得到相同的结果并求刚进入塑性状态时的内压力 p。

6.已知平面应力状态 $\sigma_x = 750 \text{ N/mm}^2$,$\sigma_y = 150 \text{ N/mm}^2$,$\tau_{xy} = 150 \text{ N/mm}^2$,正好使材料屈服,试分别按米泽斯屈服准则和特雷斯卡屈服准则求出单向拉伸时的屈服极限 σ_s 各为多大?

第4章 弹性力学边值问题

4.1 弹塑性力学的基本方程

在前面章节中,讨论了应力、应变的基本概念及弹塑性本构方程。受力物体内任一点的应力状态由这一点的应力张量决定。因为物体处于静力平衡状态,所以应力张量的各个分量不是彼此独立的,它们必须满足静力平衡条件。由于载荷作用产生变形,物体内任一点存在的应变状态由应变张量决定。为了保证位移连续,应变张量的各个分量之间必须满足变形协调条件。从静力平衡条件和变形协调条件出发可建立平衡方程和协调方程,这两类方程与本构关系一起构成了弹塑性力学问题的基本方程。

4.1.1 静力平衡方程

物体内某点 O 的应力状态用二阶应力张量 $\boldsymbol{\sigma} = \boldsymbol{\sigma}_{ij} (i=1,2,3; j=1,2,3)$ 表示。应力张量有 9 个分量。如果在 O 点建立直角坐标系,这 9 个分量分别是 6 个坐标面上的正应力和剪应力。为了保证 O 点的静力平衡,这 6 个应力分量必须满足 O 点的 3 个方向的静力平衡方程。

在 O 点附近取一小微元体。如图 4.1 所示,微元体的 3 个边的边长分别为 $\mathrm{d}x$、$\mathrm{d}y$、$\mathrm{d}z$,微元体所受的体力为 $F = f_i (i=1,2,3)$。

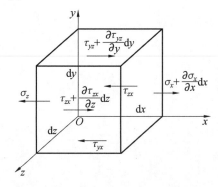

图 4.1　微元体应力示意图

微元体的每个面上都存在 3 个方向的应力。为了描述清楚,图 4.1 中只标出了各个面上 x 方向的应力。

由 x 方向应力为零可得

$$-\sigma_x \mathrm{d}y\mathrm{d}z + \left(\sigma_x + \frac{\partial \sigma_x}{\partial x}\mathrm{d}x\right)\mathrm{d}y\mathrm{d}z - \tau_{yx}\mathrm{d}x\mathrm{d}z + \left(\tau_{yx} + \frac{\partial \tau_{yx}}{\partial y}\mathrm{d}y\right)\mathrm{d}x\mathrm{d}z$$

$$-\tau_{zx}\mathrm{d}x\mathrm{d}y + \left(\tau_{zx} + \frac{\partial \tau_{zx}}{\partial z}\mathrm{d}z\right)\mathrm{d}x\mathrm{d}y + f_x\mathrm{d}x\mathrm{d}y\mathrm{d}z = 0 \tag{4.1}$$

整理上式得

$$\left(\frac{\partial \sigma_x}{\partial x} + \frac{\partial \tau_{yx}}{\partial y} + \frac{\partial \tau_{zx}}{\partial z}\right) + f_x = 0 \tag{4.2}$$

同理由 y 方向平衡及 z 方向平衡得

$$\left(\frac{\partial \tau_{xy}}{\partial x} + \frac{\partial \sigma_y}{\partial y} + \frac{\partial \tau_{zy}}{\partial z}\right) + f_y = 0 \tag{4.3}$$

$$\left(\frac{\partial \tau_{xz}}{\partial x} + \frac{\partial \tau_{yz}}{\partial y} + \frac{\partial \sigma_z}{\partial z}\right) + f_z = 0 \tag{4.4}$$

将式(4.2)、式(4.3)、式(4.4)用下标记号法表示为

$$\sigma_{ij,i} + f_j = 0 \tag{4.5}$$

由式(4.2)、式(4.3)、式(4.4)或式(4.5)可看出,某点 O 处的静力平衡方程共有 3 个,而 O 点独立的应力分量有 6 个,只由 3 个静力平衡条件求不出 6 个应力分量,还需要其他方程,因此就微元体 $\mathrm{d}x\mathrm{d}y\mathrm{d}z$ 而言是一个超静定问题。

4.1.2　应变协调方程

在变形过程中,物体内任一点位移保持单值连续,物体内部不应该出现撕裂和套叠现象,也就是说物体的变形应该协调。从应变分量与位移分量关系式出发,去掉位移 u、v、w,可得到另外 6 个方程:

$$\begin{cases} \dfrac{\partial^2 \varepsilon_x}{\partial y^2} + \dfrac{\partial^2 \varepsilon_y}{\partial x^2} = 2\dfrac{\partial^2 \varepsilon_{xy}}{\partial x \partial y}, \quad & \dfrac{\partial^2 \varepsilon_x}{\partial y \partial z} = \dfrac{\partial}{\partial x}\left(-\dfrac{\partial \varepsilon_{yz}}{\partial x} + \dfrac{\partial \varepsilon_{xy}}{\partial y} + \dfrac{\partial \varepsilon_{xy}}{\partial z}\right) \\[2mm] \dfrac{\partial^2 \varepsilon_y}{\partial z^2} + \dfrac{\partial^2 \varepsilon_z}{\partial y^2} = 2\dfrac{\partial^2 \varepsilon_{yz}}{\partial y \partial z}, \quad & \dfrac{\partial^2 \varepsilon_y}{\partial x \partial z} = \dfrac{\partial}{\partial y}\left(-\dfrac{\partial \varepsilon_{yz}}{\partial x} + \dfrac{\partial \varepsilon_{xz}}{\partial y} + \dfrac{\partial \varepsilon_{xy}}{\partial z}\right) \\[2mm] \dfrac{\partial^2 \varepsilon_x}{\partial z^2} + \dfrac{\partial^2 \varepsilon_z}{\partial x^2} = 2\dfrac{\partial^2 \varepsilon_{xz}}{\partial x \partial z}, \quad & \dfrac{\partial^2 \varepsilon_z}{\partial x \partial y} = \dfrac{\partial}{\partial z}\left(-\dfrac{\partial \varepsilon_{yz}}{\partial x} + \dfrac{\partial \varepsilon_{xz}}{\partial y} + \dfrac{\partial \varepsilon_{xy}}{\partial z}\right) \end{cases} \tag{4.6}$$

式(4.6)说明物体内某一点的 6 个应变分量间是相互联系的,这体现了变形的协调性,称为应变协调方程。

4.1.3　本构方程

本构关系是材料本身内在的关系,是指物体内某点的应力各分量与应变各分量间的关系,由本构关系可建立本构方程。在不同的受力状态下,应服从的本构方程不同。本构方程分为弹性本构方程与塑性本构方程两类。

1. 弹性本构方程

弹性本构方程如下:

$$
\begin{cases}
\varepsilon_x = \dfrac{1}{E}\left[\sigma_x - \mu(\sigma_y + \sigma_z)\right], & \varepsilon_{xy} = \dfrac{1}{2G}\tau_{xy} \\[2mm]
\varepsilon_y = \dfrac{1}{E}\left[\sigma_y - \mu(\sigma_x + \sigma_z)\right], & \varepsilon_{yz} = \dfrac{1}{2G}\tau_{yz} \\[2mm]
\varepsilon_z = \dfrac{1}{E}\left[\sigma_z - \mu(\sigma_x + \sigma_y)\right], & \varepsilon_{zx} = \dfrac{1}{2G}\tau_{zx}
\end{cases}
\tag{4.7}
$$

式(4.7)用下标记号法表示得

$$
\varepsilon_{ij} = \frac{1+\mu}{E}\sigma_{ij} - \frac{3\mu}{E}\sigma_{\mathrm{m}}\delta_{ij}, \quad i=1,2,3, j=1,2,3
$$

在实际应用时,有时需要将应力分量用应变分量表示出来,即

$$
\begin{cases}
\sigma_x = 2G\left(\varepsilon_x + \dfrac{3\mu}{1-2\mu}\varepsilon_{\mathrm{m}}\right), & \tau_{xy} = 2G\varepsilon_{xy} \\[2mm]
\sigma_y = 2G\left(\varepsilon_y + \dfrac{3\mu}{1-2\mu}\varepsilon_{\mathrm{m}}\right), & \tau_{yz} = 2G\varepsilon_{yz} \\[2mm]
\sigma_z = 2G\left(\varepsilon_z + \dfrac{3\mu}{1-2\mu}\varepsilon_{\mathrm{m}}\right), & \tau_{zx} = 2G\varepsilon_{zx}
\end{cases}
\tag{4.8}
$$

式(4.8)用下标记号法表示得

$$
\sigma_{ij} = 2G\varepsilon_{ij} + \frac{3E\mu}{(1+\mu)(1-2\mu)}\varepsilon_{\mathrm{m}}\delta_{ij}
\tag{4.9}
$$

为了与塑性本构关系的增量理论统一,式(4.7)还可写成应力偏张量与应变偏张量增量的形式

$$
\begin{cases}
\mathrm{d}e_{ij} = \dfrac{1}{2G}\mathrm{d}s_{ij} \\[2mm]
\mathrm{d}\varepsilon_{\mathrm{m}} = \dfrac{1}{3K}\mathrm{d}\sigma_{\mathrm{m}}
\end{cases}
\text{或}
\begin{cases}
\mathrm{d}s_{ij} = 2G\mathrm{d}e_{ij} \\[2mm]
\mathrm{d}\sigma_{\mathrm{m}} = 3K\mathrm{d}\varepsilon_{\mathrm{m}}
\end{cases}
\tag{4.10}
$$

2. 塑性本构方程

由屈服准则判断出物体内某点处于塑性状态后,再用加载条件判断此点在一时间段内的变化过程是加载过程,这时应力的各个分量与应变的各个分量间服从塑性本构方程。塑性本构方程有两种,即增量理论本构方程和全量理论本构方程。

(1)增量理论本构方程。

增量理论的适用范围比较宽,适用于任何加载条件。它的表达式为

$$
\begin{cases}
\mathrm{d}e_{ij} = \dfrac{1}{2G}\mathrm{d}s_{ij} + \mathrm{d}\lambda s_{ij} \\[2mm]
\mathrm{d}\varepsilon_{\mathrm{m}} = \dfrac{1}{3K}\mathrm{d}\sigma_{\mathrm{m}}
\end{cases}
\tag{4.11}
$$

不同材料的 $\mathrm{d}\lambda$ 取值不同。对于理想弹塑性材料

$$
\mathrm{d}\lambda = \frac{3}{2}\frac{s_{ij}\mathrm{d}e_{ij}}{\sigma_{\mathrm{s}}^2}
\tag{4.12}
$$

设 $\mathrm{d}W_{\mathrm{d}} = s_{ij}\mathrm{d}e_{ij}$, $\mathrm{d}W_{\mathrm{d}}$ 称为形状改变比功增量。它的含义是单位体积内应力偏张量在相应的应变偏张量增量上所做的功。将 $\mathrm{d}W_{\mathrm{d}}$ 代入上式,得

$$
\mathrm{d}\lambda = \frac{3(\mathrm{d}W_{\mathrm{d}})}{2\sigma_{\mathrm{s}}^2}
\tag{4.13}
$$

式(4.11)的另一种形式为

$$\begin{cases} \mathrm{d}s_{ij} = 2G(\mathrm{d}e_{ij} - \mathrm{d}\lambda s_{ij}) \\ \mathrm{d}\sigma_{\mathrm{m}} = 3K\mathrm{d}\varepsilon_{\mathrm{m}} \end{cases} \tag{4.14}$$

（2）全量理论本构方程。

全量理论的适用范围比较窄，只适用于简单加载。在简单加载条件下，全量理论的表达式为

$$\begin{cases} e_{ij} = \varphi s_{ij} \\ \varepsilon_{\mathrm{m}} = \dfrac{1}{3K}\sigma_{\mathrm{m}} \end{cases} \tag{4.15}$$

式中，$\varphi = \dfrac{3\varepsilon_i}{2\sigma_i}$。对于不同的材料，$\varphi$ 的具体取值不同。对理想弹塑性材料

$$\varphi = \frac{3\varepsilon_i}{2\sigma_s} \tag{4.16}$$

对强化材料，根据单一曲线假设 $\sigma_i = \Phi(\varepsilon_i)$，$\varepsilon_i = \Phi^{-1}(\sigma_i)$。此时

$$\varphi = \frac{3\varepsilon_i}{2\sigma_i} = \frac{3}{2}\frac{\varepsilon_i}{\Phi(\varepsilon_i)} = \frac{3\Phi^{-1}(\sigma_i)}{2\sigma_i} \tag{4.17}$$

上述 3 类方程合在一起共 15 个，这 15 个方程中包括 15 个未知量，即 σ_x、σ_y、σ_z、τ_{xy}、τ_{yz}、τ_{xz}、ε_x、ε_y、ε_z、ε_{xy}、ε_{xz}、ε_{yz}、u、v、w。这 15 个方程构成了力学问题的基本方程组，反映了弹塑性力学问题的普遍规律，但是对于具体的力学问题还需加上特定的边界条件才能求解。

4.2　边界条件

上一节讨论了弹塑性力学问题的基本方程组，在求解具体问题时还必须给定边界条件，即在物体的边界上，某一点的位移或应力必须满足特定的方程。本节中讨论两种边界条件。

1. 位移边界条件

位移边界条件用 S_u 表示。在 S_u 上，每一点的位移分量 u_i 都等于给定的位移分量 $\bar{u}_i$，即

$$u_i = \bar{u}_i, \quad i = 1, 2, 3（在 S_u 上） \tag{4.18}$$

2. 力边界条件

力边界条件用 S_σ 表示。在 S_σ 上，每一点的总应力沿 3 个坐标轴的分量 T_i 都等于给定的应力分量 $\overline{T}_i$，即

$$T_i = \bar{T}_i, \quad i = 1, 2, 3（在 S_\sigma 上） \tag{4.19}$$

设 σ_{ij} 为力边界 S_σ 上某点的 6 个应力分量，l_j 是力边界上该点法线方向的 3 个方向余弦，则有

$$T_i = \sigma_{ij}l_j = \sigma_j l_j \tag{4.20}$$

将式(4.20)代入式(4.19)得

$$\sigma_{ji}l_j = \bar{T}_i \tag{4.21}$$

式(4.21)展开为下列 3 个等式:

$$\begin{cases} \sigma_x l_x + \tau_{yx}l_y + \tau_{zx}l_z = \bar{T}_x \\ \tau_{xy}l_x + \sigma_y l_y + \tau_{zy}l_z = \bar{T}_y \\ \tau_{xz}l_x + \tau_{yz}l_y + \sigma_z l_z = \bar{T}_z \end{cases} \tag{4.22}$$

式(4.22)表示,在力边界 S_σ 上每点的 6 个应力分量必须满足上述 3 个等式。

如图 4.2 所示,一高为 h 的柱体,在顶端 $z = h$ 处受均布压力 q,4 个侧面均是自由边界。在这 5 个面上,应该用力边界条件;柱子下端 $z = 0$ 处为固支,用位移边界条件。将它们写出来为

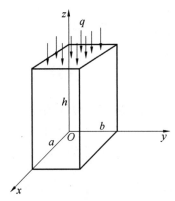

图 4.2　受均布压力的柱体

(1) $z = h$ 面上,法线的方向余弦为 $l_x = 0, l_y = 0, l_z = 1$,力边界条件为

$$\bar{T}_x = 0, \quad \bar{T}_y = 0, \quad \bar{T}_z = -q$$

将上式代入式(4.22),得

$$\tau_{zx} = 0, \quad \tau_{zy} = 0, \quad \sigma_z = -q$$

(2) $x = a$ 面上,法线的方向余弦为 $l_x = 1, l_y = l_z = 0$,相应的力边界条件是

$$\bar{T}_x = \bar{T}_y = \bar{T}_z = 0$$

将上式代入式(4.22),得

$$\sigma_x = 0, \quad \tau_{xy} = \tau_{xz} = 0$$

(3) $x = 0$ 面上,仿照上式,同理得此面上的力边界条件为

$$\sigma_x = 0, \quad \tau_{xy} = \tau_{xz} = 0$$

(4) $y = b$ 面上,法线的方向余弦为 $l_x = 0, l_y = 1, l_z = 0$,相应的力边界条件是

$$\bar{T}_x = \bar{T}_y = \bar{T}_z = 0$$

将上式代入式(4.22),得

$$\tau_{yx} = \tau_{yz} = \sigma_y = 0$$

(5) $y = 0$ 面上,同理得此面上的力边界条件为

$$\tau_{yx} = \tau_{yz} = \sigma_y = 0$$

(6) $z = 0$ 面上,这一面的边界条件是位移边界条件,在此面上给定的位移为

$$\bar{u} = 0, \quad \bar{v} = 0, \quad \bar{w} = 0$$

将上式代入式(4.18),得

$$u = \bar{u} = 0, \quad v = \bar{v} = 0, \quad w = \bar{w} = 0$$

综上所述,在物体边界上的任一点总存在着 3 个彼此独立的方程,分别代表此点沿 3 个坐标轴方向的边界条件。不同的边界,边界条件不同;同样的边界,受到不同的力作用时,边界条件也不同。

4.3　弹性力学问题解法

在从工程中提炼出来的力学问题中,结构内任一点的应力各分量、应变各分量、位移各分量必须满足 15 个基本方程,在边界上必须满足给定的边界条件。因此,解弹塑性力学问题实质上是求解边值问题。15 个基本方程反映了问题的共性,而边界条件反映了问题的个性。边界条件不同,求解问题时采用的方法也不同。具体地说,共有 3 种基本方法,即按位移求解的位移法、按应力求解的应力法和既有应力也有位移的混合法。本节中论述的这 3 种解法都涉及材料的弹性本构关系,所以只适用于求解弹性阶段的力学问题。

4.3.1　位移法

用位移法解题时,以位移分量为基本未知量,在 15 个偏微分方程和边界条件中只保留 3 个位移变量 u_i 为未知量,将 15 个偏微分方程整理为只含有 3 个位移分量的偏微分方程,求满足偏微分方程和边界条件的位移解。然后用几何方程求出相应的应变分量 ε_{ij},再通过本构关系求出应力分量 σ_{ij}。

物体内任一点的 3 个位移分量为 u_i,相应的应变分量是 ε_{ij},应力分量为 σ_{ij}。u_i 与 ε_{ij} 之间满足几何关系式

$$\begin{cases} \varepsilon_x = \dfrac{\partial u}{\partial x} \\[2mm] \varepsilon_{xy} = \dfrac{1}{2}\left(\dfrac{\partial u}{\partial y} + \dfrac{\partial v}{\partial x}\right) \\[2mm] \varepsilon_{xz} = \dfrac{1}{2}\left(\dfrac{\partial u}{\partial z} + \dfrac{\partial w}{\partial x}\right) \\[2mm] \varepsilon_y = \dfrac{\partial v}{\partial y} \\[2mm] \varepsilon_{yz} = \dfrac{1}{2}\left(\dfrac{\partial v}{\partial z} + \dfrac{\partial w}{\partial y}\right) \\[2mm] \varepsilon_z = \dfrac{\partial w}{\partial z} \end{cases} \quad (4.23a)$$

应变 ε_{ij} 的各分量之间满足变形协调关系式(4.6);应力分量 σ_{ij} 满足平衡方程式

(4.5)。

弹性状态下,应力与应变间服从弹性本构关系式(4.9)。将式(4.9)代入平衡方程式(4.5),即得到用应变分量表示的平衡方程:

$$\left[2G\epsilon_{ij} + \frac{3E\mu}{(1+\mu)(1-2\mu)}\epsilon_m \cdot \delta_{ij}\right]_{,j} + f_i = 0 \tag{4.23b}$$

再将几何方程式(4.23a)代入式(4.23b),得

$$\left[G \cdot (u_{i,j} + u_{j,i}) + \frac{E \cdot \mu}{(1+\mu)(1-2\mu)} \cdot u_{k,k} \cdot \delta_{ij}\right]_{,j} + f_i = 0 \tag{4.24}$$

整理式(4.24)得

$$G \cdot u_{i,j} + \left[G + \frac{E\mu}{(1+\mu)(1-2\mu)}\right]u_{j,ji} + f_i = 0 \tag{4.25}$$

在此定义两个弹性常数

$$\lambda = \frac{E \cdot \mu}{(1+\mu)(1-2\mu)}, \quad \gamma = \frac{E}{2(1+\mu)} = G \tag{4.26}$$

式中,λ、γ 称为拉梅参量。将式(4.26)代入式(4.25)得

$$\gamma \nabla^2 u_i + (\lambda + \gamma)u_{j,ji} + f_i = 0 \tag{4.27}$$

式(4.27)展开后得到 3 个方程

$$\begin{cases} (\lambda + \gamma)\left(\frac{\partial^2 u}{\partial x^2} + \frac{\partial^2 v}{\partial y \partial x} + \frac{\partial^2 w}{\partial z \partial x}\right) + \gamma\left(\frac{\partial^2 u}{\partial x^2} + \frac{\partial^2 u}{\partial y^2} + \frac{\partial^2 u}{\partial z^2}\right) + f_x = 0 \\ (\lambda + \gamma)\left(\frac{\partial^2 u}{\partial x \partial y} + \frac{\partial^2 v}{\partial y^2} + \frac{\partial^2 w}{\partial z \partial y}\right) + \gamma\left(\frac{\partial^2 v}{\partial x^2} + \frac{\partial^2 v}{\partial y^2} + \frac{\partial^2 v}{\partial z^2}\right) + f_y = 0 \\ (\lambda + \gamma)\left(\frac{\partial^2 u}{\partial x \partial z} + \frac{\partial^2 v}{\partial y \partial z} + \frac{\partial^2 w}{\partial z^2}\right) + \gamma\left(\frac{\partial^2 w}{\partial x^2} + \frac{\partial^2 w}{\partial y^2} + \frac{\partial^2 w}{\partial z^2}\right) + f_z = 0 \end{cases} \tag{4.28}$$

式(4.28)是用位移分量表示的平衡条件。它综合考虑了几何条件、平衡条件及本构关系,是用位移法解题时位移分量必须满足的基本方程组。如果结构的边界是位移边界,不用再对边界进行处理。若是应力边界或一部分边界是应力边界,还需将边界条件变为只含有位移分量的边界。

在 S_σ 上有式(4.20)成立,将弹性本构方程式(4.9)代入式(4.20),得

$$\left[2G\epsilon_{ij} + \frac{3E\mu}{(1+\mu)(1-2\mu)}\epsilon_m\delta_{ij}\right]l_j = \bar{T}_i \tag{4.29}$$

将几何方程式(4.23a)代入式(4.29),得

$$\left[2G \cdot \frac{1}{2}(u_{i,j} + u_{j,i}) + \frac{3E\mu}{(1+\mu)(1+2\mu)} \cdot \frac{1}{3}u_{k,k}\delta_{ij}\right]l_j = \bar{T}_i \tag{4.30}$$

整理式(4.30),得

$$\gamma(u_{i,j} + u_{j,i})l_j + \lambda u_{k,k}l_i = \bar{T}_i \tag{4.31}$$

式(4.31)是用位移表示的力边界条件,因此用位移法求解力学问题实质上是寻找满足边界条件及微分方程组式(4.28)的位移解。

当体力 $f_i(i = 1,2,3)$ 为零时,式(4.27)变为

$$\gamma \nabla^2 u_i + (\lambda + \gamma)u_{j,ji} = 0 \tag{4.32}$$

式(4.32)称为拉梅—纳维(Lamé—Navier)方程。

4.3.2　应力法

当边界条件全部是力边界条件时,可采用应力法求解。在 15 个未知量中只保留 6 个应力分量 σ_{ij} 作为应力法的未知量,寻找应力分量 σ_{ij} 应满足的偏微分方程和边界条件。

将弹性本构方程式(4.7)代入变形协调条件式(4.6),再利用平衡方程式(4.5),即可得到用应力分量表示的变形协调条件:

$$
\begin{cases}
\nabla^2 \sigma_x + \dfrac{3}{1+\mu} \dfrac{\partial^2 \sigma_\mathrm{m}}{\partial x^2} = \dfrac{-\mu}{1-\mu}\left(\dfrac{\partial f_x}{\partial x} + \dfrac{\partial f_y}{\partial y} + \dfrac{\partial f_z}{\partial z}\right) - 2\dfrac{\partial f_x}{\partial x} \\[2mm]
\nabla^2 \sigma_y + \dfrac{3}{1+\mu} \dfrac{\partial^2 \sigma_\mathrm{m}}{\partial y^2} = \dfrac{-\mu}{1-\mu}\left(\dfrac{\partial f_x}{\partial x} + \dfrac{\partial f_y}{\partial y} + \dfrac{\partial f_z}{\partial z}\right) - 2\dfrac{\partial f_y}{\partial y} \\[2mm]
\nabla^2 \sigma_z + \dfrac{3}{1+\mu} \dfrac{\partial^2 \sigma_\mathrm{m}}{\partial z^2} = \dfrac{-\mu}{1-\mu}\left(\dfrac{\partial f_x}{\partial x} + \dfrac{\partial f_y}{\partial y} + \dfrac{\partial f_z}{\partial z}\right) - 2\dfrac{\partial f_z}{\partial z} \\[2mm]
\nabla^2 \tau_{xy} + \dfrac{3}{1+\mu} \dfrac{\partial^2 \sigma_\mathrm{m}}{\partial x \partial y} = -\left(\dfrac{\partial f_y}{\partial x} + \dfrac{\partial f_x}{\partial y}\right) \\[2mm]
\nabla^2 \tau_{yz} + \dfrac{3}{1+\mu} \dfrac{\partial^2 \sigma_\mathrm{m}}{\partial y \partial z} = -\left(\dfrac{\partial f_z}{\partial y} + \dfrac{\partial f_y}{\partial z}\right) \\[2mm]
\nabla^2 \tau_{xz} + \dfrac{3}{1+\mu} \dfrac{\partial^2 \sigma_\mathrm{m}}{\partial x \partial z} = -\left(\dfrac{\partial f_x}{\partial z} + \dfrac{\partial F_z}{\partial x}\right)
\end{cases} \tag{4.33}
$$

上式称为贝尔特拉米－米切尔(Beltrami－Michell)方程。用应力法解题,实质上是要求满足用应力各分量表示的协调方程式(4.33)、平衡方程式(4.5)及应力边界的应力解。当不计体力时,式(4.33)变为

$$
\nabla^2 \sigma_{ij} + \dfrac{3}{1+\mu} \sigma_{\mathrm{m},ij} = 0 \tag{4.34}
$$

4.3.3　混合法

对于某些力学问题,需由位移分量 u_i 与应力分量 σ_{ij} 做未知量联合求解,还有的问题只需由应变分量 ε_{ij} 做基本未知量,这时需要将 15 个微分方程和边界条件整理为只含有位移分量 u_i 与应力分量 σ_{ij},或只含有应变分量 ε_{ij} 的方程和相应的边界条件,这种解题方法称为混合法。

上述 3 种解法中,位移法的适用范围最广,适用于求解任意边界条件的弹性力学问题;应力法只适用于求解应力边界的问题;混合法一般也是用于求解比较特殊的问题。

4.4　圣维南原理

由上一节讨论可知,给定弹性体的边界条件,从理论上就可求得满足基本方程组及边界条件的解。但是在许多实际问题中,边界条件往往是很复杂的,只能给出边界上的合力或者合力矩,不能给出应力或位移的精确的数学表达式,即使有了精确的边界条件,在数学上也很难求解。这时需要对边界条件进行简化,用简化后的边界条件替换原有的边界条件。另外,有时给定的边界条件虽然简单但不利于问题的求解,这时需要用一个与静力

等效的力系来代替。因此就出现了一个问题,那就是对边界条件如何替代,在什么范围内进行替代,才能保证替代后物体内的解不变。

圣维南原理是:如果作用在边界上的一小块面积 Δs 上的力被另一组与静力等效的外力代替,也就是说这两组力的合力相等,合力矩也相等,那么这种替代只会引起 Δs 附近的体积上的应力发生大的变化,而对比较远的地方只有极小的影响,或者说,这种替代在物体内部产生的应力改变随着与被替代面积 Δs 距离的增加而迅速减小。

圣维南原理是从大量的力学现象中总结出来的原理,帮助解决了许多实际的工程问题。在实际问题中利用圣维南原理可以把复杂的边界条件进行简化,用一个与简单静力等效的力系代替原边界上的复杂的应力分布,从而得到问题的解。

图 4.3(a) 为一构件,在两端截面的形心处受有一对大小相等、方向相反的拉力 p。如果不进行简化是找不到这个问题的精确解的。在简化时,利用圣维南原理,将作用在试件两端的集中力 p 用在整个横截面上均布的集度为 $\dfrac{p}{A}$ 的均布应力来代替,如图 4.3(b) 所示。图 4.3(a) 与(b) 相比,只是在距端点很近的地方的应力分布有明显的差别,而距离端点较远的地方的应力分布并无明显的差别。

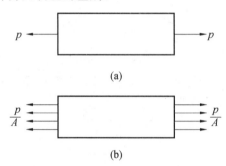

图 4.3   均布应力分布示意图

如图 4.4 所示,设有一根梁受纯弯曲作用,端部弯矩为 M。在梁的两端,截面上各点的应力分布是很复杂的,很难用数学表达式精确描述。这时采用线性的应力分布来代替原来复杂的应力分布,这种替代是静力等效的,即替代前后端部截面上应力的合力与合力矩均相等。这对于求解简化以后的纯弯曲问题就简单很多。

图 4.4   线性应力分布示意图

圣维南原理还有另一种叙述方式:在物体的一小部分边界面积 Δs 上作用有一组平衡力系(合力及合力矩为 0),那么这组面力只对 Δs 邻近产生应力,远处的应力可以忽略不计。

如图 4.5 所示,当用钳子夹截一根铁丝时,作用在铁丝端部的力是一对大小相等、方向相反的平衡力。这对力只在端部附近产生应力,对距离端部较远的地方只有极小的影响。

图 4.5　一组平衡力系示意图

4.5　解的唯一性及叠加原理

4.5.1　解的唯一性

前面已经论述过,弹性力学边值问题的解必须要满足 15 个基本方程和边界条件,并且无论是什么边界条件,都可以用位移法求解。用位移法求解时,位移 U 必须满足基本方程:

$$LU + F = 0 \tag{4.35}$$

其中

$$L = \begin{bmatrix} (\lambda + \gamma)\dfrac{\partial^2}{\partial x^2} + \gamma\Delta & (\lambda + \gamma)\dfrac{\partial^2}{\partial y\partial x} & (\lambda + \gamma)\dfrac{\partial^2}{\partial z\partial x} \\[3mm] (\lambda + \gamma)\dfrac{\partial^2}{\partial x\partial y} & (\lambda + \gamma)\dfrac{\partial^2}{\partial y^2} + \gamma\Delta & (\lambda + \gamma)\dfrac{\partial^2}{\partial y\partial z} \\[3mm] (\lambda + \gamma)\dfrac{\partial^2}{\partial x\partial z} & (\lambda + \gamma)\dfrac{\partial^2}{\partial y\partial z} & (\lambda + \gamma)\dfrac{\partial^2}{\partial z^2} + \gamma\Delta \end{bmatrix}$$

$$U = \begin{bmatrix} u \\ v \\ w \end{bmatrix}$$

$$F = \begin{bmatrix} f_x \\ f_y \\ f_z \end{bmatrix}$$

在物体的边界上,位移 u_i 满足边界条件。对于位移边界条件:

$$U = \overline{U} \quad (\text{在 } S_u \text{ 上})$$

式中,$\overline{U}$ 是给定位移。

对于力边界条件:

$$T = \overline{T} \quad (\text{在 } S_\sigma \text{ 上})$$

式中,$\overline{T}$ 是应力边界上的给定应力。

将本构方程及几何方程代入力边界条件,可得到用位移表达的力边界条件,即式 (4.31)。将式 (4.31) 展开得

$$MU = \overline{T}$$

其中

$$M = \begin{bmatrix} (\lambda + 2\gamma)l_x \dfrac{\partial}{\partial x} + \gamma\left(l_y \dfrac{\partial}{\partial y} + l_z \dfrac{\partial}{\partial z}\right) & \gamma l_y \dfrac{\partial}{\partial x} + \lambda l_x \dfrac{\partial}{\partial y} \\[2ex] \gamma l_x \dfrac{\partial}{\partial y} + \lambda l_y \dfrac{\partial}{\partial x} & (\lambda + 2\gamma)l_y \dfrac{\partial}{\partial y} + \gamma\left(l_x \dfrac{\partial}{\partial x} + l_z \dfrac{\partial}{\partial z}\right) \\[2ex] \gamma l_x \dfrac{\partial}{\partial z} + \lambda l_z \dfrac{\partial}{\partial x} & \gamma l_y \dfrac{\partial}{\partial z} + \lambda l_z \dfrac{\partial}{\partial y} \end{bmatrix}$$

$$\begin{aligned} &\gamma l_z \dfrac{\partial}{\partial x} + \lambda l_x \dfrac{\partial}{\partial z} \\[1ex] &\gamma l_z \dfrac{\partial}{\partial y} + \lambda l_y \dfrac{\partial}{\partial z} \\[1ex] &(\lambda + 2\gamma)l_z \dfrac{\partial}{\partial z} + \gamma\left(l_x \dfrac{\partial}{\partial x} + l_y \dfrac{\partial}{\partial y}\right) \end{aligned}$$

总之,边界条件可写成下列形式:

$$N \cdot U = H \tag{4.36}$$

位移边界条件

$$N = I, \quad H = \overline{U} \quad (在 S_u 上)$$

力边界条件

$$N = M, \quad H = \overline{T} \quad (在 S_T 上)$$

综上所述,若位移 U 是问题的解,它必须满足微分方程组式(4.28)及边界条件式(4.36)。现在来证明解的唯一性。设对于同一弹性力学问题,存在两组解 U_1 和 U_2,则有下式成立:

$$\begin{cases} L \cdot U_1 + F = 0 & (在域内) \\ N \cdot U_1 = H & (在边界上) \end{cases} \quad 及 \quad \begin{cases} L \cdot U_2 + F = 0 & (在域内) \\ N \cdot U_2 = H & (在边界上) \end{cases}$$

将上面两式分别相减得

$$\begin{cases} L \cdot (U_1 \cdot U_2) = 0 & (在域内) \\ N \cdot (U_1 \cdot U_2) = 0 & (在边界上) \end{cases} \tag{4.37}$$

令 $U^* = U_1 - U_2$,此时式(4.37)为

$$\begin{cases} L(U^*) = 0 & (在域内) \\ N(U^*) = 0 & (在边界上) \end{cases} \tag{4.38}$$

式(4.38)表示位移向量 U^* 满足用位移表示的微分方程和边界条件,因此是某一弹性力学问题的解,并且此弹性力学问题对应的体力为零,面力及位移边界条件均为零。也就是说,此弹性体处于无体力、无面力的自然状态。所以相应的位移向量 U^* 应为零向量,即 $U^* = 0$,所以有

$$U_1 = U_2 \tag{4.39}$$

式(4.39)证明弹性力学问题的解是唯一的。

弹性力学问题的解唯一。这一性质表明,不论是用什么样的方法找到的一组解,只要它满足 15 个基本方程和全部边界条件,那它就是弹性力学问题的解。

4.5.2 叠加原理

有一弹性体受到体力 $F^{(1)}$ 作用,位移边界上给定位移 $\overline{U}^{(1)}$,应力边界上给定面力 $\overline{T}^{(1)}$,

因此在弹性体内产生的位移为$U^{(1)}$。设同一弹性体受到另一组体力$F^{(2)}$作用,位移边界上给定位移$\bar{U}^{(2)}$,应力边界上给定面力$T^{(2)}$,由此在弹性体内产生的位移场是$\bar{U}^{(2)}$。当此弹性体所受的力是上述两组力的叠加时,位移边界的位移也是上述两个位移场的叠加,此时弹性体所受的体力、面力及位移边界条件为

$$\begin{cases} \boldsymbol{F} = \boldsymbol{F}^{(1)} + \boldsymbol{F}^{(2)} & \text{(在域内)} \\ \bar{\boldsymbol{U}} = \bar{\boldsymbol{U}}^{(1)} + \bar{\boldsymbol{U}}^{(2)} & \text{(在 } S_u \text{ 上)} \\ \bar{\boldsymbol{T}} = \bar{\boldsymbol{T}}^{(1)} + \boldsymbol{T}^{(2)} & \text{(在 } S_\sigma \text{ 上)} \end{cases} \tag{4.40}$$

在上述条件下,产生的位移场

$$\boldsymbol{U} = \boldsymbol{U}^{(1)} + \boldsymbol{U}^{(2)} \tag{4.41}$$

由上节论述可知,位移$U^{(1)}$及$U^{(2)}$在域内应满足偏微分方程式(4.35),在边界上应满足微分方程式(4.36),即

$$\begin{cases} \boldsymbol{L} \cdot \boldsymbol{U}^{(1)} + \boldsymbol{F}^{(1)} = 0 & \text{(在域内)} \\ \boldsymbol{N} \cdot \boldsymbol{U}^{(1)} = \boldsymbol{H}^{(1)} & \text{(在边界上)} \\ \boldsymbol{L} \cdot \boldsymbol{U}^{(2)} + \boldsymbol{F}^{(2)} = 0 & \text{(在域内)} \\ \boldsymbol{N} \cdot \boldsymbol{U}^{(2)} = \boldsymbol{H}^{(2)} & \text{(在边界上)} \end{cases} \tag{4.42}$$

上述两式中,$\boldsymbol{H}^{(1)}$、$\boldsymbol{H}^{(2)}$分别为

$$\boldsymbol{H}^{(1)} = \begin{cases} \overline{\boldsymbol{U}}^{(1)} & \text{(在 } S_u \text{ 上)} \\ \overline{\boldsymbol{T}}^{(1)} & \text{(在 } S_\sigma \text{ 上)} \end{cases}$$

$$\boldsymbol{H}^{(2)} = \begin{cases} \overline{\boldsymbol{U}}^{(2)} & \text{(在 } S_u \text{ 上)} \\ \overline{\boldsymbol{T}}^{(2)} & \text{(在 } S_\sigma \text{ 上)} \end{cases}$$

将式(4.42)中的两式分别相加,得

$$\begin{cases} \boldsymbol{L}(\boldsymbol{U}^{(1)} + \boldsymbol{U}^{(2)}) + (\boldsymbol{F}^{(1)} + \boldsymbol{F}^{(2)}) = 0 \\ \boldsymbol{N}(\boldsymbol{U}^{(1)} + \boldsymbol{U}^{(2)}) = \boldsymbol{H}^{(1)} + \boldsymbol{H}^{(2)} \end{cases} \tag{4.43}$$

将式(4.40)代入式(4.43),得

$$\begin{cases} \boldsymbol{L}(\boldsymbol{U}^{(1)} + \boldsymbol{U}^{(2)}) + \boldsymbol{F} = 0 \\ \boldsymbol{N}(\boldsymbol{U}^{(1)} + \boldsymbol{U}^{(2)}) = \boldsymbol{H} \end{cases} \tag{4.44}$$

其中

$$\boldsymbol{H} = \begin{cases} \bar{\boldsymbol{U}} & \text{(在 } S_u \text{ 上)} \\ \bar{\boldsymbol{T}} & \text{(在 } S_\sigma \text{ 上)} \end{cases}$$

由式(4.44)可知,满足式(4.40)的位移解为

$$\boldsymbol{U} = \boldsymbol{U}^{(1)} + \boldsymbol{U}^{(2)}$$

由几何关系及本构关系的线性性质可知,此时物体内任一点的应力分量σ_{ij}应是$\sigma_{ij}^{(1)}$与$\sigma_j^{(2)}$的叠加,即

$$\sigma_{ij} = \sigma_{ij}^{(1)} + \sigma_j^{(2)}$$

上述两式表明叠加原理成立。关于叠加原理,有以下几点说明:

(1)适用于小变形,即应变只与位移的一次偏导数有关。

(2)只适用于弹性阶段,即应力 σ_{ij} 与应变 ε_{ij} 是线性关系。

(3)为具体求解方程提供了很多方便,利用这个原理可将复杂的问题分解成若干个简单的问题求解。

4.6　弹性力学的简单算例

【例 4.1】　如图 4.6 所示,求有自重作用下的实心圆截面竖直杆的应力场和位移场。

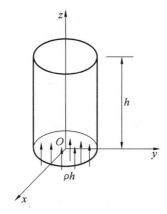

图 4.6　受自重的实心圆截面竖直杆

解　设有一直杆,密度为 ρ。侧面边界条件:法线方向 $(l_x,l_y,0)$,因为侧面是自由边界,$\bar{T}_x=\bar{T}_y=\bar{T}_z=0$,所以有下式成立:

$$\begin{cases} \sigma_x l_x + \tau_{xy} l_y = 0 \\ \tau_{xy} l_x + \sigma_y l_y = 0 \\ \tau_{xz} l_x + \tau_{yz} l_y = 0 \end{cases} \tag{4.45}$$

$z=h$ 面上边界条件:法线方向 $(0,0,1)$,此面上没有外力作用,$\bar{T}_x=\bar{T}_y=\bar{T}_z=0$,则

$$\tau_{zx}\big|_{z=h}=0, \quad \tau_{zy}\big|_{z=h}=0, \quad \sigma_z\big|_{z=h}=0$$

$z=0$ 面上边界条件:法线方向为 $(0,0,-1)$,则

$$\tau_{zx}\big|_{z=0}=0, \quad \tau_{zy}\big|_{z=0}=0, \quad \sigma_z\big|_{z=0}=-\rho h$$

因为边界条件均为力边界条件,所以应用应力法求解。求解时应满足平衡方程:

$$\sigma_{ij,j}+F_i=0 \tag{4.46}$$

及用应力表示的协调方程式(4.34)。

当体力不为 0 时,协调方程应采用式(4.33),但因体力对 x、y、z 的一阶偏导数均为 0,所以式(4.33)可简化为式(4.34)。因此所得的应力解必须满足微分方程式(4.46)和式(4.34),以及力边界条件。

因为用直接积分方程组的方法求解应力比较困难,因此采用逆解法,即假定一组应力

解，检验它是否满足上述条件。设应力解为

$$\sigma_z = \sigma_y = \tau_{xy} = \tau_{xz} = \tau_{yz} = 0, \quad \sigma_2 = \rho(z - h) \tag{4.47}$$

将式(4.47)代入式(4.46)及式(4.34)均成立，再将式(4.47)代入力边界条件也能成立，此时这组解就是原问题的应力解。现在求位移场，由本构方程得

$$\begin{cases} \varepsilon_x = -\dfrac{\mu}{E}\sigma_x = -\dfrac{\mu}{E}\rho(z-h) \\[2mm] \varepsilon_y = -\dfrac{\mu}{E}\sigma_z = -\dfrac{\mu}{E}\rho(z-h) \\[2mm] \varepsilon_z = \dfrac{1}{E}\sigma_z = \dfrac{1}{E}\rho(z-h) \\[2mm] \varepsilon_{xy} = \varepsilon_{yz} = \varepsilon_{xz} = 0 \end{cases} \tag{4.48}$$

积分式(4.48)，并令坐标原点的位移为零，得

$$\begin{cases} u = -\dfrac{\mu}{E}\rho(z-h)x \\[2mm] v = -\dfrac{\mu}{E}\rho(z-h)y \\[2mm] w = -\dfrac{\rho}{E}\left(\dfrac{z^2}{2} - hz\right) + \dfrac{\rho\mu}{2E}(x^2 + y^2) \end{cases} \tag{4.49}$$

【**例 4.2**】 如图 4.7 所示，有一根等截面直杆，长为 $2l$，截面面积为 A，$A = 2b \times 2h$，两端受到压力 p 作用，沿 y 方向厚度为 $2b$，在 $z = \pm h$ 边界上为定向约束，即只约束 z 向位移，试求直杆内的应力场和位移场。

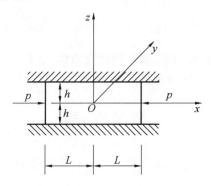

图 4.7 受定向约束的等截面直杆

解 此直杆共有 6 个边界面，其中两个面是位移边界，4 个面是应力边界。各边的边界条件为

$$z = \pm h, \quad w\big|_{z=\pm b} = 0$$

$$x = l, \quad \int_{-h}^{h} 2b\sigma_x \bigg|_{x=1} \mathrm{d}y = -p \quad \tau_{xy}\big|_{x=1} = 0, \quad \tau_{xx}\big|_{x=l} = 0$$

$$x = -l, \quad \int_{-h}^{h} 2b\sigma_x \bigg|_{x=-1} \mathrm{d}y = -p, \quad \tau_{xy}\big|_{x=-1} = 0, \quad \tau_x\big|_{x=-1} = 0$$

$$y = b, \quad \tau_{yx}\big|_{y=b} = 0, \quad \sigma_y\big|_{y=b} = 0, \quad \tau_{xx}\big|_{y=b} = 0$$

$$y = -b, \quad \tau_{yx}\big|_{y=-6} = 0, \quad \sigma_y\big|_{y=-b} = 0, \quad \tau_n\big|_{y=-6} = 0$$

首先利用圣维南原理将直杆两端的压力 p 替换为均布载荷 $\dfrac{p}{A}$，则直杆两端 $x = \pm l$ 面上的边界条件为

$$\sigma_x \mid_{x=\pm l} = -\frac{p}{A}, \quad \tau_{xy} \mid_{x=\pm l} = 0, \quad \tau_x \mid_{x=\pm l} = 0$$

用半逆解法求解，即设定部分未知量，求其他未知量。此题中设定部分应力分量为

$$\sigma_x = -\frac{p}{A}, \quad \tau_x = \tau_{yz} = \tau_{xy} = \sigma_y = 0 \tag{4.50}$$

式（4.50）中设定了 5 个应力分量，只有一个应力分量 σ_x 未知。由位移边界条件知，在 $z = h$ 面上是定向约束，所以此直杆沿 z 向没有变形，即 $\varepsilon_z = 0$。又由弹性本构方程可知

$$\varepsilon_x = \frac{1}{E}(\sigma_z - \mu \sigma_x - \mu \sigma_y) = -\frac{1}{E}\left(\frac{\mu P}{A} + \sigma_x\right) = 0 \tag{4.51}$$

由式（4.51）知，$\sigma_i = -\dfrac{\mu p}{A}$。

等截面直杆的应力解为

$$\sigma_x = -\frac{p}{A}, \quad \tau_{xz} = \tau_{yz} = \tau_{xy} = \sigma_y = 0, \quad \sigma_x = -\frac{\mu p}{A} \tag{4.52}$$

可以验证，上述应力解满足平衡方程、协调方程及力边界条件。将应力解代入本构方程中，得

$$\varepsilon_x = -\frac{1-\mu^2}{E}p, \quad \varepsilon_{xy} = \varepsilon_{xz} = \varepsilon_n = \varepsilon_z = 0, \quad \varepsilon_y = \frac{\mu(1+\mu)}{E}p \tag{4.53}$$

将上式代入几何方程式（4.23a），可得位移为

$$u = -\frac{1-\mu^2}{E}px, \quad v = \frac{\mu(1+\mu)}{E}py, \quad w = 0 \tag{4.54}$$

位移解式（4.54）满足位移边界条件，因此应力解式（4.52）及位移解式（4.54）满足所有的方程和边界条件，是此问题的真解。

习　题

1. 对于应力边界上任一点的应力分量，除了要满足力边界条件外，还应满足什么条件？

2. 如图 4.8 所示，有一楔形体，试写出 OA 边及 OB 边的力边界条件。

3. 如图 4.9 所示，有一楔形体，试写出 OA 边及 OB 边的力边界条件。

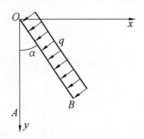

图 4.8　题 2 图

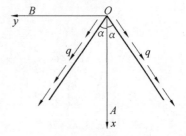

图 4.9　题 3 图

4. 如图 4.10 所示,有一根受拉的等截面直杆,长为 l,两端受到拉力 p 作用,试求应力场和位移场。

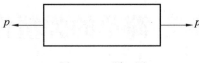

图 4.10　题 4 图

5. 有一根等截面直杆,截面为 $A = 2b \times 2h$,长为 l,两端受到力偶 M 作用,试求应力场和位移场。

第5章 简单的弹塑性问题

5.1 弹塑性边值问题的提法

边值问题的正确提法应包括基本方程和适当的边界条件。由于塑性本构关系有全量和增量两种提法，因此弹塑性力学的边值问题也有两种提法。

5.1.1 弹塑性全量理论的边值问题

设在物体 V 内给定体力 F_i，在应力边界 S_T 上给定面力 T，在位移边界 s_{ii} 上给定位移 u_i，要求应力 σ_{ij}、应变 ε_{ij}、位移 u_i 满足以下方程和边界条件：

（1）在 V 内的平衡方程为

$$\sigma_{ij} + F_i = 0 \tag{5.1}$$

（2）在 V 内的几何关系（应变－位移关系）为

$$\varepsilon_{ij} = \frac{1}{2}(u_{i,j} + u_{j,i}) \tag{5.2}$$

（3）在 V 内的全量本构关系为

$$\begin{cases} s_{ij} = \dfrac{2\bar{\sigma}(\bar{\varepsilon})}{3\bar{\varepsilon}} e_{ij} \\[2mm] \sigma_{kk} = \dfrac{E}{1-2\nu} \varepsilon_{kk} \end{cases} \tag{5.3}$$

其中

$$s_{ij} = \sigma_{ij} - \frac{1}{3}\sigma_{kk}\delta_{ij}, \quad e_{ij} = \varepsilon_{ij} - \frac{1}{3}\varepsilon_{kk}\delta_{ij}$$

$$\bar{\sigma} = \sqrt{\frac{3}{2}s_{ij}s_{ij}}, \quad \bar{\varepsilon} = \sqrt{\frac{2}{3}e_{ij}e_{ij}}$$

（4）在 S_T 上的力边界条件为

$$\sigma_{ij}l_j = T_i \tag{5.4}$$

式中，l_j 是 S_T 外法线的单位向量。

（5）在 s_{ii} 上的位移边界条件为

$$u_i = \bar{u}_i \tag{5.5}$$

由此可见，弹塑性边值问题的全量理论提法同弹性边值问题的提法基本相同，不同仅在于引入了非线性的应力－应变关系式(5.3)。

全量理论边值问题的解法也同弹性问题一样，有两种基本方法：按位移求解和按应力求解。在全量理论适用并按位移求解弹塑性问题时，Ильюшин 提出的弹性解方法应用很方便，将应力－应变关系 $s_{ij} = 2G(1-\omega)e_{ij}$ 代入用位移表示的平衡方程，得

$$\left(K+\frac{G}{3}\right)u_{k,ki}+Gu_{i,jj}-2G\left(\omega e_{ij}\right)_{,j}+F_i=0$$

或即

$$\left(K+\frac{G}{3}\right)u_{k,ki}+Gu_{i,ji}+F_i=2G\left(\omega e_{ij}\right)_{,j} \tag{5.6}$$

在弹性状态下 $\omega=0$，故上式右端为 0 时得到弹性解；将这个弹性解作为第一次近似解，代入式(5.6)右端作为已知项，又可解出第二次近似解。重复以上过程，可得出在所要求的精度内的弹塑性解。在小变形情形，可以证明这样的解能够很快收敛。

5.1.2　弹塑性增量理论的边值问题

设在加载阶段的某时刻，已经求得 σ_{ij}、ε_{ij} 和 u_i；现在在此基础上给外载一组增量，即在 V 内给体力增量 $\mathrm{d}F_i$，在 S_T 上给面力增量 $\mathrm{d}\overline{T}_i$，在 $s_{ü}$ 上给位移增量 $\mathrm{d}\overline{u}_i$，要求应力增量 $\mathrm{d}\sigma_{ij}$、应变增量 $\mathrm{d}\varepsilon_{ij}$、位移增量 $\mathrm{d}u_i$ 满足以下方程和边界条件：

(1) 在 V 内的平衡方程为

$$\mathrm{d}\sigma_{ij,j}+\mathrm{d}F_i=0 \tag{5.7}$$

(2) 在 V 内的几何关系(应变－位移增量关系)为

$$\mathrm{d}\varepsilon_{ij}=\frac{1}{2}\left(\mathrm{d}u_{i,j}+\mathrm{d}u_{j,i}\right) \tag{5.8}$$

(3) 在 V 内的增量本构关系。

① 对于理想塑性材料，屈服函数为 $f(\sigma_{ij})$，则

弹性区：

$$f(\sigma_{ij})<0$$

$$\mathrm{d}\varepsilon_{ij}=\frac{1}{2G}\mathrm{d}\sigma_{ij}-\frac{\nu}{E}\mathrm{d}\sigma_{kk}\delta_{ij}$$

塑性区：

$$f(\sigma_{ij})=0$$

$$\mathrm{d}e_{ij}=\frac{1}{2G}\mathrm{d}s_{ij}+\mathrm{d}\lambda\cdot\frac{\partial f}{\partial\sigma_{ij}}$$

$$\mathrm{d}\varepsilon_{kk}=\frac{1-2\nu}{E}\mathrm{d}\sigma_{kk}$$

$$\mathrm{d}\lambda=\begin{cases}0,&\mathrm{d}f=\dfrac{\partial f}{\partial\sigma_{ij}}\mathrm{d}\sigma_{ij}<0\\[2mm]\geqslant0,&\mathrm{d}f=\dfrac{\partial f}{\partial\sigma_{ij}}\mathrm{d}\sigma_{ij}=0\end{cases} \tag{5.9}$$

这里用到理想塑性材料的加载、卸载准则：

$$\begin{cases} f(\sigma_{ij}) < 0, \quad \text{弹性状态} \\ \left.\begin{array}{l} f(\sigma_{ij}) = 0 \\ \mathrm{d}f = \dfrac{\partial f}{\partial \sigma_{ij}} \mathrm{d}\sigma_{ij} = 0 \quad (\text{等价于 } \mathrm{d}\boldsymbol{\sigma} \boldsymbol{n} = 0) \end{array}\right\} \text{加载} \\ \left.\begin{array}{l} f(\sigma_{ij}) = 0 \\ \mathrm{d}f = \dfrac{\partial f}{\partial \sigma_{ij}} \mathrm{d}\sigma_{ij} < 0 \quad (\text{等价于 } \mathrm{d}\boldsymbol{\sigma} \boldsymbol{n} < 0) \end{array}\right\} \text{卸载} \end{cases}$$

式中, $\mathrm{d}f < 0$ 相应于卸载; $\mathrm{d}f = 0$ 相应于加载; 对理想塑性材料, 屈服面不能扩大, 因此不存在 $\mathrm{d}f > 0$ 的情形。 $\boldsymbol{n}$ 为屈服面外法线方向。

② 对于等向强化材料, 后继屈服函数为 $\phi(\sigma_{ij}, h_a)$, 则

弹性区:

$$\phi(\sigma_{ij}) < 0$$

$$\mathrm{d}\varepsilon_{ij} = \frac{1}{2G}\mathrm{d}\sigma_{ij} - \frac{\nu}{E}\mathrm{d}\sigma_{kk}\delta_{ij}$$

塑性区:

$$\phi(\sigma_{ij}) = 0$$

$$\mathrm{d}e_{ij} = \frac{1}{2G}\mathrm{d}s_{ij} + \mathrm{d}\lambda \cdot \frac{\partial \phi}{\partial \sigma_{ij}}$$

$$\mathrm{d}\varepsilon_{kk} = \frac{1-2\nu}{E}\mathrm{d}\sigma_{kk}$$

$$\mathrm{d}\lambda = \begin{cases} 0, & \mathrm{d}'\phi = \dfrac{\partial \phi}{\partial \sigma_{ij}}\mathrm{d}\sigma_{ij} \leqslant 0 \\ h\mathrm{d}'\phi, & \mathrm{d}'\phi = \dfrac{\partial \phi}{\partial \sigma_{ij}}\mathrm{d}\sigma_{ij} > 0 \end{cases} \tag{5.10}$$

这里用到了强化材料的加载、卸载准则:

$$\begin{cases} \phi = 0, \quad \dfrac{\partial \phi}{\partial \sigma_{ij}}\mathrm{d}\sigma_{ij} > 0 \quad (\text{等价于 } \mathrm{d}\boldsymbol{\sigma} \cdot \boldsymbol{n} > 0), \quad \text{加载} \\ \phi = 0, \quad \dfrac{\partial \phi}{\partial \sigma_{ij}}\mathrm{d}\sigma_{ij} = 0 \quad (\text{等价于 } \mathrm{d}\boldsymbol{\sigma} \cdot \boldsymbol{n} = 0), \quad \text{中性变载} \\ \phi = 0, \quad \dfrac{\partial \phi}{\partial \sigma_{ij}}\mathrm{d}\sigma_{ij} < 0 \quad (\text{等价于 } \mathrm{d}\boldsymbol{\sigma} \cdot \boldsymbol{n} < 0), \quad \text{卸载} \end{cases}$$

及 $\mathrm{d}\lambda = h\mathrm{d}'\phi = h\dfrac{\partial \phi}{\partial \sigma_{ij}}\mathrm{d}\sigma_{ij}$ 关系式, $h > 0$ 是材料的强化模量。

由上可见, 等向强化材料与理想塑性材料相比, 主要差别是要将固定不变的屈服函数 $f(\sigma_{ij})$ 改变为随塑性应变历史而变化的后继屈服函数(即加载函数) $\phi(\sigma_{ij}, h_a)$。

（4）在 S_T 上的力边界条件为

$$\mathrm{d}\sigma_{ij}l_j = \mathrm{d}T_i \tag{5.11}$$

（5）在 S_μ 上的位移边界条件为

$$\mathrm{d}u_i = \mathrm{d}\overline{u_i} \tag{5.12}$$

（6）弹塑性交界处的连续性条件: 如果交界面 Γ 的法向为 n_i, 则在 Γ 上有

① 法向位移连续条件为

$$\mathrm{d}u_i^{(e)} n_i = \mathrm{d}u_i^{(p)} n_i \tag{5.13}$$

② 应力连续条件为

$$\mathrm{d}\sigma_{ij}^{(e)} n_j = \mathrm{d}\sigma_{ij}^{(p)} n_j \tag{5.14}$$

式中,上标(e)和(p)分别表示弹性区和塑性区。注意在 Γ 上切向位移和切向应力是允许有间断的。对理想刚塑性平面应力问题,也允许在 Γ 上法向位移发生间断。

当给定加载历史时,可以对于每一时刻建立和求解上述边值问题,求出增量 $\mathrm{d}\sigma_{ij}$、$\mathrm{d}\varepsilon_{ij}$ 和 $\mathrm{d}u_i$,叠加到原有的 σ_{ij}、ε_{ij} 和 u_i 上去。重复这一过程,用累计的方法就可得到加载结束时的应力、应变和位移的分布。注意在求解的每一步(即过程的每一时刻),不但 σ_{ij}、ε_{ij} 和 u_i 要改变,而且弹塑性交界面 Γ 也要变。如果考虑的是强化材料,则加载面 ϕ 中在每一步也要变。每一次求解时都以给予增量前的 Γ 和 ϕ 为基础来进行计算,因此每次增量不宜取得太大,否则将引起较大的误差;但若每次增量过小,求解的计算量将大大增加。这是在求解增量方程组时常常遇到的矛盾,需要根据问题的实际情况来适当选择增量的大小。

5.2　薄壁圆筒的拉扭联合变形

现在来考察薄壁圆筒承受拉力 F 和扭矩 T 联合作用的弹塑性变形问题。采用圆柱坐标,取 z 轴与筒轴重合。设壁厚为 h,筒的内外平均半径为 R,则筒内应力为

$$\begin{cases} \sigma_z = F/2\pi R h \\ \tau_{\theta z} = T/2\pi R^2 h \end{cases} \tag{5.15}$$

其余应力分量均为 0。因此,不但应力状态是均匀的,而且每一种外载(拉或扭)只与一个应力分量有关,调整 F 和 T 之间的比值,即可得到应力分量间的不同比例。此外,ε_z 和 $\gamma_{\theta z}$ 也是相互独立的,因此对于可以控制变形的试验机,可以实现不同的变形路径。这些特性都使得承受拉扭联合作用的薄壁圆筒非常适用于用来检验塑性基本理论。

假设材料是理想塑性的 Mises 材料,且不可压缩($\nu=1/2$)。采用以下量纲为一的量:

$$\begin{cases} \sigma = \sigma_z/\sigma_Y, \quad \tau = \tau_{\theta z}/\tau_Y \\ \varepsilon = \varepsilon_z/\varepsilon_Y, \quad \gamma = \gamma_{\theta z}/\gamma_Y \end{cases} \tag{5.16}$$

式中,$\sigma_Y = \sqrt{3}\tau_Y$,$\varepsilon_Y = \sigma_Y/E$,$\gamma_Y = \tau_Y/G$。在 $\nu=1/2$ 条件下,$G=E/2(1+\nu)=E/3$,故 $\gamma_Y = \sqrt{3}\varepsilon_Y$。

在弹性阶段,量纲归一化(即无量纲化)的 Hooke 定律给出:

$$\sigma = \varepsilon, \quad \tau = \gamma \tag{5.17}$$

进入塑性以后,Mises 屈服准则为

$$J_2' = \frac{1}{3}\sigma_z^2 + \tau_{\theta z}^2 = \tau_y^2$$

经过量纲归一化后可化为

$$\sigma^2 + \tau^2 = 1 \tag{5.18}$$

下面以增量理论和全量理论分别求解这个问题,并比较两种理论结果的异同。

5.2.1 按增量理论求解

对理想弹塑性材料,增量本构方程是 Prandtl－Reuss 关系,即

$$de_{ij} = \frac{1}{2G}ds_{ij} + d\lambda \cdot s_{ij}$$

$$d\varepsilon_{kk} = \frac{1-2\nu}{E}d\sigma_{kk}$$

$$d\lambda = \begin{cases} 0, & \text{当 } J_2' < \tau_Y^2 \text{ 或 } J_2' = \tau_Y^2, dJ_2' < 0 \\ \geqslant 0, & \text{当 } J_2' = \tau_Y^2, dJ_2' = 0 \end{cases}$$

于是

$$\begin{cases} d\varepsilon_z = \frac{1}{E}d\sigma_z + d\lambda \cdot \frac{2}{3}\sigma_z \\ \frac{1}{2}d\gamma_{\theta z} = \frac{1}{2G}d\tau_{\theta z} + d\lambda \cdot \tau_{\theta z} \end{cases} \tag{5.19}$$

量纲归一化后得到

$$\begin{cases} d\varepsilon = d\sigma + \sigma d\lambda' \\ d\gamma = d\tau + \tau d\lambda' \end{cases} \tag{5.20}$$

式中,$d\lambda' = 2Gd\lambda$。在屈服时 $d\lambda' \neq 0$,从式(5.20) 中消去 $d\lambda'$,得

$$\frac{d\varepsilon - d\sigma}{d\gamma - d\tau} = \frac{\sigma}{\tau} \tag{5.21}$$

由式(5.18) 知 $\tau = \sqrt{1-\sigma^2}$ 及 $\sigma d\sigma + \tau d\tau = 0$,故

$$d\tau = -\frac{\sigma d\sigma}{\tau} = -\sigma d\sigma / \sqrt{1-\sigma^2}$$

从式(5.21) 中消去 τ 和 $d\tau$,就有

$$\frac{d\varepsilon - d\sigma}{d\gamma + \dfrac{\sigma d\sigma}{\sqrt{1-\sigma^2}}} = \frac{\sigma}{\sqrt{1-\sigma^2}}$$

整理后得到

$$\frac{d\sigma}{d\varepsilon} = \sqrt{1-\sigma^2}\left(\sqrt{1-\sigma^2} - \sigma\frac{d\gamma}{d\varepsilon}\right) \tag{5.22}$$

同样地,从式(5.21) 中消去 σ 和 $d\sigma$,整理可得

$$\frac{d\tau}{d\gamma} = \sqrt{1-\tau^2}\left(\sqrt{1-\tau^2} - \tau\frac{d\varepsilon}{d\gamma}\right) \tag{5.23}$$

如果已知某时刻的初始状态(应力状态和应变状态) 及从该时刻起的变形路径 $\gamma = \gamma(\varepsilon)$,则积分式(5.22) 和式(5.23) 就可得到 $\sigma - \varepsilon$ 关系和 $\tau - \gamma$ 关系。

对于试验中经常采用的阶梯变形路径(图 5.1),考虑 γ 保持常数的阶段 ab,设在 a 点有 $\sigma = \sigma_0, \varepsilon = \varepsilon_0$,由于在 ab 上 $d\gamma = 0$,方程式(5.22) 变为

$$d\varepsilon = d\sigma/(1-\sigma^2)$$

将上式积分,并利用 a 点的已知条件,得出

$$\varepsilon - \varepsilon_0 = \frac{1}{2}\ln\left(\frac{1+\sigma}{1+\sigma_0} \cdot \frac{1-\sigma_0}{1-\sigma}\right) \tag{5.24}$$

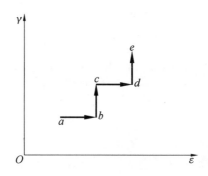

图 5.1　一种阶梯变形路径

类似地,对于 ε 保持常数的阶段 bc,设在 b 点有 $\tau=\tau_0$,$\gamma=\gamma_0$,则可得到

$$\gamma-\gamma_0=\frac{1}{2}\ln\left(\frac{1+\tau}{1+\tau_0}\cdot\frac{1-\tau_0}{1-\tau}\right) \tag{5.25}$$

5.2.2　按全量理论求解

由于假设了材料不可压缩,即 $\nu=1/2$,故 $\varepsilon_{ij}=e_{ij}$,$\bar{\sigma}=\sqrt{\frac{3}{2}s_{ij}s_{ij}}$ 和 $\bar{\varepsilon}=\sqrt{\frac{2}{3}e_{ij}e_{ij}}$ 分别为等效应力和等效应变,由 Илъюшин 理论

$$\begin{cases} s_{ij}=\dfrac{2}{3}\dfrac{\bar{\sigma}(\bar{\varepsilon})}{\bar{\varepsilon}}e_{ij} \text{ 或 } s_{ij}=\dfrac{2\bar{\tau}}{\gamma}e_{ij} \\[2mm] \sigma_{kk}=\dfrac{E}{1-2\nu}\varepsilon_{kk} \end{cases}$$

有 $S_{ij}=\dfrac{2\bar{\sigma}}{3\bar{\varepsilon}}\varepsilon_{ij}$,在本问题中用分量写出来就是

$$\begin{cases} \dfrac{2}{3}\sigma_z=\dfrac{2\bar{\sigma}}{3\bar{\varepsilon}}\varepsilon_z \\[2mm] \tau_{\theta z}=\dfrac{\bar{\sigma}}{3\bar{\varepsilon}}\gamma_{\theta z} \end{cases} \tag{5.26}$$

此处 $\gamma_{\theta z}$ 是工程剪应变,等于 $\varepsilon_{\theta z}$ 的两倍。对理想塑性材料,$\bar{\sigma}=\sigma_Y=\sqrt{3}\tau_Y$,而 $\varepsilon_r=\varepsilon_0=-\dfrac{1}{2}\varepsilon_z$,故等效应变为 $\bar{\varepsilon}=\sqrt{\varepsilon_z^2+\dfrac{1}{3}\gamma_{\theta z}^2}$,将式(5.26)按式(5.16)量纲归一化后得应力—应变关系为

$$\sigma=\varepsilon/\sqrt{\varepsilon^2+\gamma^2},\quad \tau=\gamma/\sqrt{\varepsilon^2+\gamma^2} \tag{5.27}$$

由屈服准则式(5.18),可以令 $\sigma=\sin\theta$,则 $\tau=\cos\theta$;再令 $\omega=\tan\dfrac{\theta}{2}$,则

$$\omega=\frac{1-\cos\theta}{\sin\theta}=\frac{1-\tau}{\sigma}=\left(\sqrt{\varepsilon^2+\gamma^2}-\gamma\right)/\varepsilon$$

或即

$$\omega=\sqrt{1+\left(\frac{\gamma}{\varepsilon}\right)^2}-\frac{\gamma}{\varepsilon} \tag{5.28}$$

沿着一条简单加载路径 $\gamma = B\epsilon$ 变形时

$$\omega = \sqrt{1 + B^2} - B = \mathrm{const} \tag{5.29}$$

例如,当沿 $\epsilon = \gamma$ 加载路径变形时,$\sigma = \tau = \dfrac{1}{\sqrt{2}}$,$\theta = 45°$,$\omega = \sqrt{2} - 1$。

5.2.3　算例和比较

下面通过具体的加载路径来比较由增量理论和全量理论得到的结果。在图 5.2 中,有 3 条不同的加载路径从原点 O 到达点 $C(\epsilon = 1, \tau = \gamma)$,即为要求对应的应力终值。

在弹性范围内,$\sigma = \epsilon$,$\tau = \gamma$,故屈服准则式(5.18)在应变空间中写出就是 $\epsilon^2 + \gamma^2 = 1$,这表明本问题的弹性范围是图 5.2 中的阴影区域。

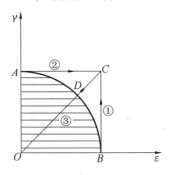

图 5.2　3 种加载路径

（1）用增量理论求解。

路径 ① 是一条阶梯变形路径 OBC,在 B 点有 $\tau_0 = 0$,$\gamma_0 = 0$,应用式(5.25),在 BC 段上有

$$\gamma = \frac{1}{2}\ln\left(\frac{1 + \tau}{1 - \tau}\right)$$

从而 $\dfrac{1 + \tau}{1 - \tau} = \mathrm{e}^{2\gamma}$,从中解出 τ 为

$$\tau = \frac{\mathrm{e}^{2\gamma} - 1}{\mathrm{e}^{2\gamma} + 1} = \tanh\gamma$$

式中,tanh 是双曲正切函数。在 C 点,$\gamma = 1$,代入得到

$$\tau = \frac{\mathrm{e}^2 - 1}{\mathrm{e}^2 + 1} = 0.76, \quad \sigma = \sqrt{1 - \tau^2} = 0.65 \tag{5.30}$$

类似地,对于路径 ②,即阶梯变形路径 OAC,可求得 $\sigma = 0.76$ 和 $\tau = 0.65$。

路径 ③ 是比例加载路径 ODC,其上 $\mathrm{d}\epsilon = \mathrm{d}\gamma$。在到达 D 点时,材料刚到达屈服,同时满足 $\sigma^2 + \tau^2 = 1$ 和 $\sigma = \tau$,由此得出在 D 点时的应力为

$$\sigma = \tau = \frac{1}{\sqrt{2}} = 0.707$$

在 DC 段,前面由增量本构关系已导出式(5.22)和式(5.23),现以 $\mathrm{d}\epsilon = \mathrm{d}\lambda$ 代入,并注意到理想塑性材料在塑性阶段恒满足 $\sigma^2 + \tau^2 = 1$,于是

$$\frac{\mathrm{d}\sigma}{\mathrm{d}\varepsilon} = \tau(\tau - \sigma)$$

$$\frac{\mathrm{d}\tau}{\mathrm{d}\gamma} = \sigma(\sigma - \tau)$$

在 D 点 $\sigma = \tau$，即 $\mathrm{d}\sigma + \mathrm{d}\tau = 0$，不难证明，沿 DC 段都有 $\sigma = \tau$，即应力值不变，在 C 点也就仍为

$$\sigma = 0.707, \quad \tau = 0.707 \tag{5.31}$$

显然，这与式(5.30)所得不同，这体现了一点的应力状态依赖于应变历史。

（2）用全量理论求解。

这时不考虑加载路径的影响，直接考虑最终状态，即用 C 点的应变 $\gamma = \varepsilon = 1$ 代入式(5.27)得出 $\sigma = \tau = \dfrac{1}{\sqrt{2}}$，亦即

$$\sigma = 0.707, \quad \tau = 0.707 \tag{5.32}$$

结果与式(5.31)，即与按增量理论计算比例加载路径 ③ 的结果一致。

由以上的结果可知：① 由于加载路径不同，虽然最终变形一样，但最终应力却不同；② 只有在比例加载的条件下，增量理论和全量理论的结果才一致。

5.3　梁的弹塑性弯曲（工程理论）

5.3.1　梁的弹塑性纯弯曲

如同在材料力学中处理梁的弹性纯弯曲一样，对梁的弹塑性纯弯曲，也采用以下基本假定来建立工程理论：

（1）Euler—Bernoulli 的平截面假定，即变形前垂直于梁轴的平面，变形后仍保持为平面，并垂直于弯曲后的梁轴。

（2）在截面上只有沿梁轴方向的正应力是重要的，剪应力及引起纵向纤维挤压的沿梁高方向的正应力都可以略去不计。这样，梁的弯曲问题就变成简单应力状态下的问题了，可以采用全量理论来求解。

下面以理想弹塑性材料制成的矩形截面梁为例，说明梁的弹塑性纯弯曲的一些特点。如图 5.3 所示的矩形截面梁，长、宽和高分别为 l、b 和 h，两端受弯矩 M 的作用。取 x 轴沿截面对称中心的连线，并取 M 作用的平面为 xy 平面。

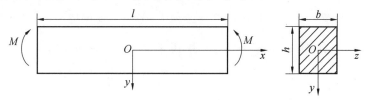

图 5.3　矩形截面梁受弯矩 M 的作用

1. 截面弯矩及应力

按照前述假定(2),梁内应力为

$$\sigma_x = \sigma(y) \equiv 0$$

$$\sigma_y = \sigma_z = \tau_{xy} = \tau_{yz} = \tau_{zx} = 0$$

同时,根据梁的受力情况,平衡方程给出

$$b\int_{-h/2}^{h/2} \sigma(y)\mathrm{d}y = 0 \tag{5.33}$$

$$b\int_{-h/2}^{h/2} \sigma(y)y\mathrm{d}y = M \tag{5.34}$$

再由前述假定(1)(即平截面假定),有

$$\varepsilon = \kappa y \tag{5.35}$$

式中,κ 为弯曲后梁轴的曲率。若规定梁的挠度 w 以与 y 同向为正,则在小变形情形有

$$\kappa = -\frac{\mathrm{d}^2 w}{\mathrm{d}x^2} \tag{5.36}$$

当弯矩 M 由零逐渐增大时,起初整个截面都处于弹性状态,这时 Hooke 定律给出

$$\sigma(y) = E\varepsilon = E\kappa y \tag{5.37}$$

它满足式(5.33)。代入式(5.34),则得到

$$M = EI\kappa \tag{5.38}$$

式中,I 为截面的惯性矩,$I = 2b\int_0^{h/2} y^2 \mathrm{d}y = \frac{1}{12}bh^3$。$M$ 与 κ 呈线性关系。将 $\kappa = \dfrac{M}{EI}$ 代回式(5.37),得

$$\sigma = \frac{My}{I}$$

显然,最外层纤维的应力值最大。当 M 增大时,最外层纤维首先达到屈服,即

$$|\sigma|_{y=\pm h/2} = M / \frac{1}{6}bh^2 = \sigma_Y \tag{5.39}$$

这时的弯矩是整个截面处于弹性状态所能承受的最大弯矩,称为弹性极限弯矩,它等于

$$M_e = \frac{1}{6}\sigma_Y bh^2 \tag{5.40}$$

对应的曲率可由式(5.38)求得

$$\kappa_e = M_e/EI = 2\sigma_Y/Eh \tag{5.41}$$

当 $M > M_e$ 时,梁的外层纤维的应变继续增大,但应力值保持为 σ_Y,不再增加,塑性区将逐步向内扩大,如图 5.4(c) 所示。弹塑性区的交界面距中性面为 $y_e = \xi\dfrac{h}{2}$ $(0 \leqslant |\xi| \leqslant 1)$。

在弹性区,$0 \leqslant y \leqslant y_e$,$\sigma = \dfrac{y}{y_e}\sigma_Y$;在塑性区,$y_e \leqslant y \leqslant \dfrac{h}{2}$,$\sigma = \sigma_Y$。

在弹塑性区的交界处,$\sigma = \sigma_Y$,因而 $E\kappa\left(\xi\dfrac{h}{2}\right) = \sigma_Y$,由此求出此时的曲率和弯矩分别为

$$\kappa = \frac{2\sigma_Y}{Eh} \cdot \frac{1}{|\xi|} = \kappa_e / |\xi| \qquad (5.42)$$

$$M = 2b\left(\int_0^{\xi h/2} E\kappa y^2 \mathrm{d}y + \int_{\xi h/2}^{h/2} \sigma_Y y \mathrm{d}y\right)$$

$$= \frac{M_e}{2}(3 - \xi^2) \qquad (5.43)$$

从这两个式子中消去 ξ，可得 $M > M_e$ 时的弯矩－曲率关系为

$$\frac{M}{M_e} = \frac{1}{2}\left[3 - \left(\frac{\kappa_e}{\kappa}\right)^2\right] \qquad (5.44)$$

或

$$\frac{\kappa}{\kappa_e} = \frac{1}{\sqrt{3 - 2\dfrac{M}{M_e}}} \qquad (5.45)$$

　　注意当 $M > M_e$ 时，虽然梁的上下外层纤维已经屈服，但由于梁的中间部分还处于弹性变形状态，由平截面变形的特性限制住了塑性区的塑性变形的增长。因而，外层纤维仍处在约束塑性变形状态，不能发生任意的塑性流动。这时，梁的曲率完全由中间的弹性区域控制，如式(5.42)所示。

　　当 M 继续增加使得 $\xi \rightarrow 0$ 时，截面全部进入塑性状态(图 5.4(d))。这时 $M \rightarrow \frac{3}{2}M_e$，而 $\kappa \rightarrow \infty$。当梁的曲率无限增大时，弯矩趋向一极限值，此极限值称为塑性极限弯矩(fully plastic bending moment)，或简称极限弯矩(limit moment)，联系式(5.40)可得矩形截面梁的塑性极限弯矩为

$$M_p = \frac{1}{4}\sigma_Y bh^2 \qquad (5.46)$$

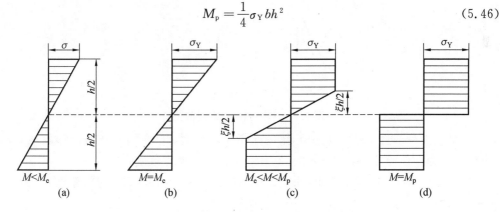

图 5.4　弹塑性截面上应力分布随弯矩的变化

2. 截面形状系数

　　比值 $\eta\left(\eta = \dfrac{M_p}{M_e}\right)$ 称为截面形状系数(shape factor)，它表征了在弹性范围之外截面还有多大的抗弯潜力，因而对于结构的塑性分析十分重要。

　　仿照上面的分析方法，不难得到其他常见截面的截面形状系数，主要结果已列于图 5.5 中。其中图 5.5(a) 为理想截面，即假定只有截面的上下外层纤维承受轴向应力，中间

部分只起连接作用,不承受应力。

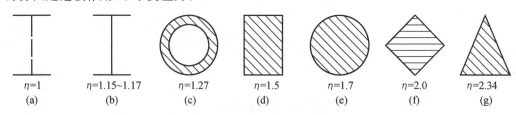

η=1　　　η=1.15～1.17　　　η=1.27　　　η=1.5　　　η=1.7　　　η=2.0　　　η=2.34
(a)　　　(b)　　　(c)　　　(d)　　　(e)　　　(f)　　　(g)

图 5.5　常见截面的截面形状系数

3. 弯矩与曲率的关系、塑性铰

如采用以下量纲为一的量:

$$m=M/M_e, \quad \phi=\kappa/\kappa_e \tag{5.47}$$

矩形截面梁的弯矩-曲率关系可以写成

$$\phi=\begin{cases}m, & m \leqslant 1 \\ 1/\sqrt{3-2m}, & 1 \leqslant m < 1.5\end{cases} \tag{5.48}$$

用曲线表示如图 5.6 所示。由此图可见,曲线以 $m=m_p=1.5$ 为渐近线。虽然材料的 $\sigma-\varepsilon$ 曲线采用了由两条直线段构成的理想弹塑性模型,但当 $\phi>1$ 时 $m-\phi$ 曲线仍然并非直线。为了工程计算的方便,有时用折线 OAC(弹塑性)或折线 OBC(刚塑性)来代替 $m-\phi$ 曲线。

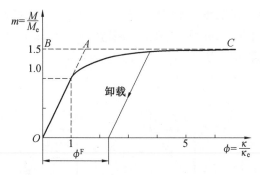

图 5.6　弯矩和曲率之间的关系

当某截面全部进入塑性状态时,梁的曲率无限增大,此时,可将该截面形象地看作一个铰,并称为塑性铰(plastic hinge)。它和通常的铰有两点区别:

(1) 通常的铰不能承受弯矩,而塑性铰则保持 $|M|=M_p$,因而可将塑性铰比拟为有干摩擦的铰。

(2) 在平面问题中,通常的铰可以向正反两个方向转动,而塑性铰在一个转动方向形成后,如反向转动则会引起应力的卸载;而在卸载时截面又具有弹性性质。因此,塑性铰具有单向性。

4. 塑性弯曲后,再卸载后的回弹(spring back)

如果对梁先施加弯矩 $M(M_e \leqslant M < M_p)$ 后再卸载,由于卸载时弯矩与曲率间服从弹性规律,故有(图 5.6)

$$\phi^{\mathrm{F}} = \phi - m = \frac{1}{\sqrt{3-2m}} - m, \quad 1 \leqslant m < 1.5 \qquad (5.49)$$

式中,上标 F 表示卸载后最终状态;ϕ^{F} 是卸载后最终状态的曲率,$\phi^{\mathrm{F}} = \dfrac{\kappa^{\mathrm{F}}}{\kappa_{\mathrm{e}}}$,量纲为一。于是,回弹后与回弹前的曲率的比值(称为回弹比)为

$$\frac{\kappa^{\mathrm{F}}}{\kappa} = \frac{\phi^{\mathrm{F}}}{\phi} = 1 - \frac{m}{\phi} = 1 - \frac{3}{2\phi} + \frac{1}{2\phi^3} \qquad (5.50)$$

若以 ρ 和 ρ^{F} 分别表示梁轴在回弹前和回弹后的曲率半径,则从 $1/(2\phi) = \kappa_{\mathrm{e}}/2\kappa = \sigma_{\mathrm{Y}}\rho/Eh$ 可以导出

$$\frac{\rho}{\rho^{\mathrm{F}}} = \frac{\kappa^{\mathrm{F}}}{\kappa} = 1 - 3\left(\frac{\sigma_{\mathrm{Y}}\rho}{Eh}\right) + 4\left(\frac{\sigma_{\mathrm{Y}}\rho}{Eh}\right)^3 = \left(\frac{\sigma_{\mathrm{Y}}\rho}{Eh} + 1\right)\left(\frac{2\sigma_{\mathrm{Y}}\rho}{Eh} - 1\right)^2 \qquad (5.51)$$

这是 Gardiner 在 1957 年导出的公式,可用于计算梁弯曲后的回弹。根据式(5.51),回弹比只依赖于量纲为一的量 $\dfrac{\sigma_{\mathrm{Y}}\rho}{Eh}$,其依赖关系如图 5.7 所示。下面讨论两种极端情形:

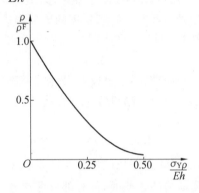

图 5.7　平面应力回弹比与 $\dfrac{\sigma_{\mathrm{Y}}\rho}{Eh}$ 的关系

(1) 当 $\dfrac{\rho}{\rho^{\mathrm{F}}} = 0$ 时,相当于 $M \leqslant M_{\mathrm{e}}$ 的弹性弯曲,是完全回弹的情形。

(2) 当 $\dfrac{\rho}{\rho^{\mathrm{F}}} = 1$ 时,相当于 $M \to M_{\mathrm{p}}$ 的塑性极限弯曲,因此完全没有回弹。

5. 卸载后的残余应力

卸除弯矩所引起的应力变化,相当于对梁施加一个假想的反向等矩的弹性弯曲所产生的应力。因此,卸载后的残余应力如图 5.8 所示。残余应力在梁内有些纤维中是拉力、有些纤维中是压力,其具体数值请读者作为练习自己算出。由于加载时的弯矩 M 小于 $1.5M_{\mathrm{e}}$,在卸载时梁内任何纤维都不会出现反向屈服。若加载到 $M(M > M_{\mathrm{e}})$ 后卸载,再加载,其弹性范围可由 M_{e} 扩大到 M。这就是说,这样的残余应力状态有助于提高梁截面的弹性抗弯能力。

从上面的分析中还看到,当 $M \to M_{\mathrm{p}}$ 时,$\xi \to 0$,因而在 $y = \pm 0$ 处上下纤维的正应力从 $+\sigma_{\mathrm{Y}}$ 跳跃到 $-\sigma_{\mathrm{Y}}$,这就形成了一个应力间断面。今后在研究结构的塑性极限状态时常会遇到这种情况,应把这样的间断面理解为弹性变形薄层的厚度趋近于零的极限情形。

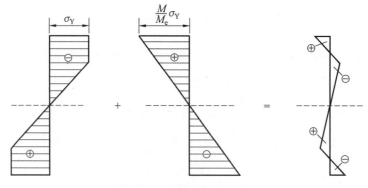

图 5.8 卸载后的残余应力

5.3.2 梁在横向载荷作用下的弹塑性弯曲

考虑端点受集中力 F 作用的矩形截面悬臂梁,如图 5.9(a) 所示。同材料力学中所研究的梁的弹性横向弯曲相类似,若 $l \gg h$,则梁中的剪应力可以忽略,平截面假定可以近似成立,于是就可以利用弹塑性纯弯曲的分析结果来研究横向载荷作用下的弹塑性弯曲问题。

由弯矩图 5.9(b) 可见,梁的根部弯矩最大,因而根部截面的最外层纤维(图中的 A 点与 B 点)应力的绝对值最大。当 F 增加时,A、B 点将首先进入塑性,这时的载荷是梁的弹性极限载荷:

$$F_e = M_e/l = \sigma_Y bh^2/6l \tag{5.52}$$

当 $F > F_e$ 时,弯矩仍沿梁轴方向呈线性分布。设在 $x = \bar{x}$ 处有 $F(l-\bar{x}) = M_e$,则 $\bar{x} = l - (M_e/F)$。在 $x < \bar{x}$ 范围内的各截面,都有部分区域进入塑性,且由式(5.43)可知各截面上弹塑性区域的交界线决定于

$$\xi = \pm \left(3 - 2\frac{M}{M_e}\right)^{1/2} = \pm \left[3 - \frac{2F(l-x)}{F_e l}\right]^{1/2} \tag{5.53}$$

其中已用到 $M = F(l-x)$。式(5.53)表明,弹塑性区域的交界线是两段抛物线。

当 $F = F_Y = \dfrac{3}{2}F_e = \sigma_Y bh^2/4l$ 时,梁的根部($x = 0$)处的弯矩达到塑性极限弯矩,即 $M = F_Y l = M_p = \dfrac{3}{2}M_e$,这时梁内塑性区如图 5.9(c) 中的阴影部分所示,且弹塑性区域分界线连接成一条抛物线,梁的根部形成塑性铰。这时,由于根部的曲率可以任意增长,悬臂梁丧失了进一步承载的能力。因此,$F_Y = \dfrac{M_p}{l}$ 被称为是悬臂梁的极限载荷,悬臂梁不能承受超过 F_Y 的载荷。

在小挠度情形下,利用 $y'' \simeq \kappa$ 的关系可以求得梁的挠度。具体来说,在悬臂梁受端部集中载荷的问题中,以 $M = F(l-x)$ 代入式(5.48)可得

$$\frac{y''}{\kappa_e} \simeq \frac{\kappa}{\kappa_e} = \begin{cases} m = p(1-\xi), & 1 - \dfrac{1}{p} \leqslant \xi < 1 \\[2mm] \dfrac{1}{\sqrt{3-2m}} = 1/\sqrt{3-2p+2p\xi}, & 0 \leqslant \xi \leqslant 1 - \dfrac{1}{p} \end{cases} \tag{5.54}$$

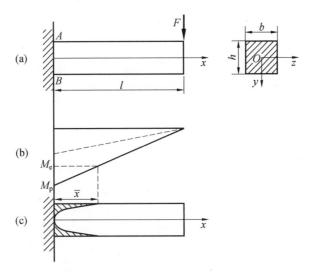

图 5.9　受集中力作用的悬臂梁

式中, $m=M/M_e$, $f=F/F_e$, $\xi=x/l$, $y''=\dfrac{\mathrm{d}^2 y}{\mathrm{d}x^2}$, 利用边界条件 $y(0)=y'(0)=0$ 和在 $\xi=1-$ $\dfrac{1}{p}$ 处的关于 y 和 y' 的连续性条件, 可对式(5.54)积分两次, 得出梁端挠度 $\delta=y(l)$ 的表达式

$$\delta=\delta_0\left[5-(3+f)\sqrt{3-2p}\right]/f^2 \tag{5.55}$$

式中, δ_e 是 $f=1$(即 $F_e=F$) 时的 δ, 可按材料力学方法求出为

$$\delta_e=\kappa_e l^2/3 \tag{5.56}$$

当 $f=\dfrac{3}{2}$(即 $F=\dfrac{3}{2}F_e=F_Y$) 时, 式(5.55)给出相应的梁端挠度为

$$\delta_p=\frac{20}{9}\delta_e$$

即

$$\frac{\delta_p}{\delta_e}=\frac{20}{9}=2.22 \tag{5.57}$$

这说明按塑性理论求解得到的极限挠度为按弹性理论求得的极限挠度的 2.22 倍, 但也可由此注意到, 当载荷刚达到塑性极限载荷时, 梁的挠度仍然是与梁的弹性挠度同一量级的。

如果从 $F_Y=F$ 状态开始卸载到 $F=0$, 则按式(5.56)和式(5.57)容易算出梁端的残余挠度为

$$\delta^F=\frac{20}{9}\delta_e-\frac{3}{2}\delta_e=\frac{13}{18}\delta_e=\frac{13}{54}\kappa_e l^2 \tag{5.58}$$

综上所得, 悬臂梁在端点承受集中力情况下的载荷—挠度曲线如图 5.10 所示。

应当指出, 上述分析仅对小挠度(即 $\delta\ll l$)情形成立。对于大挠度情形, 需要应用塑性线(plastic)方程组, 具体分析了悬臂梁承受端部集中载荷、产生弹塑性大挠度的全过程, 发现随着载荷的增加, 塑性区先是逐渐扩大, 后来又逐渐缩小到梁的根部附近。当载

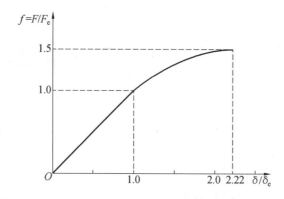

图 5.10　悬臂梁在端点受集中力情况下的载荷－挠度曲线

荷为有限值时,梁根部截面并不形成塑性铰。塑性铰应当被理解为塑性区扩大 — 收缩过程的极限状态。

5.3.3　弯矩与轴力同时作用的情形

仍考虑一个矩形截面的长梁,但它除承受弯矩 M 外还承受轴力 N,如图 5.11 所示。若梁的挠度比梁长小很多,则轴力引起的附加弯矩可以略去。只要不发生弯曲失稳,梁的每一纵向纤维仍处于简单应力状态。但是,由于轴力的影响,中性轴(应力为零的纤维)将偏离截面的几何中轴。假定材料是理想弹塑性的,则截面上的应力分布可能有 3 种类型,即弹性的、单侧塑性的和双侧塑性的,分别如图 5.12(a)、(b) 和(c) 所示。分析表明这 3 种应力分布相应于广义应力平面 (n,m) 上 3 个不同区域 E、P_I 和 P_{II},如图 5.13 所示。在该图上还标注了 (n,m) 的某些特殊组合时截面上的应力分布情况,这里 $n=\dfrac{N}{N_e}$ 和 $m=\dfrac{M}{M_e}$ 分别为轴力和弯矩,其量纲为一, $N_e=\sigma_Y bh$ 和 $M_e=\dfrac{\sigma_Y bh}{6}$ 分别为截面的最大弹性轴力和最大弹性弯矩。

图 5.11　矩形截面梁受弯矩和轴力的情况

根据图 5.12 可以推导出广义应力与曲率之间的关系为

$$\phi=\frac{\kappa}{\kappa_e}=\begin{cases} m, & 0\leqslant m\leqslant 1-n \\[2mm] 4(1-n)\Big/\Big(3-\dfrac{m}{1-n}\Big)^2, & 1-n\leqslant m\leqslant 1+n-2n^2 \\[2mm] 1\Big/\sqrt{3(1-n^2)-2m}, & 1+n-2n^2\leqslant m<\dfrac{3}{2}(1-n^2) \end{cases} \tag{5.59}$$

式中,κ_e 的定义同于前面的式(5.41)。相应地,根据 $\kappa^F/\kappa=1-\dfrac{m}{\phi}$ 可以导出计算回弹比的公式

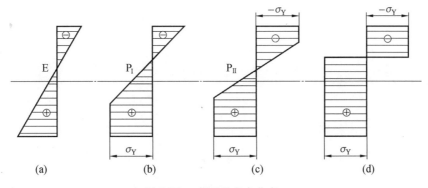

图 5.12　截面的应力分布

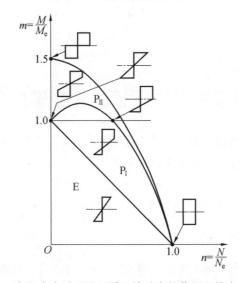

图 5.13　广义应力平面的不同区域对应的截面上的应力分布

$$\frac{\kappa^{\mathrm{F}}}{\kappa}=\begin{cases}0, & 0\leqslant m\leqslant 1-n \\ 1-\dfrac{m\left(3-\dfrac{m}{1-n}\right)^2}{4(1-n)}, & 1-n\leqslant m\leqslant 1+n-2n^2 \\ 1-m\sqrt{3(1-n^2)-2m}, & 1+n-2n^2\leqslant m<\dfrac{3}{2}(1-n^2)\end{cases} \tag{5.60}$$

从式(5.60)可以看出,拉力($n>0$)使比值$\dfrac{\kappa^{\mathrm{F}}}{\kappa}$提高,也就是使回弹量减小。在板条弯曲成形工艺中,可以施加轴向拉力来减小回弹,正是利用这个原理。

这里再对弯矩和轴力共同作用下的梁的塑性极限状态做一些讨论。在塑性极限状态下,如图5.12(d)所示,梁内除中性轴上$\sigma=0$外,任一纤维的应力都为$+\sigma_{\mathrm{Y}}$或$-\sigma_{\mathrm{Y}}$。设中性轴与截面几何中轴的距离为$\dfrac{\eta h}{2}$,则

$$N=-\sigma_{\mathrm{Y}}b\int_{-h/2}^{-\eta h/2}\mathrm{d}y+\sigma_{\mathrm{Y}}b\int_{-\eta h/2}^{+h/2}\mathrm{d}y=\sigma_{\mathrm{Y}}bh\eta$$

$$M = -\sigma_y b \int_{-h/2}^{-\eta h/2} y \mathrm{d}y + \sigma_y b \int_{-\eta h/2}^{+h/2} y \mathrm{d}y = \frac{1}{4}\sigma_Y b h^2 (1 - \eta^2)$$

或写成为

$$\begin{cases} n = N/N_e = \eta \\ m = M/M_e = \frac{3}{2}(1 - \eta^2) \end{cases} \tag{5.61}$$

从两式中消去 η ，得到极限状态的条件为

$$\frac{2}{3}m + n^2 = 1 \tag{5.62}$$

在 (n, m) 平面上，式(5.62)正对应于区域 P_{II} 的外边界。可见，前面讲的单侧塑性和双侧塑性的应力分布(图5.12(b)和(c))，都是约束塑性状态，只有满足式(5.62)时，截面才达到塑性极限状态并发生塑性流动。不论加载历史如何，梁所能承受的弯矩和轴力总要受到式(5.62)的限制。在 (n, m) 平面上相应的曲线就是极限曲线。

5.4　平面应变条件下板的塑性弯曲(精确理论)

如5.3节所述的梁的弹塑性弯曲的工程理论是在对梁的变形和应力所做的某些假定的基础上建立的。经验证，它仅当梁的曲率半径远大于梁的高度，即 $p \gg h$ 时才给出良好的近似。当梁的曲率很大，以至于 p 与 h 同阶时，有必要建立更精确的理论。这里将介绍Hill对平面应变条件下的板的塑性弯曲所建立的精确理论。

5.4.1　应力分布

当板的宽度比厚度大得多(例如10倍以上)时，可以认为能够满足平面应变条件。假定材料是理想刚塑性的，则相应的材料也是不可压缩的。设此宽板两端受到均匀力偶的作用，单位宽度上的力偶矩为 M 。在此纯弯曲条件下，设某一瞬时板变形成为图5.14所示的圆柱面(以后可证实这个假设是对的)。在柱坐标系下，由于问题的对称性，板内没有剪应力，且应力 σ_θ 和 σ_r 仅依赖于微元的径向位置(即曲率半径) r 。这里 σ_θ 和 σ_r 分别相当于梁弯曲时的纵向应力 σ_x 和沿梁高方向的正应力 σ_y 。显然， σ_r 在工程理论中是被忽略的。

从微元平衡易建立平衡方程：

$$r \frac{\mathrm{d}\sigma_r}{\mathrm{d}r} = \sigma_\theta - \sigma_r \tag{5.63}$$

另一方面，在平面应变和材料不可压缩的条件下，Mises屈服准则和Tresca屈服准则同样都给出

$$\sigma_\theta - \sigma_r = \pm \frac{2}{\sqrt{3}}\sigma_Y \tag{5.64}$$

由于材料是刚塑性的，在弯曲时，全板同时进入塑性状态。设弯曲后板的内、外表面的曲率半径分别为 a 和 b ，塑性应变增量为零的一层(中性层)的曲率半径为 c ，则由式(5.63)和式(5.64)可得出

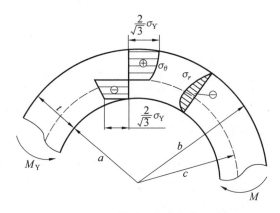

图 5.14　板两端受均匀力偶作用的情形

$$r \frac{\mathrm{d}\sigma_r}{\mathrm{d}r} = \begin{cases} \dfrac{2}{\sqrt{3}}\sigma_Y, & c \leqslant r \leqslant b \\[3mm] -\dfrac{2}{\sqrt{3}}\sigma_Y, & a \leqslant r \leqslant c \end{cases} \tag{5.65}$$

利用边界条件 $\sigma_r|_{r=a} = \sigma_r|_{r=b} = 0$，对方程式 (5.65) 积分得到

$$\sigma_r = \begin{cases} \dfrac{2}{\sqrt{3}}\sigma_Y \ln \dfrac{r}{b}, & c \leqslant r \leqslant b \\[3mm] -\dfrac{2}{\sqrt{3}}\sigma_Y \ln \dfrac{r}{a}, & a \leqslant r \leqslant c \end{cases} \tag{5.66}$$

σ_r 在 $r = c$ 处应保持连续，故

$$\ln \frac{c}{b} = -\ln \frac{c}{a}$$

由此得出决定中性层位置的公式

$$c = \sqrt{ab} \tag{5.67}$$

这说明中性层的曲率半径是内外表面曲率半径的几何平均值，它与 $r = \dfrac{a+b}{2}$ 的几何中面并不重合。

由式 (5.64) 和式 (5.66) 可算出周向应力为

$$\sigma_\theta = \begin{cases} \dfrac{2}{\sqrt{3}}\sigma_Y \left(1 + \ln \dfrac{r}{b}\right), & c \leqslant r \leqslant b \\[3mm] -\dfrac{2}{\sqrt{3}}\sigma_Y \left(1 + \ln \dfrac{r}{a}\right), & a \leqslant r \leqslant c \end{cases} \tag{5.68}$$

不难验证

$$\int_a^b \sigma_\theta \mathrm{d}r = \int_a^b \frac{\mathrm{d}}{\mathrm{d}r}(r\sigma_r)\,\mathrm{d}r = r\sigma_r \big|_a^b = 0 \tag{5.69}$$

即沿板厚方向合力为零，这是符合所给的仅有弯矩的极端条件的。板内的应力分布如图 5.14 所示。

由式 (5.68) 也容易算出弯矩为

$$M = \int_a^b \sigma_\theta r \, \mathrm{d}r = \frac{2}{\sqrt{3}} \cdot \sigma_Y \cdot \frac{1}{4} (b-a)^2$$

注意：$t = b - a$ 为板弯曲后的厚度，故

$$M = \frac{1}{2\sqrt{3}} \sigma_Y t^2 \tag{5.70}$$

5.4.2 弯曲时的变形

设板的初始单位长度对应于弯曲角为 α。在弯曲过程中的某一时刻，板增加一个小的变形，使 α 增加 $\mathrm{d}\alpha$。令此时单元体位移向量的向内径向分量为 $u\mathrm{d}\alpha$，周向分量为 $v\mathrm{d}\alpha$。由于忽略了弹性变形，材料不可压缩的条件为

$$\frac{\partial u}{\partial r} + \frac{u}{r} - \frac{\partial v}{r \partial \theta} = 0 \tag{5.71}$$

由于在纯弯曲条件下 $\frac{\partial^2 v}{\partial \theta^2} = 0$，且平截面假定成立，于是从方程式（5.71）可积分出

$$u = \frac{1}{2\alpha} \left(r + \frac{c^2}{r} \right), \quad v = \frac{r\theta}{\alpha} \tag{5.72}$$

其中积分常数已由中性面上 $r = c$ 决定。相应的应变是

$$\begin{cases} \mathrm{d}\varepsilon_\theta = -\mathrm{d}\varepsilon_r = \left(1 - \frac{c^2}{r^2} \right) \dfrac{\mathrm{d}\alpha}{2\alpha} \\ \mathrm{d}r_{r\theta} = 0 \end{cases} \tag{5.73}$$

这表明

$$\begin{cases} \mathrm{d}\varepsilon_\theta > 0, & r > c \\ \mathrm{d}\varepsilon_\theta < 0, & r < c \end{cases}$$

这是同式（5.68）给出的应力分布相适应的。

在式（5.72）中，u、v 可以看成是以 α 为时间尺度表示的速度。由此式可以看出，若 r 为常数，则 u 保持不变。因此，薄板的每一层及表面都保持为圆柱面；又因 v 与 r 成正比，因此径向截面保持为平面。

由式（5.72）还可以知道，内、外半径的减小量分别是

$$-\mathrm{d}a = \left(a + \frac{c^2}{a} \right) \frac{\mathrm{d}\alpha}{2\alpha} = (a+b) \frac{\mathrm{d}\alpha}{2\alpha}, \quad -\mathrm{d}b = \left(b + \frac{c^2}{b} \right) \frac{\mathrm{d}\alpha}{2\alpha} = (b+a) \frac{\mathrm{d}\alpha}{2\alpha}$$

从而板厚度的变化量为

$$\mathrm{d}t = \mathrm{d}b - \mathrm{d}a = 0 \tag{5.74}$$

这就是说，在弯曲过程中板的厚度不变。进而由式（5.70）知，在弯曲过程中弯矩 M 也保持为常数。不难理解 M 保持为常数这一结论是来自采用了理想刚塑性材料模型。当考虑材料的弹性效应和强化效应时，在弯曲过程中就必然要求 M 逐渐增加。

如果薄板原来的长度为 L，则由体积不变条件给出

$$Lt = \frac{1}{2} (b^2 - a^2) L\alpha$$

从而

$$a = \frac{2}{a+b} \tag{5.75}$$

由此可算出 M 在板内每单位宽度上做的功为

$$W = ML\alpha = \frac{\sigma_Y t^2}{2\sqrt{3}} \cdot \frac{2L}{(a+b)} \tag{5.76}$$

5.4.3　板内各层的移动

根据上述分析,尽管在弯曲过程中板厚不变化,但板内各层离表面的距离却是变化的。实际上,从式(5.73)关于 $d\varepsilon_r$ 的表达式已经可以看出,中性层以外($r > c$)的各层受到径向压缩,中性层以内($r < c$)的各层受到径向拉伸。现在来考察板未弯曲时离板中面距离为 $\frac{\xi t}{2}$ 的一层,这里 $-1 \leqslant \xi \leqslant 1$,且取 ξ 在板变凸的一侧为正。假定在弯曲过程中的某一时刻,内半径为 a 时这一层的半径为 r_ξ。因为已假设材料是不可压缩的,所以 $r = r_\xi$,这一层仍然把截面分成与初始时一样的面积比,即

$$\frac{1+\xi}{1-\xi} = \frac{r_\xi^2 - a^2}{b^2 - r_\xi^2}$$

由此解出

$$r_\xi = \sqrt{\frac{1}{2}(a^2 + b^2) + \frac{1}{2}(b^2 - a^2)\xi} \tag{5.77}$$

于是,原来与板中面重合的那一层材料 $\xi = 0$ 的最终半径是

$$r_0 = \sqrt{\frac{a^2 + b^2}{2}} \tag{5.78}$$

显然,这层材料的最终位置是靠近外表面即凸表面的。

如果在式(5.77)中令 $r_\xi = c$,就可以得知最终和中性面相重合的那一层材料的初位置是

$$\xi_c = -\frac{b-a}{b+a} < 0 \tag{5.79}$$

因而,中性面初始时同板中面相重合,而在弯曲过程中移向内表面。进而可知,按照应变历史的不同,承受弯曲的板可被划分为 3 个不同的区域:

(1)$\xi \geqslant 0$,或即 $r \geqslant \sqrt{\dfrac{a^2 + b^2}{2}}$ 区域内的材料,在弯曲过程中始终受拉。

(2)$\xi \leqslant \xi_c$,或即 $r \leqslant c = \sqrt{ab}$ 区域内的材料,在弯曲过程中始终受压。

(3)$\xi_c < \xi < 0$,或即 $c < r < \sqrt{\dfrac{a^2 + b^2}{2}}$ 区域内的材料,在弯曲过程中的某一时刻被中性面超越,因而先受压后受拉,会出现卸载并可能受到 Bauschinger 效应的影响。

在弯曲过程中,中性层移过的距离为

$$\frac{a+b}{2} - \sqrt{ab} = a + \frac{t}{2} + a\sqrt{1 + \frac{t}{a}} \simeq t^2/8a \tag{5.80}$$

而上述区域(3)的厚度则为

$$\sqrt{\frac{a^2+b^2}{2}} - \sqrt{ab} \approx t^2/4a \tag{5.81}$$

在弯曲过程中的每一时刻,总有一层材料经历过等量的拉伸和压缩,其周向长度的总变化为零。由式(5.75)知,这一层的半径是

$$r = \frac{1}{\alpha} = \frac{a+b}{2} \tag{5.82}$$

由此可见,总长未发生变化的层,在该时刻是同板中面相重合的。根据式(5.77)算出这一层的初始位置是

$$\xi = -\frac{1}{2} \cdot \frac{b-a}{b+a} \tag{5.83}$$

板在弯曲过程中几个有代表意义的层的位置关系如图5.15所示。

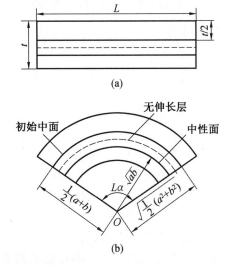

图5.15　板在弯曲过程中几个有代表意义的层的位置关系

本节的精确分析表明,在塑性弯曲过程中中性层是不断移动的,而且中性层也不是总长不发生变化的层;尤为重要的是,在弯曲过程中,板的不同层可能经历互不相同的应变历史。由此可见,Hill精确理论给出的弯曲图像同5.3节中工程理论给出的弯曲图像有很大的不同。

5.5　柱体的弹塑性自由扭转

5.5.1　研究范围和基本方程

现在讨论任意截面形状的长柱体,在扭转力矩 T 作用下的自由扭转问题。为讨论方便起见,假定截面是单连通的,如图5.16所示。取柱体的轴线为 z 轴。

试验观察证实,在塑性状态下仍可采取材料力学和弹性力学中关于扭转的假定,即柱体在弹塑性自由扭转状态下,截面只在自身平面内转动,但可以发生轴向自由翘曲。

以 α 表示柱体单位长度的扭转角,则小变形时的位移分量为

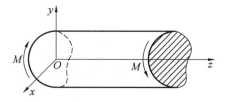

图 5.16　任意截面形状的轴的扭转

$$\begin{cases} u = -\alpha yz \\ v = \alpha xz \\ w = \alpha\phi(x,y) \end{cases} \tag{5.84}$$

式中,$\phi(x,y)$ 为截面的翘曲函数。

从小应变下的 Cauchy 公式得出应变为

$$\begin{cases} \varepsilon_x = \varepsilon_y = \varepsilon_z = \gamma_{xy} = 0 \\ \gamma_{xz} = \alpha\left(\dfrac{\partial\phi}{\partial x} - y\right) \\ \gamma_{yz} = \alpha\left(\dfrac{\partial\phi}{\partial y} + x\right) \end{cases} \tag{5.85}$$

此式与材料的本构关系无关,不论是弹性还是塑性时都成立。

在弹性阶段,按 Hooke 定律求得

$$\begin{cases} \sigma_x = \sigma_y = \sigma_z = \tau_{xy} = 0 \\ \tau_{xz} = G\alpha\left(\dfrac{\partial\phi}{\partial x} - y\right) \\ \tau_{yz} = G\alpha\left(\dfrac{\partial\phi}{\partial y} + x\right) \end{cases} \tag{5.86}$$

在进入塑性之后,为零的应变分量仍如式(5.85),因此恒有 $de_x = de_y = de_z = de_{xy} = 0$。按照 z 增量本构关系,从刚进入塑性开始,可以推知

$$d\sigma_x = d\sigma_y = d\sigma_z = d\tau_{xy} = 0$$

进而,在变形的一切阶段均有 $\sigma_x = \sigma_y = \sigma_z = \tau_{xy} = 0$,也就是说在塑性阶段不为零的应力分量仍只有 τ_x 和 τ_{yz}。代入式(3.10)～(3.12)求得此应力状态的应力不变量为

$$\begin{cases} J_1 = 0 \\ J_2 = \tau_{xz}^2 + \tau_{yz}^2 \\ J_3 = 0 \end{cases} \tag{5.87}$$

且主应力为

$$\sigma_1 = \sqrt{\tau_{xz}^2 + \tau_{yz}^2} = \tau, \quad \sigma_2 = 0, \quad \sigma_3 = -\tau \tag{5.88}$$

式中,τ 为合剪应力。在整个弹塑性变形过程中,式(5.87)和式(5.88)始终成立,且 $\mu_\sigma = 0$。可见,在扭转时柱体各点的应力状态始终是纯剪切,这是一个简单加载过程。

5.5.2　弹性扭转和薄膜比拟

从式(5.85)中消去翘曲函数,得协调方程

$$\frac{\partial \gamma_{yz}}{\partial x} - \frac{\partial \gamma_{xz}}{\partial y} = 2\alpha \tag{5.89}$$

或由式(5.86)得到的应力分量表示的协调方程

$$\frac{\partial \tau_{yz}}{\partial x} - \frac{\partial \tau_{xz}}{\partial y} = 2G\alpha \tag{5.90}$$

同时,只有一个平衡方程

$$\frac{\partial \tau_{xz}}{\partial x} + \frac{\partial \tau_{yz}}{\partial y} = 0 \tag{5.91}$$

因此,可以引进弹性应力函数 Φ_e,使有

$$\tau_{xz} = \frac{\partial \Phi_e}{\partial y}, \quad \tau_{yz} = -\frac{\partial \Phi_e}{\partial x} \tag{5.92}$$

则平衡方程自动满足,而协调方程式(5.90)化为

$$\nabla^2 \Phi_e = -2G\alpha \tag{5.93}$$

式中,∇^2 为 Laplace 算子,$\nabla^2 = \frac{\partial^2}{\partial x^2} + \frac{\partial^2}{\partial y^2}$。

在弹性力学中,研究了 Φ_e 和 Poisson 方程式(5.93),并得出以下结论(此处不再证明):

(1) 合剪应力为

$$\tau = \sqrt{\tau_{xz}^2 + \tau_{yz}^2} = \sqrt{\left(\frac{\partial \Phi_e}{\partial x}\right)^2 + \left(\frac{\partial \Phi_e}{\partial y}\right)^2} = |\,\mathrm{grad}\ \Phi_e\,| \tag{5.94}$$

即 τ 等于 Φ_e 的梯度的模。

(2) 合剪应力的方向沿 $\Phi_e = \mathrm{const}$ 曲线的切向,也就是与 Φ_e 的梯度方向相垂直。

(3) 柱体截面的周界也是 $\Phi_e = \mathrm{const}$ 曲线族之一,对单连通截面可令周界上 $\Phi_e = 0$。

(4) 扭矩 T 与 Φ_e 的关系可按 St. Venant 条件求得

$$T = 2\iint_A \Phi_e \, \mathrm{d}x\mathrm{d}y \tag{5.95}$$

式中,A 为柱体的一个截面。

(5) Prandtl 薄膜比拟:将薄膜张于与柱体截面边界形状相同的边框上,加均匀压力,则 Φ_e 与薄膜的高度成正比,τ 的大小与薄膜的斜率成正比,扭矩 T 与薄膜曲面下的体积成正比。

当材料进入塑性时,$\tau = |\,\mathrm{grad}\ \Phi_e\,| = \tau_Y$。因此,按弹性考虑,只要截面上有一点的 $|\,\mathrm{grad}\ \Phi_e\,|$ 达到 τ_Y,就算达到了弹性极限状态,相应的扭矩为弹性极限扭矩。以半径为 a 的圆柱体为例,$\Phi_e = C(x^2 + y^2 - a^2)$,代入方程式(5.93)得 $C = -\alpha G/2$。于是 $\Phi_e = \frac{G\alpha}{2}(a^2 - r^2)$,$T = \frac{\pi}{2} G\alpha a^4$,$\tau = G\alpha r$。在截面边缘上,$\tau$ 最大。令 $r = a$ 处 $\tau = \tau_Y$,导出

$$\alpha_e = \tau_Y/Ga, \quad T_e = \frac{\pi}{2}\tau_Y a^3 \tag{5.96}$$

式中,a_e 和 T_e 分别为弹性极限状态的单位长度扭转角和弹性极限扭矩。

5.5.3　全塑性扭转和沙堆比拟

在塑性阶段,平衡方程式(5.91)不变,并仍可由引入应力函数 Φ_p 来满足,此时

$$\tau_{xz} = \frac{\partial \Phi_p}{\partial y}, \quad \tau_{yz} = -\frac{\partial \Phi_p}{\partial x} \tag{5.97}$$

式中,下标 p 用来表征 Φ_p 是塑性阶段的应力函数。这时不用(也不再有)应力协调方程,而代之以屈服准则

$$\tau_{xz}^2 + \tau_{yz}^2 = \tau_Y^2 \tag{5.98}$$

导出 $\left(\frac{\partial \Phi_p}{\partial x}\right)^2 + \left(\frac{\partial \Phi_p}{\partial y}\right)^2 = \tau_Y^2$,或即

$$|\operatorname{grad} \Phi_p| = \tau_Y \tag{5.99}$$

这样,只从平衡方程、屈服准则和应力边界条件就能够求出理想塑性体内的应力分布。这种情况称为塑性力学中的静定问题。

对于理想塑性材料,τ_Y 是常数,式(5.99)说明当受扭轴整个截面进入塑性状态后,塑性应力曲面 $Z = \Phi_p(x, y)$ 上任意一点的梯度都等于常数 τ_y,即应力曲面是斜率为 τ_y 的等倾面。

根据 Φ_p 的这个性质,Nadai 提出下述沙堆比拟。将一个水平的底面做成截面的形状,在其上堆放干沙,由于沙堆的静止摩擦角为常数,则沙堆将形成一个斜率为常数的表面,因此这表面可用来代表塑性应力函数 Φ_p,只相差一个可由屈服应力和沙堆摩擦角决定的比例因子。沙堆比拟相当于整个截面都进入塑性,因此

$$T_p = 2 \iint_A \Phi_p \, dx \, dy \tag{5.100}$$

就是截面的塑性极限扭矩。

仍以半径为 a 的圆柱体为例,它处于全塑性扭转状态时,Φ_p 表面必然是一个圆锥,既然斜率是 τ_Y,高度就应为 $\tau_Y a$,按式(5.101)求出

$$T_p = \frac{2}{3} \pi \tau_Y a^3 \tag{5.101}$$

与式(5.96)相比,可知对圆柱体

$$T_p / T_e = 4/3 \tag{5.102}$$

沙堆比拟的思想不仅可直接应用于试验,也可用来指导计算三角形、矩形、任意正多角形等规则截面的柱体的塑性极限扭矩,因为这只需计算某些等斜"屋顶"下的体积,如图 5.17 所示。例如对于 $b \geqslant a$ 的矩形截面,由沙堆体积求得 T_p 为

$$T_p = \left(\frac{1}{2} a \tau_Y\right)(b - a) a + 2\left(\frac{1}{2} a \tau_Y\right) \cdot \frac{a^2}{2} \cdot \frac{2}{3} = \frac{1}{6} a^2 (3b - a) \tau_Y \tag{5.103}$$

从沙堆比拟中看出,沙堆的梯度垂直于边界,等 Φ_p 线平行于边界,每点的合剪应力方向平行于边界,大小为 τ_Y。同时也可以看到,一般说来,在截面内部,沙堆会出现尖顶和棱线,在这些点和线的两侧剪应力不连续。它们是弹性区域收缩时的极限。当弹性区域收缩时,从不同方向扩展过来的两个塑性区域相遇,因此会造成剪应力间断。如果截面边界上有凸角(如三角形截面和矩形截面的顶点),从弹性力学知道,在凸角处剪应力等于零,因而尽管 T 增大,这里始终处于弹性阶段。所以,作为弹性区域收缩极限的剪应力间断线必定通过这样的凸角。反之,如果截面边界上有凹角,从弹性力学知道,这里剪应力无限大,因而一开始就进入塑性阶段,棱线就一定不经过这里。

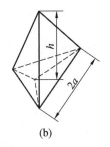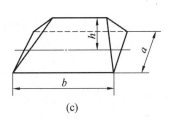

(a)　　　　　　　　　(b)　　　　　　　　　(c)

图 5.17　不同截面受扭转的沙堆比拟

5.5.4　弹塑性扭转和薄膜 — 玻璃盖比拟

当 $T_e < T < T_p$ 时,柱体的截面上一部分为弹性区、一部分为塑性区。其上应力函数分别具有 Φ_e 的性质(满足 Poisson 方程)和 Φ_p 的性质(梯度的模为常数)。因此,提出的数学问题如下:寻求应力函数 Φ,满足以下特征:在弹性区内满足方程式(5.93);在塑性区内满足式(5.99);在截面边界上 $\Phi = 0$;在弹塑性区域交界线 Γ 上,Φ、$\dfrac{\partial \Phi}{\partial x}$、$\dfrac{\partial \Phi}{\partial y}$ 都要连续(这是由于应力分量在 Γ 上应该连续)。

在解决具体问题时,确定弹塑性交界线 Γ 是一个极其困难的数学问题。Nadai 指出,可以联合应用薄膜比拟和沙堆比拟来求解。在一块水平平板上,挖一个具有截面形状的孔,覆盖以薄膜。 在薄膜的上面,放一个按沙堆比拟形状做成的等倾玻璃盖(图 5.18(a))。若压力较小时,薄膜的变形不受"屋盖"的影响,这是弹性扭转的情况。随着压力的增加,薄膜逐渐贴到屋盖上,贴附的区域就是塑性区域。在贴附区域以外的自由薄膜仍满足 Poisson 方程,所以仍是弹性区。由此可以确定弹塑性交界线 Γ 的形状。最后,薄膜将全部贴附在玻璃盖上,弹性区域退化为棱线。图 5.18(b)显示了矩形截面柱体在弹塑性扭转时 Γ 的变化,其中阴影区是塑性区域。从试验中可以看出,对一般截面的柱体,Γ 的变化是非常复杂的。在分析计算时,通常只能采用数值方法一步一步地将 Γ 近似求出。

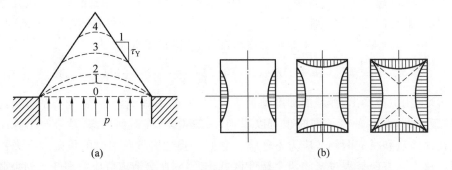

(a)　　　　　　　　　　　　　　　　　　(b)

图 5.18　弹塑性扭转的等倾玻璃盖比拟及矩形截面线 Γ 的变化

在圆截面情形,由于对称性,可设 Γ 是 $r = \rho$ 的一个圆。在弹性区,$0 \leqslant r \leqslant \rho$,有

$$\nabla^2 \Phi_e = \frac{1}{r} \cdot \frac{d}{dr} \left(r \frac{d\Phi_e}{dr} \right) = -2\alpha G$$

积分得到

$$\frac{\mathrm{d}\Phi_e}{\mathrm{d}r} = -\alpha Gr + \frac{C_1}{r}$$

由剪应力在 $r=0$ 处有限定出 $C_1 = 0$。再积分一次，得

$$\Phi_e = -\frac{1}{2}\alpha Gr^2 + C_2 \tag{5.104}$$

其中 C_2 要由 $r = \rho$ 的连续条件确定。

在塑性区，$\rho \leqslant r \leqslant a$，有

$$|\operatorname{grad}\Phi_p| = -\frac{\mathrm{d}\Phi_p}{\mathrm{d}r} = \tau_Y$$

利用边界条件 $\Phi_p|_{r=a} = 0$，积分一次得

$$\Phi_p = \tau_Y(a - r) \tag{5.105}$$

由 $\Phi_e|_{r=\rho} = \Phi_p|_{r=\rho}$ 定出式(5.104)中的常数

$$C_2 = \frac{1}{2}\alpha G\rho^2 + \tau_Y(a - \rho)$$

故有

$$\Phi \begin{cases} \Phi_e = -\frac{1}{2}\alpha G(r^2 - \rho^2) + \tau_Y(a - \rho), & 0 \leqslant r \leqslant \rho \\ \Phi_p = \tau_Y(a - r), & \rho \leqslant r \leqslant a \end{cases} \tag{5.106}$$

$r = \rho$ 处的剪应力连续，要求

$$\left.\frac{\mathrm{d}\Phi_e}{\mathrm{d}r}\right|_{r=\rho} = \left.\frac{\mathrm{d}\Phi_p}{\mathrm{d}r}\right|_{r=\rho}$$

于是，$-\alpha G\rho = -\tau_Y$。由此定出弹塑性交界线的半径为

$$\rho = \tau_Y/\alpha G \tag{5.107}$$

记 $p = a$ 时的 α 为 α_e，且有 $\alpha_e = \tau_Y/aG$，则对 $\alpha < \alpha_e$，有

$$T = 4\pi \int_0^a \Phi r\,\mathrm{d}r = \frac{4}{3}T_e\left[1 - \frac{1}{4}\left(\frac{\alpha_e}{\alpha}\right)^3\right] \tag{5.108}$$

式中，T_e 为弹性极限扭转，见式(5.96)。按照式(5.108)确定的载荷－变形关系，即 $T/T_e \sim \alpha/\alpha_e$，曲线如图5.19所示。它同弹塑性弯曲的载荷－变形关系(图5.6)很相似：当变形处于弹性变形量级时，截面已经接近于塑性极限状态了。

由式(5.107)和式(5.108)，并注意 $T_p = \frac{4}{3}T_e$，可给出弹塑性边界随扭矩变化的规律

$$\frac{T}{T_p} = 1 - \frac{\rho^3}{4a^3}, \quad \rho \leqslant a \tag{5.109}$$

或即

$$\frac{\rho}{a} = \sqrt[3]{4\left(1 - \frac{T}{T_p}\right)}, \quad \rho \leqslant a \tag{5.110}$$

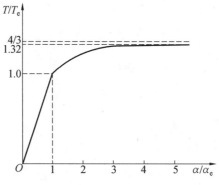

图 5.19 $T/T_e \sim \alpha/\alpha_e$ 的关系曲线

5.5.5   卸载、回弹和残余应力

同 5.3 节中讨论弹塑性弯曲后的卸载相似,弹塑性扭转后的卸载也相当于在反方向作用一个等值的弹性扭矩。仍以圆柱体扭转为例,加载时的扭转角 α 可由式(5.107)求出为 $\alpha = \tau_Y/\rho G$;而卸载时的回弹角是

$$\alpha' = T/GJ_z = \frac{4}{3} \cdot \frac{\rho}{a} \alpha \left(1 - \frac{\rho^3}{4a^3}\right)$$

因此,单位长度上的残余扭转角为

$$\alpha^F = \alpha - \alpha' = \alpha \left[1 - \frac{4}{3} \cdot \frac{\rho}{a} \left(1 - \frac{\rho^3}{4a^3}\right)\right] \tag{5.111}$$

也可写出回弹比与所加扭矩的关系为

$$\frac{\alpha^F}{\alpha} = 1 - t \cdot \sqrt[3]{4 - 3t} \tag{5.112}$$

其中,$t = T/T_e = 4T/3T_p$。

卸载后的残余应力分布可计算出

$$\tau^F = \begin{cases} \tau_Y \left[1 - \frac{4r}{3a}\left(1 - \frac{\rho^3}{4a^3}\right)\right], & \rho \leqslant r \leqslant a \\ \tau_Y \left[\frac{r}{\rho} - \frac{4r}{3a}\left(1 - \frac{\rho^3}{4a^3}\right)\right], & 0 \leqslant r \leqslant \rho \end{cases} \tag{5.113}$$

其分布如图 5.20(c)所示。

5.5.6   弹塑性强化材料圆柱体的扭转

对于柱体的自由扭转,如前面所述,所经历的是简单加载过程,因此可不用增量理论而直接用全量理论求解。以圆柱体为例,现在只有一个应变分量 $\gamma_{\theta z} = \gamma = \alpha r$ 和一个应力分量 $\tau_{\theta z} = \tau$,于是全量理论的本构关系为

$$\tau = \frac{\bar{\sigma}}{3\bar{\varepsilon}} \gamma$$

其中,$\bar{\sigma} = \sqrt{3}\tau$,$\bar{\varepsilon} = \gamma/\sqrt{3} = \alpha r/\sqrt{3}$。因为 τ 只与 r 有关,平衡方程和边界条件均自动满足。由截面扭矩与外扭矩平衡的条件,可以建立扭矩 T 与扭转角 α 的关系如下:

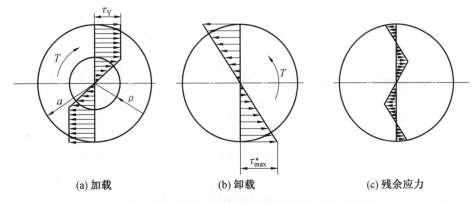

(a) 加载　　　　　　　　(b) 卸载　　　　　　　(c) 残余应力

图 5.20　弹塑性圆轴扭转过程中横截面上的应力分布

$$T = 2\pi \int_0^a \tau r^2 \, dr = \frac{2\pi}{\sqrt{3}} \int_0^a \bar{\sigma} r^2 \, dr \qquad (5.114)$$

由 $\bar{\varepsilon} = \alpha r / \sqrt{3}$ 可将式(5.114)中的积分变量转化为

$$T = \frac{6\pi}{\alpha^3} \int_0^{\bar{\varepsilon}_a} \bar{\varepsilon}^2 f(\bar{\varepsilon}) \, d\bar{\varepsilon} \qquad (5.115)$$

其中,$\bar{\sigma} = f(\bar{\varepsilon})$ 为材料的强化规律,一旦它给定,就可以计算出 T 随 α 变化的规律及截面内的应力分布;$\bar{\varepsilon}_a = \bar{\varepsilon} \big|_{r=a} = \alpha a / \sqrt{3}$。

例如,设材料的强化规律为

$$\bar{\sigma} = \sigma_Y \left(\frac{\bar{\varepsilon}}{\varepsilon_Y} \right)^m, \quad 0 < m < 1 \qquad (5.116)$$

将其代入式(5.115)并积分,可得

$$T = \frac{6\pi \sigma_X \bar{\varepsilon}_a^{m+3}}{(m+3)\alpha^3 \varepsilon_Y^m} \qquad (5.117)$$

若在半径 ρ 处的材料达到屈服,则 $\varepsilon_Y = \alpha \rho / \sqrt{3}$,再注意到 $\sigma_Y = \sqrt{3}\,\tau_Y$,$\bar{\varepsilon}_a = \alpha a / \sqrt{3}$,从式(5.117)得出

$$T = \frac{2\pi \tau_Y}{m+3} \cdot \frac{a^{m+3}}{\rho^m} \qquad (5.118)$$

作为以上讨论的两个特例:

(1) 当 $m = 1$(理想线弹性材料),$\rho = a$(柱体边缘开始屈服) 时,$T = \frac{\pi}{2} \tau_Y a^3 = T_e$。

(2) 当 $m = 0$(理想塑性材料) 时,$T = \frac{2}{3} \pi \tau_Y a^3 = T_p$。

对于强化材料的非圆截面柱体的扭转问题,无论是用增量理论还是全量理论,都没有得到解析解,通常只能用数值方法求近似解。

5.6　受内压的厚壁圆筒

5.6.1　研究对象和基本方程

承受内压的厚壁圆筒是工程中广泛应用的结构物,如国防工业中的炮筒、化学工业中的高压容器、动力工业中输送高压高温流体的管道、土木工程中的涵管等。下面可以看到,若按弹性分析,则未能充分发挥材料的潜力;而按塑性分析,就可以更好地利用厚壁圆筒的承载能力。

考虑一个在均匀内压 p 作用下的厚壁圆筒,其内半径为 a,外半径为 b(图 5.21)。只研究以下简单情况,即筒很长,且由于载荷的作用形式和约束条件,因此圆筒在轴线方向的应变为常数 ε_0 或零,而在圆筒每一截面内的应力状态和应变状态都相同。

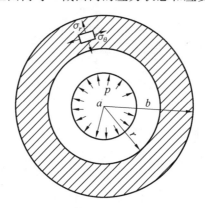

图 5.21　均匀内压 p 作用下的厚壁圆筒

取柱坐标 (r,θ,z),且令 z 轴与筒轴重合。设筒内一点在 r 方向的位移为 u。由于问题是轴对称的,周向位移 $v=0$。于是,几何关系为

$$\varepsilon_r = \frac{\mathrm{d}u}{\mathrm{d}r}, \quad \varepsilon_\theta = \frac{u}{r} \tag{5.119}$$

在轴对称条件下的平衡方程为

$$\frac{\mathrm{d}\sigma_r}{\mathrm{d}r} + \frac{\sigma_r - \sigma_\theta}{r} = 0 \tag{5.120}$$

在下面的讨论中,暂时仍采用小变形假定,即不考虑内外半径 a、b 的变化对基本方程和边界条件的影响。这时,力边界条件为

$$\begin{cases} \sigma_r = -p, & \text{当 } r = a \\ \sigma_r = 0, & \text{当 } r = b \end{cases} \tag{5.121}$$

而筒两端的端面条件按 St. Venant 条件给出为

$$F = \int_A \sigma_z \mathrm{d}A = 2\pi \int_a^b \sigma_z r \, \mathrm{d}r \tag{5.122}$$

这里 F 是端面的轴向拉力。

5.6.2　弹性解

在弹性范围内,本构关系是 Hooke 定律

$$\begin{cases} \varepsilon_r = \dfrac{1}{E}\left[\sigma_r - \nu(\sigma_\theta + \sigma_z)\right] \\[2mm] \varepsilon_\theta = \dfrac{1}{E}\left[\sigma_\theta - \nu(\sigma_z + \sigma_r)\right] \\[2mm] \dot{\varepsilon}_z = \dfrac{1}{E}\left[\sigma_z - \nu(\sigma_r + \sigma_\theta)\right] = \varepsilon_0 \end{cases} \tag{5.123}$$

式(5.119)～(5.123)构成厚壁筒的弹性问题,它的解可以在一般弹性力学书籍中查到,其结果为

$$\begin{cases} \sigma_r = \bar{p}\left(1 - \dfrac{b^2}{r^2}\right) < 0 \\[2mm] \sigma_\theta = \bar{p}\left(1 + \dfrac{b^2}{r^2}\right) > 0 \\[2mm] \sigma_z = a\nu\bar{p} + E\varepsilon_0 = F/\pi(b^2 - a^2) \\[2mm] u = \dfrac{1+\nu}{E}\bar{p}\left[(1 - 2\nu)r + \dfrac{b^2}{r}\right] - \nu\varepsilon_0 r \end{cases} \tag{5.124}$$

其中

$$\bar{p} = \frac{pa^2}{b^2 - a^2}, \quad \varepsilon_0 = \frac{F - 2\nu p \pi a^2}{E\pi(b^2 - a^2)} \tag{5.125}$$

由式(5.124)可知 σ_r 是压应力,σ_θ 是拉应力,现在讨论在什么条件下 σ_z 是中间主应力。由于 $\sigma_{\theta\min} = 2\bar{p}$,$\sigma_{r\max} = 0$,$\sigma_z = F/\pi(b^2 - a^2)$,因此若要 σ_z 是中间主应力,以下条件应成立:

$$0 \leqslant F/\pi(b^2 - a^2) \leqslant 2\bar{p} = 2pa^2/(b^2 - a^2)$$

或即

$$0 \leqslant F \leqslant 2\pi pa^2 \tag{5.126}$$

如果圆筒两端是自由的,则 $F = 0$;如果圆筒两端是封闭的,则 $F = \pi pa^2$。可见这两种情况都符合式(5.126)条件,能保证 σ_z 是中间主应力。

由于在这个问题中,不但主应力次序已知,而且主方向也已知,所以采用 Tresca 屈服准则最为方便。于是,当屈服时有

$$\sigma_\theta - \sigma_r = 2\bar{p}\,\frac{b^2}{r^2} = \sigma_Y$$

可见在内壁 $r = a$ 处 $\sigma_\theta - \sigma_r$ 最大,故将首先屈服,且此时有

$$\bar{p} = \frac{a^2}{2b^2}\sigma_Y$$

相应的内压 p 即为厚壁筒的弹性极限压力

$$p_e = \frac{\sigma_Y}{2}\left(1 - \frac{a^2}{b^2}\right) \tag{5.127}$$

从式(5.127)看出,若按弹性设计,对于给定的 a 值,可以增加壁厚,即增加 b 值,使得

p_e 增大。但无论怎样增加 b，p_e 都不会超过 $\sigma_Y/2$。也就是说，当 $b \to \infty$ 时，$p_e \to \sigma_Y/2 =$ const。这说明：① 只增加壁厚，不会明显地提高筒的弹性极限压力值。在设计高压圆筒（如炮管）时应采取其他措施（如下面将要介绍的经过局部塑性变形使之产生有利的残余应力，以及装配有预应力的套筒等）来加以增强。② 当弹性无限空间内的圆柱形孔洞受到内压作用时（例如对于有压隧洞），其内表面开始屈服时的压力值只与周围的材料的性质有关，而与孔洞的半径无关。

5.6.3 弹塑性解

这里考虑理想塑性材料。由上可知，当 $p = p_e$ 时，筒的内壁首先屈服；当 $p > p_e$ 时，塑性区便由 $r = a$ 逐渐向外扩张。由问题的轴对称性，可设弹塑性边界为 $r = c$，其中 $a \leqslant c \leqslant b$。

（1）弹性区 $c \leqslant r \leqslant b$。

应力通解是

$$\begin{cases} \sigma_\theta' = A + \dfrac{B}{r^2} \\ \sigma_r' = A - \dfrac{B}{r^2} \end{cases} \tag{5.128}$$

这里用上标 $'$ 表示弹性区内的各量。现在的边界条件是

$$\begin{cases} r = b, & \sigma_r' = 0 \\ r = c, & \sigma_\theta' - \sigma_r' = \sigma_Y \end{cases}$$

由这两个条件可以定出式（5.128）中的常数

$$A = c^2 \sigma_Y/2b^2, \quad B = c^2 \sigma_Y/2$$

代回式（5.128），得出应力分量为

$$\begin{cases} \sigma_r' = \dfrac{c^2 \sigma_Y}{2b^2}\left(1 - \dfrac{b^2}{r^2}\right) \\ \sigma_\theta' = \dfrac{c^2 \sigma_Y}{2b^2}\left(1 + \dfrac{b^2}{r^2}\right) \end{cases} \tag{5.129}$$

从而，根据弹性区满足的基本方程求出

$$\begin{cases} \sigma_z' = \nu \dfrac{c^2 \sigma_Y}{b^2} + E\varepsilon_0 \\ u' = \dfrac{1+\nu}{2E} c^2 \sigma_Y \left(\dfrac{1-2\nu}{b^2}r + \dfrac{1}{r}\right) - \nu\varepsilon_0 r \end{cases} \tag{5.130}$$

（2）塑性区 $a \leqslant r \leqslant c$。

各量标以上标 $''$，这时平衡方程为

$$\frac{\mathrm{d}\sigma_r''}{\mathrm{d}r} + \frac{\sigma_r'' - \sigma_\theta''}{r} = 0 \tag{5.131}$$

同时，仍假定 σ_z'' 为中间主应力（下面将校核），则理想塑性材料在塑性区内屈服准则为

$$\sigma_\theta'' - \sigma_r'' = \sigma_Y \tag{5.132}$$

在方程式(5.131)和式(5.132)中只有 σ_r''、σ_θ'' 两个未知数,于是问题是静定的。将式(5.132) 代入式(5.131) 得

$$\frac{\mathrm{d}\sigma_r''}{\mathrm{d}r} = \frac{\sigma_Y}{r}$$

积分一次,并利用边界条件 $\sigma_r''|_{r=a} = -p$ 确定积分常数,则

$$\begin{cases} \sigma_r'' = \sigma_Y \ln \dfrac{r}{a} - p < 0 \\ \sigma_\theta'' = \sigma_Y \left(1 + \ln \dfrac{r}{a}\right) - p > 0 \end{cases} \tag{5.133}$$

这里可以看到,由于材料是理想塑性的,问题又是静定的,塑性区内的应力分布 σ_r''、σ_θ'' 只与厚壁筒表面的边界条件有关,而与弹性区的应力场无关。

(3) 弹塑性边界的确定。

上面已分别给出了弹性区的应力场式(5.129)和塑性区的应力场式(5.133),这二者在弹塑性边界 $r=c$ 上应满足 σ_r 的连续条件,即

$$\sigma_r'|_{r=c} = \sigma_r''|_{r=c}$$

由此导出

$$-\frac{\sigma_Y}{2}\left(1 - \frac{c^2}{b^2}\right) = \sigma_Y \ln \frac{c}{a} - p$$

从而

$$p = \sigma_Y \left[\ln \frac{c}{a} + \frac{1}{2}\left(1 - \frac{c^2}{b^2}\right)\right] \tag{5.134}$$

此式给出了 c 与 p 的关系。将式(5.134) 代回式(5.133) 得出

$$\begin{cases} \sigma_r'' = \sigma_Y \left[\ln \dfrac{r}{c} - \dfrac{1}{2}\left(1 - \dfrac{c^2}{b^2}\right)\right] \\ \sigma_\theta'' = \sigma_Y \left[\ln \dfrac{r}{c} + \dfrac{1}{2}\left(1 + \dfrac{c^2}{b^2}\right)\right] \end{cases} \tag{5.135}$$

(4) 塑性极限状态。

当 $c=b$ 时,塑性区扩展到整个圆筒,外载 p 就不能再增加了。因此,用 $c=b$ 代入式(5.134)得出厚壁筒的塑性极限压力为

$$p_s = \sigma_Y \ln \frac{b}{a} \tag{5.136}$$

前面说过,由式(5.127)算出的弹性极限压力 p_e 是有限的,即 $b \to \infty$ 时 $p_e \to \sigma_Y/2$;现在这里由式(5.136)算出的塑性极限压力却是无限的,即 $b \to \infty$ 时 $p_s \to \infty$,只要 b 增加,p_s 就能不断增加。在塑性极限状态下,截面上应力分布规律为

$$\begin{cases} \sigma_r = \sigma_Y \ln \dfrac{r}{b} \\ \sigma_\theta = \sigma_Y \left(1 + \ln \dfrac{r}{b}\right) \end{cases}$$

周向应力 σ_θ 的最大值发生在筒的外壁,它恰好等于 σ_Y。

在加载的各个阶段,厚壁筒内的应力分布如图 5.22 所示。

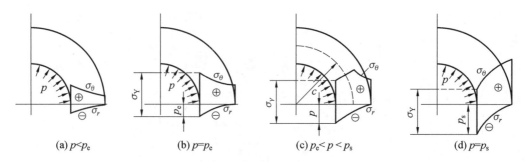

图 5.22　在加载的各个阶段,厚壁筒内的应力分布

(5) 塑性区内的位移 u'' 和应力 σ_z''。

在塑性区求 σ_r'' 和 σ_θ'' 是静定问题,但是要求 σ_z'' 和 u'',就必须用到本构关系。下面用与 Tresca 屈服准则相关联的流动法则来解 σ_z'' 和 u''。

厚壁筒塑性区应力所在的屈服面是

$$f = \sigma_\theta'' - \sigma_r'' - \sigma_Y = 0$$

于是,相关联的流动法则给出

$$d\varepsilon_\theta^p : d\varepsilon_z^p : d\varepsilon_r^p = 1 : 0 : (-1)$$

即 $d\varepsilon_r^p = -d\varepsilon_\theta^p, d\varepsilon_z^p = 0$。这说明,在全部筒壁内 $\varepsilon_z = \varepsilon_z^e = \varepsilon_0 = \mathrm{const}$,即 ε_z 必是弹性的,且为常数。于是在 $a \leqslant r \leqslant c$ 范围内

$$\sigma_z'' = \nu(\sigma_r'' + \sigma_\theta'') + E\varepsilon_0 = -2\nu p + \nu\sigma_Y\left(1 + 2\ln\frac{r}{a}\right) + E\varepsilon_0 \tag{5.137}$$

筒端面条件式(5.122)现可以写成

$$F = 2\pi\int_a^c \sigma_z'' r\,dr + 2\pi\int_c^b \sigma_z' r\,dr$$

将式(5.130)和式(5.137)给出的 σ_z' 和 σ_z'' 代入上式得到

$$\varepsilon_0 = \frac{F}{E\pi(b^2 - a^2)} - \frac{2\nu}{E}\cdot\frac{pa^2}{b^2 - a^2} = \frac{F - 2\nu p\pi a^2}{E\pi(b^2 - a^2)} \tag{5.138}$$

此式与弹性解完全相同。这说明在完全卸去外载 F 和 p 时,轴向残余应变必为零。

根据圆筒的端面条件,式(5.138)中的 3 个参量:F、p 和 ε_0,总可确定其中之一。例如

① 开口圆筒,$F = 0$,于是 $\varepsilon_0 = -2\nu pa^2/E(b^2 - a^2)$。

② 封闭圆筒,$F = \pi a^2 p$,于是 $\varepsilon_0 = (1 - 2\nu)pa^2/E(b^2 - a^2)$。

③ 无穷长圆筒,即平面应变情形,$\varepsilon_0 = 0$,于是 $F = 2\nu p\pi a^2$。

注意,当 $\nu = 1/2$,即材料不可压缩时,②与③就完全一致。这说明材料不可压缩的封闭圆筒受内压时正好满足平面应变条件。这时 $\sigma'' = \nu(\sigma_r'' + \sigma_\theta'')$ 显然是中间主应力。对其他常见情形,也可验证 σ_z'' 是中间主应力。例如,不难验证,当 $0 \leqslant F \leqslant 2\pi a^2 p$ 及 $\nu = 1/2$ 时,σ_z'' 确是中间主应力。

利用体积变化的弹性公式计算位移比较方便,即

$$\frac{du''}{dr} + \frac{u''}{r} + \varepsilon_0 = \frac{1 - 2\nu}{E}(\sigma_r'' + \sigma_\theta'' + \sigma_x'') = \frac{1 - 2\nu}{E}\left[(1 + \nu)(\sigma_r'' + \sigma_\theta'') + E\varepsilon_0\right]$$

故有

$$\frac{1}{r}\frac{d}{dr}(ru'') = \frac{(1-2\nu)(1+\nu)}{E}(\sigma_r'' + \sigma_\theta'') - 2\nu\varepsilon_0 = \frac{(1-2\nu)(1+\nu)}{E}\sigma_Y\left(2\ln\frac{r}{c} + \frac{c^2}{b^2}\right) - 2\nu\varepsilon_0$$

积分得出

$$u'' = \frac{(1-2\nu)(1+\nu)}{E}\sigma_Y\left[r\ln\frac{r}{c} + \frac{r}{2}\frac{c^2}{b^2} - \frac{r}{2}\right] - \nu\varepsilon_0 r + \frac{C_4}{r} \tag{5.139}$$

式中,常数 C_1 可由 $r = c$ 处的位移连续条件 $u' = u''$ 定出为

$$C_1 = (1-\nu^2)\sigma_Y c^2/E \tag{5.140}$$

特别当 $\nu = 1/2$ 时, $u'' = \dfrac{C_1}{r} - \dfrac{1}{2}\varepsilon_0 r = \dfrac{3}{4}\cdot\dfrac{\sigma_Y c^2}{Er} - \dfrac{1}{2}\varepsilon_0 r$, 如取 $\varepsilon_0 = 0, b = 2a, c = b, E/\sigma_Y = 1\,000$, 则在筒内壁 $r = a$ 处有 $u''/a = 3\times10^{-3}$。可见刚达到 p_a 时,筒的变形相对筒本身的几何尺寸还是小的。

5.6.4　卸载和残余应力

设厚壁圆筒内压力增加到 $p^*(p_e < p^* < p_s)$ 后实行完全卸载,卸载应力可按弹性解计算,即

$$\begin{cases} \sigma_r^* = \bar{p} \cdot \left(1 - \dfrac{b^2}{r^2}\right) \\[2mm] \sigma_\theta^* = \bar{p} \cdot \left(1 + \dfrac{b^2}{r^2}\right) \\[2mm] \sigma_i^* = 2\nu\bar{p}^* + E\varepsilon_0^* = F^*/\pi(b^2 - a^2) \end{cases} \tag{5.141}$$

其中 $\bar{p}^* = p^* a^2/(b^2 - a^2)$。叠加到弹塑性应力状态上去后得到残余应力分布

$$\sigma_r^* = \begin{cases} -p^* + \sigma_Y\ln\dfrac{r}{a} - \dfrac{p^* a^2}{b^2 - a^2}\left(1 - \dfrac{b^2}{r^2}\right), & a \leqslant r \leqslant c \\[3mm] \left(\dfrac{c^2\sigma_Y}{2b^2} - \dfrac{p^* a^2}{b^2 - a^2}\right)\left(1 - \dfrac{b^2}{r^2}\right), & c \leqslant r \leqslant b \end{cases}$$

$$\sigma_y^* = \begin{cases} -p^* + \sigma_Y\left(1 + \ln\dfrac{r}{a}\right) - \dfrac{p^* a^2}{b^2 - a^2}\left(1 + \dfrac{b^2}{r^2}\right), & a \leqslant r \leqslant c \\[3mm] \left(\dfrac{c^2\sigma_Y}{2b^2} - \dfrac{p^* a^2}{b^2 - a^2}\right)\left(1 + \dfrac{b^2}{r^2}\right), & c \leqslant r \leqslant b \end{cases} \tag{5.142}$$

$$\sigma_z^* = \begin{cases} \nu\left[\sigma_Y\left(2\ln\dfrac{r}{a} + 1\right) - 2p^* - 2p^*\dfrac{a^2}{b^2 - a^2}\right], & a \leqslant r \leqslant c \\[3mm] \nu\left(\dfrac{c^2\sigma_Y}{b^2} - 2p^*\dfrac{a^2}{b^2 - a^2}\right), & c \leqslant r \leqslant b \end{cases}$$

在上式中 p^* 与 c 间的关系由式(5.134)确定,即

$$p^*/\sigma_Y = \ln\frac{c}{a} + \frac{1}{2}\left(1 - \frac{c^2}{b^2}\right)$$

上面计算残余应力的公式,只有在完全卸去载荷后,筒内处处都不在相反方向发生塑性变形时才有效。下面来计算保证完全卸载后不出现反向塑性变形条件下的最大内压 p^*。

为了不发生反向屈服,要求

$$|\sigma_\theta - \sigma_r| \leqslant \sigma_Y \tag{5.143}$$

而从式(5.142)可以算出

$$\sigma_\theta^* - \sigma_r^* = \begin{cases} \sigma_Y - \dfrac{2p^* a^2 b^2}{(b^2 - a^2) r^2}, & a \leqslant r \leqslant c \\[3mm] \left(c^2 \sigma_Y - \dfrac{2p^* a^2 b^2}{b^2 - a^2} \right) \dfrac{1}{r^2}, & c \leqslant r \leqslant b \end{cases} \tag{5.144}$$

其最大值在内壁 $r = a$ 处,等于 $\sigma_Y - \dfrac{2p^* b^2}{b^2 - a^2}$,于是,从式(5.143)得到

$$p^* \leqslant \sigma_Y \left(1 - \frac{a^2}{b^2} \right) = 2p_e \tag{5.145}$$

由此可见,如果一次加载的内压 $p^* \leqslant 2p_e$,则完全卸载后不会在相反方向引起新的塑性变形。只要以后重新加载时压力不超过 p^*,整个筒就处于弹性状态,没有新的塑性变形,这种情形称为"安定状态"。这种利用先加载超过初始弹性极限压力,然后卸载,产生某种残余应力分布,使得再加载时弹性极限压力提高的办法,称为自增强或自紧(autofrettage)处理,在炮筒和高压容器的制造中有着广泛的应用。

从式(5.145)可以知道,对于有反复加载的情形,所加内压 p 不应超过 $2p_e$;另一方面,内压 p 又不能大于塑性极限压力 p_Y。当这二者相等时,有

$$2p_e = \sigma_Y \left(1 - \frac{a^2}{b^2} \right) = p_Y = \sigma_Y \ln \frac{b}{a}$$

从此式解出 $b/a = 2.22$。当 $b/a > 2.22$ 时 $p_Y > 2p_e$,这时可以把工作内压 p 提高到 $2p_e$ 之上,而筒仍处于约束塑性状态。但卸载时会发生反向屈服,在反复加载(如炮筒反复承受发射炮弹时的高压)的条件下筒就会发生塑性循环(低周疲劳)破坏。因此,采用大于 2.22 的 b/a 值实际意义不大。

5.6.5　几何变形对承载能力的影响

当厚壁圆筒承受的内压接近于塑性极限压力时,筒内位移与筒径相比较已不再是一个小量,因此有必要考虑筒径变化对承载能力的影响。设以 a'、b' 表示变形后的内、外半径,则以变形后的尺寸求得筒的塑性极限压力为

$$p'_Y = \sigma_Y \ln \frac{b'}{a'} \tag{5.146}$$

假设材料不可压缩,且 $\varepsilon_0 = 0$,则从变形前后体积不变知

$$\left(\frac{b'}{a'} \right)^2 = 1 + \frac{C}{a'^2}$$

在内压作用下,a' 单调增加,故 b'/a' 单调减小,由式(5.146)知 p'_Y 也随之单调减小。这说明,考虑几何尺寸改变时,由理想塑性材料制成的厚壁圆筒承受内压的塑性极限状态是不稳定的。

5.6.6　强化材料长厚壁圆筒的分析

前面分析的都是理想塑性材料的厚壁筒。对于强化材料制成的长厚壁圆筒,为了简

化分析,可以假设:

(1) 材料是不可压缩的,即

$$\varepsilon_r + \varepsilon_\theta + \varepsilon_z = 0 \tag{5.147}$$

(2) 轴向应变为 0,即

$$\varepsilon_z = 0 \tag{5.148}$$

将几何关系 $\varepsilon_r = \dfrac{\mathrm{d}u}{\mathrm{d}r}, \varepsilon_\theta = \dfrac{u}{r}$ 及式(5.148) 代入式(5.147) 得

$$\frac{\mathrm{d}u}{\mathrm{d}r} + \frac{u}{r} = 0 \tag{5.149}$$

其解为

$$u = \frac{A}{r} \tag{5.150}$$

式中,A 为一个正的积分常数。进而从几何关系得出

$$\begin{cases} \varepsilon_r = \dfrac{\mathrm{d}u}{\mathrm{d}r} = -\dfrac{A}{r^2} \\[2mm] \varepsilon_\theta = \dfrac{u}{r} = \dfrac{A}{r^2} \end{cases} \tag{5.151}$$

现在采用全量理论求解,并且,由于在本问题中主方向已知,为方便起见可采用 Tresca 屈服准则和 Ludwik 理论 $\tau^{\max} = \tau_0 \gamma_{\max}^m$,其中 $\tau_0 > 0(0 \leqslant m \leqslant 1)$。由全量理论知

$$\frac{s_r}{\varepsilon_r} = \frac{s_\theta}{\varepsilon_\theta} = \frac{s_z}{\varepsilon_z} \tag{5.152}$$

因为 $\varepsilon_z = 0$,所以

$$s_z = \sigma_z - \sigma_\mathrm{m} = 0$$

从而易求出

$$\sigma_\mathrm{m} = \sigma_z = \frac{1}{2}(\sigma_\theta + \sigma_r) \tag{5.153}$$

这表明 σ_z 是中间主应力,因此最大剪应力为

$$\tau_{\max} = \frac{1}{2}(\sigma_\theta - \sigma_r) \tag{5.154}$$

而最大剪应变为

$$\gamma_{\max} = \varepsilon_\theta^\mathrm{c} - \varepsilon_r = \frac{2A}{r^2} \tag{5.155}$$

将上述关系代入平衡方程 $\dfrac{\mathrm{d}\sigma_r}{\mathrm{d}r} + \dfrac{\sigma_r - \sigma_\theta}{r} = 0$,得出

$$\frac{\mathrm{d}\sigma_r}{\mathrm{d}r} = \sigma_\theta - \sigma_r = 2\tau_{\max} = 2\tau_0 \gamma_{\max}^m = 2\tau_0 \left(\frac{2A}{r^2}\right)^m \tag{5.156}$$

进而积分得到

$$\sigma_r = -\frac{\tau_0}{m}(2A)^m \cdot \frac{1}{r^{2m}} + C$$

利用边界条件

$$\sigma_r \big|_{r=a} = -p, \quad \sigma_r \big|_{r=b} = 0$$

求得

$$\begin{cases} p = \dfrac{\tau_0}{m} \left(\dfrac{2A}{a^2}\right)^m \left[1 - \left(\dfrac{a}{b}\right)^{2m}\right] \\[4mm] \sigma_r = \dfrac{-p}{b^{-2m} - a^{-2m}} (b^{-2m} - r^{-2m}) \end{cases} \qquad (5.157)$$

式中,τ_0 和 m 为材料常数。当 p 已知时,从式(5.157)确定 A,代回式(5.150)、式(5.151)可确定 u、ε_r 和 ε_θ。又由式(5.156)和式(5.153)可分别得到

$$\begin{cases} \sigma_\theta = \sigma_r + 2\tau_0 \left(\dfrac{2A}{r^2}\right)^m \\[4mm] \sigma_z = \sigma_r + \tau_0 \left(\dfrac{2A}{r^2}\right)^m \end{cases} \qquad (5.158)$$

至此,位移、应力和应变均已完全确定,问题得解。

在图 5.23 中,分别给出了 $m=0$(理想刚塑性)、$\frac{1}{4}$、$\frac{1}{2}$、$\frac{2}{3}$ 和 1(线弹性)时厚壁筒内的应力分布。由图可以看出,径向应力分量 σ_r 与弹性解相差不大,周向应力分量 σ_θ 则差别比较大。其中 $(\sigma_\theta)_{\max}$ 在弹性状态下($m=1$)是在内壁处的应力,在塑性状态下,若 $m > 1/2$,则 $(\sigma_\theta)_{\max}$ 是内壁处的应力;若 $m < 1/2$,则 $(\sigma_\theta)_{\max}$ 是外壁处的应力。

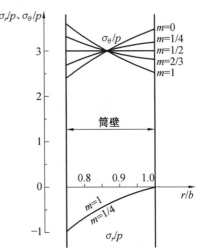

图 5.23　弹性与弹塑性应力比较

上面的分析由于采用了材料不可压缩和轴向应变为零的假设,因此问题的求解得到了很大的简化。对于材料可压缩及轴向应变不为零的强化材料的厚壁筒问题,Ильюшин 等人曾按全量理论做过分析,计算过程十分复杂。

5.7　旋转圆盘

旋转圆盘,如汽轮机和透平压缩机上的叶轮,是机械工程中经常遇见的构件。本节将研究等厚度的薄圆盘,其半径为 b,厚度为 h,并以匀角速度 w 绕其中心轴旋转。由于圆盘很薄,在整个厚度上可取 $\sigma_z = 0$,因此这里所处理的是平面应力问题。本节只介绍理想弹塑性材料的旋转圆盘的解。

5.7.1　弹性解

考虑转盘从弹性状态开始由于转速增加而开始屈服的过程。转盘的单位体积力(离心力)为 $\rho\omega^2 r$,其中 ρ 为转盘材料的质量密度,ω 为角速度,r 为微元的径向坐标。平衡方程为

$$\frac{\mathrm{d}\sigma_r}{\mathrm{d}r} + \frac{\sigma_r - \sigma_\theta}{r} + \rho\omega^2 r = 0$$

或

$$\frac{\mathrm{d}}{\mathrm{d}r}(r\sigma_r) - \sigma_\theta + \rho\omega^2 r^2 = 0 \tag{5.159}$$

引入应力函数 $F = r\sigma_r$，则应力分量满足

$$\begin{cases} \sigma_r = \dfrac{F}{r} \\[2mm] \sigma_\theta = \dfrac{\mathrm{d}F}{\mathrm{d}r} + \rho\omega^2 r^2 \end{cases} \tag{5.160}$$

从柱坐标下的几何关系 $\varepsilon_r = \dfrac{\mathrm{d}u}{\mathrm{d}r}$，$\varepsilon_\theta = \dfrac{u}{r}$ 中消去 u（径向位移），得变形协调方程

$$\frac{\mathrm{d}}{\mathrm{d}r}(r\varepsilon_\theta) - \varepsilon_r = 0 \tag{5.161}$$

当角速度较小时，转盘处于弹性范围。以 Hooke 定律和式(5.160)代入式(5.161)，得到

$$\frac{\mathrm{d}^2 F}{\mathrm{d}r^2} + \frac{1}{r} \cdot \frac{\mathrm{d}F}{\mathrm{d}r} - \frac{F}{r^2} + (3+\nu)\rho\omega^2 r = 0 \tag{5.162}$$

其解为

$$F = \frac{C_1}{r} + C_2 r - \frac{3+\nu}{8}\rho\omega^2 r^3 \tag{5.163}$$

代回式(5.160)得出应力为

$$\sigma_r = \frac{C_1}{r^2} + C_2 - \frac{3+\nu}{8}\rho\omega^2 r^2$$

$$\sigma_\theta = -\frac{C_1}{r^2} + C_2 - \frac{1+3\nu}{8}\rho\omega^2 r^2 \tag{5.164}$$

其中积分常数 C_1、C_2 应由具体问题的边界条件确定。

对于实心圆盘，因 $r=0$ 处应力为有限值，故 $C_1=0$，另一常数 C_2 由盘边 $r=b$ 处 $\sigma_r=0$ 决定。其结果是，实心圆盘的应力分量为

$$\begin{cases} \sigma_r = \dfrac{3+\nu}{8}\rho\omega^2(b^2 - r^2) \\[2mm] \sigma_\theta = \dfrac{3+\nu}{8}\rho\omega^2 b^2 - \dfrac{1+3\nu}{8}\rho\omega^2 r^2 \end{cases} \tag{5.165}$$

由于 $\nu \leqslant 1/2$，有 $\sigma_\theta > \sigma_r > \sigma_z = 0$；且 r 越小，应力就越大，最大应力在盘心 $r=0$ 处，即

$$(\sigma_r)_{\max} = (\sigma_\theta)_{\max} = \frac{3+\nu}{8}\rho\omega^2 b^2$$

因此，当转速增加时，转盘中心首先开始屈服。这时利用 Mises 屈服准则和 Tresca 屈服准则给出同样结果，即

$$\frac{3+\nu}{8}\rho\omega_e^2 b^2 = \sigma_Y$$

式中，ω_e 为弹性极限状态时转盘的角速度，称为弹性极限转速，它为

$$\omega_e = \sqrt{\frac{8\sigma_Y}{(3+\nu)\rho b^2}} \tag{5.166}$$

特别地,当 $\nu=1/3$ 时

$$\omega_e = \frac{1.55}{b}\sqrt{\frac{\sigma_Y}{\rho}} \tag{5.167}$$

5.7.2 弹塑性解

当转速 $\omega > \omega_e$ 时,转盘为部分塑性,即内部区域为塑性区,外部区域为弹性区。根据轴对称性,设弹塑性交界线为 $r=a$ 的圆。

(1) 塑性区,$0 \leqslant r \leqslant a$,将各量标以上标 $''$。

平衡方程式仍为式(5.159)。由于 $\sigma_\theta'' > \sigma_r'' > \sigma_z'' = 0$,故 Tresca 屈服准则给出 $\sigma_\theta'' = \sigma_Y$。问题成为静定的。事实上,以 $\sigma_\theta'' = \sigma_Y$ 代入式(5.159)可得

$$\frac{\mathrm{d}}{\mathrm{d}r}(r\sigma_r'') = \sigma_Y - \rho\omega^2 r^2$$

积分,并利用盘心应力有界的条件定常数,则得塑性区内的应力分布为

$$\begin{cases} \sigma_r'' = \sigma_Y - \dfrac{1}{3}\rho\omega^2 r^2 \\[2mm] \sigma_\theta'' = \sigma_Y \end{cases} \tag{5.168}$$

(2) 弹性区,$a \leqslant r \leqslant b$,将各量标以上标 $'$。

应力分布仍由式(5.164)给出,但其中积分常数应由边界条件 $\sigma_r'|_{r=b}=0$ 和弹塑性交界线上应力分量的连续条件来确定。后者可写为:当 $r=a$ 时

$$\sigma_r' = \sigma_r'', \quad \sigma_\theta' = \sigma_\theta'' \tag{5.169}$$

将式(5.164)和式(5.168)代入式(5.169),可解出

$$\begin{cases} C_1 = -\dfrac{1}{24}\rho\omega^2 a^4 (1+3\nu) \\[2mm] C_2 = \sigma_Y + \dfrac{1}{12}\rho\omega^2 a^2 (1+3\nu) \end{cases} \tag{5.170}$$

此式与式(5.164)一起,给出弹性区的 σ_r'、σ_θ',再用 $r=b$ 处 $\sigma_r'=0$,则得

$$\omega^2 = \frac{24b^2 \sigma_Y/\rho}{(1+3\nu)a^4 - 2(1+3\nu)a^2 b^2 + 3(1+3\nu)b^4} \tag{5.171}$$

此式给出了转速 ω 与弹塑性交界半径 a 之间的关系。例如,以 $a=0$ 代入式(5.171),就得到弹性极限转速 ω_e 的表达式(5.166)。

现设转盘全部进入塑性,即 $a=b$,从式(5.171)得

$$\omega_p^2 = 3\sigma_Y/\rho b^2$$

于是塑性极限转速为

$$\omega_p = \frac{\sqrt{3}}{b}\sqrt{\frac{\sigma_Y}{\rho}} = \frac{1.73}{b}\sqrt{\frac{\sigma_Y}{\rho}} \tag{5.172}$$

注意 ω_p 与 ν 无关。当 $\nu=1/3$ 时,$\omega_p/\omega_e=1.73/1.55 \approx 1.12$,可见这时转盘从开始屈服到全部屈服,其转速只能增加 12% 左右。转盘内的应力分布情况如图 5.24 所示。

上述弹塑性分析的一个实际应用是所谓"超速工艺",即在转盘按额定转速使用前,先使之经历一个超速运转,使 $\omega_e < \omega < \omega_p$,这样就能在盘中产生有利的残余应力分布,从而

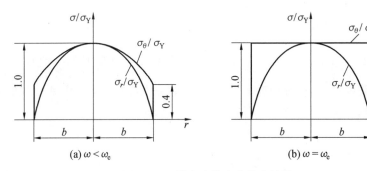

图 5.24　转盘内的应力分布情况

扩大使用时的弹性范围。显然,转盘的超速工艺同厚壁筒的自紧在原理上是相似的。

习　　题

1. 空心圆截面梁,已知内径 d 与外径 D 之比为 $\dfrac{d}{D} = \alpha$,在受纯弯曲时求 $\eta = \dfrac{M_p}{M_e}$ 与 α 的关系。

2. 半径为 a 的实心圆截面梁,受弯矩 M 的作用,材料是理想弹塑性的,求弯矩 M 与曲率 k 之间的关系。

3. 由理想弹塑性材料制成的、截面为 $2b \times 2h$、跨度为 $2l$ 的简支梁,在梁跨的中点受集中载荷 F,材料的拉压屈服极限为 σ_Y。求:

(1) 极限载荷 F_Y。

(2) 当 $F_e \leqslant F \leqslant F_Y$ 时,弹塑性区域交界线的方程。

(3) 在进入极限状态时,梁中点的挠度值。

4. 有内半径为 a、外半径为 b 的空心圆轴,材料是理想弹塑性的,试求:

(1) 弹性极限扭矩 T_e 和塑性极限扭矩 T_p。

(2) 扭矩 T 与单位长度扭转角 α 之间的关系。

5. 已知空心圆轴内外半径之比为 $\dfrac{b}{a} = \dfrac{1}{2}$,受扭直至半径为 $\dfrac{3}{4}b$ 处进入塑性状态后卸载,试画出残余剪应力沿直径的分布图,并求出在完全卸载后,所保留的扭转角与原扭转角的比值。

6. 试用沙堆比拟法计算下述截面的柱体受扭时的塑性极限扭矩值:

(1) 边长为 $2a$ 的正三角形。

(2) 外半径为 b、内半径为 a 的环形。

(3) 边长为 a 的正六边形。

7. 由理想刚塑性材料制成的半径为 a 的实心圆杆,当受纯拉力时 $F = F_p = \pi a^2 \sigma_Y$ 达到塑性极限状态,当受纯扭时 $T = T_p = \pi a^3 \sigma_Y$ 达到塑性极限状态。证明在 F 与 T 同时作用下达到塑性极限状态时 F 和 T 应满足下述关系:

$$\left(\frac{T}{T_p} \right)^2 + \frac{3}{4} \left(\frac{F}{F_p} \right)^2 + \frac{1}{4} \left(\frac{F}{F_p} \right)^3 = 1$$

8.设材料不可压,且服从 Mises 屈服准则,有一内外半径比为 $\beta = \dfrac{a}{b}$ 的封闭厚壁圆筒,承受内压 p 和扭矩 T 的同时作用,求使内、外表面同时达到屈服时的 $\dfrac{T}{p}$ 之值。

9.已知厚壁筒内、外半径分别为 a、b,材料的屈服极限为 σ_Y,采用 Mises 屈服条件,求在以下情况下筒内壁进入塑性状态时的弹性极限压力 p_e:

(1)两端封闭。

(2)两端自由,$\sigma_z = 0$。

(3)两端受约束,$\varepsilon_z = 0$。

10.已知无穷大薄板,为平面应力状态,在板中在一半径为 a 的圆孔,孔壁受均匀内压 p 的作用。试用 Tresca 屈服准则求出:

(1)孔壁 $r = a$ 处进入塑性状态时的压力 p_e。

(2)当 $p = \sigma_Y$ 时板内弹塑性分界半径 r_Y 的值。

11.环状平板内半径为 a、外半径为 b,孔壁受内压 p。若材料为理想弹塑性,服从 Mises 屈服准则,求:

(1)在弹塑性状态下,弹塑性分界半径 c 与内压 p 的关系。

(2)能使整个环屈服的最大 b/a 值及此时的塑性极限载荷 p_Y。

12.由屈服极限为 σ_Y 的理想弹塑性材料制成的,内半径为 a、外半径为 b 的厚壁球壳,受有内压 p 的作用。试用 Tresca 屈服准则求:

(1)弹性极限压力 p_e。

(2)塑性极限压力 p_Y。

(3)弹塑性交界半径 c 与压力 p 之间的关系。

(4)用 Mises 屈服准则计算和用 Tresca 屈服准则计算塑性状态的结果是否相同?

13.内半径为 a、外半径为 b 的匀质等厚旋转圆盘,由不可压缩的、拉压屈服应力为 σ_Y 的理想弹塑性材料制成。试用 Tresca 屈服准则求:

(1)弹性极限转速 ω_e。

(2)塑性极限转速 ω_p。

(3)弹塑性交界半径 c 与转速 ω 间的关系。

(4)极限状态时 σ_r 的表达式及其最大值。

第6章 主应力法理论基础及应用

6.1 主应力法的基本原理

主应力法:实质是将近似的应力平衡微分方程与塑性屈服准则联立求解,以求得接触面上应力分布的方法(也称为工程法、切块法)。

主应力法的基本原理如下:

(1) 根据实际情况将问题近似地按轴对称问题或平面问题来处理,如平板压缩、宽板轧制、圆柱体镦粗、棒材挤压和拉拔等,并选用相应的坐标系。对于形状复杂的变形体,可以根据金属流动的实际情况把它分成几个形状简单的部分,每一部分可以分别按照轴对称问题或平面问题来处理。

(2) 根据某瞬时变形体的变化趋势,选取包括接触面在内的单元块,或沿变形体部分截面切取含有边界条件已知的表面在内的基元体。假设非接触面上仅有均布的正应力即主应力,而接触面上有正应力和切应力(即摩擦力)。

(3) 假设接触面上的正应力即为主应力,切应力服从库仑摩擦条件 $\tau = \mu\sigma_n$ 或常摩擦条件 $\tau = \mu\sigma_s$。

(4) 列出基元体的力平衡方程,与近似屈服准则联解,求解接触面上的应力分布。

由于上述基本原理是以假设基元体上作用着均匀分布的主应力为基础的,因此被称为"主应力法"。

6.2 平面问题的主应力法求解流程

以圆柱体镦粗求变形力为例说明主应力的求解过程。如图 6.1 所示的平行模板间圆柱体镦粗,物体几何上轴对称,受载荷也是轴对称的,属于轴对称问题,适合于主应力法求解。

解题步骤:

(1) 切取基元块。

列力平衡方程(沿 r 向):

$$(\sigma_r + d\sigma_r)(r + dr)\,d\theta h - \sigma_r d\theta h - 2\sigma_\theta \sin\frac{d\theta}{2}drh + 2\tau r d\theta dr = 0$$

整理并略去高次项得平衡微分方程:

$$\frac{d\sigma_r}{dr} + \frac{2\tau}{h} + \frac{\sigma_r - \sigma_\theta}{r} = 0 \tag{6.1}$$

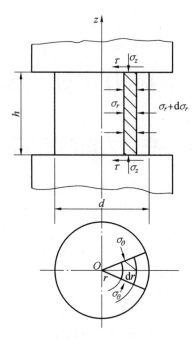

图 6.1   圆柱体镦粗时按切块法受力分析示意图

(2) 找 σ_r 与 σ_θ 的关系。

从 ε_r 与 ε_θ 的关系和应力应变关系式判别。

实心圆柱镦粗的径向应变为

$$\varepsilon_r = \frac{\mathrm{d}r}{r}$$

切向应变为

$$\varepsilon_\theta = \frac{2\pi(r+\mathrm{d}r) - 2\pi r}{2\pi r} = \frac{\mathrm{d}r}{r}$$

ε_r 与 ε_θ 相等,根据应力应变关系理论必然有

$$\sigma_r = \sigma_\theta \tag{6.2}$$

将式(6.2)代入式(6.1),可得

$$\frac{\mathrm{d}\sigma_r}{\mathrm{d}r} + \frac{2\tau}{h} = 0 \tag{6.3}$$

(3) 代入边界摩擦条件。

边界上可能存在的摩擦条件为

$$\tau = \begin{cases} \mu\sigma_s \\ 0 \\ \mu\sigma_z \end{cases}$$

设边界上选最大值,即

$$\tau = \frac{\sigma_s}{2} \tag{6.4}$$

超过此数值,工件与模板间的摩擦则由剪切所代替。

将式(6.4)代入式(6.3),可得

$$\frac{\mathrm{d}\sigma_r}{\mathrm{d}r} = -\frac{\sigma_s}{h} \tag{6.5}$$

(4)写出屈服准则的表达式。

由应变状态可见

$$\varepsilon_r = \varepsilon_\theta > 0, \quad \varepsilon_z < 0$$

根据应力应变顺序对应规律(考虑应力的正负)

$$(-\sigma_r) = (-\sigma_\theta) > (-\sigma_z)$$

此时的屈服准则可写为

$$\sigma_{\max} - \sigma_{\min} = \sigma_s$$

视 σ_r、σ_z 为主应力,则有

$$(-\sigma_r) = (-\sigma_z) = \sigma_s$$

即

$$\sigma_z - \sigma_r = \sigma_s \tag{6.6}$$

将式(6.6)微分,可得

$$\frac{\mathrm{d}\sigma_z}{\mathrm{d}r} = \frac{\mathrm{d}\sigma_r}{\mathrm{d}r} \tag{6.7}$$

由此可见,只要 $\tau =$ 常数,式(6.7)总是成立的。

(5)联立求解。

将屈服准则式(6.7)与微分方程式(6.5)联解

$$\frac{\mathrm{d}\sigma_z}{\mathrm{d}r} = -\frac{\sigma_s}{h} \tag{6.8}$$

可得

$$\mathrm{d}\sigma_z = -\frac{\sigma_s}{h}\mathrm{d}r$$

积分上式,得

$$\sigma_z = -\frac{\sigma_s}{h}r + C \tag{6.9}$$

当 $r = d/2$ 时,$\sigma_r = 0$,可得

$$\sigma_z = \sigma_s$$

将上式代入式(6.9),可求得定积分常数:

$$C = \sigma_s + \frac{\sigma_s}{h} \cdot \frac{d}{2}$$

(6)求接触面上压力分布公式。

将 C 代入式(6.16)得圆柱体镦粗压力分布公式:

$$\sigma_z = \sigma_s\left[1 + \frac{1}{h}\left(\frac{d}{2} - r\right)\right] \tag{6.10}$$

若边界摩擦 $\tau = \mu\sigma_z$ 时,则

$$\sigma_z = \sigma_s \exp\frac{2\mu(0.5d - r)}{h} \tag{6.11}$$

若边界摩擦 $\tau = \mu\sigma_s$ 时,则

$$\sigma_z = \sigma_s\left[1 + \frac{2\mu}{h}(0.5d - r)\right] \tag{6.12}$$

由以上式可知,边界条件对压力分布有很大的影响,图 6.2 所示为不同条件下接触表面上压力分布情况。

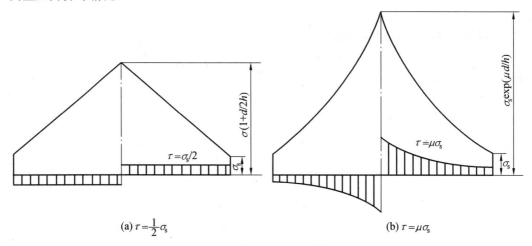

(a) $\tau = \dfrac{1}{2}\sigma_s$　　　　　　　　(b) $\tau = \mu\sigma_s$

图 6.2　不同条件下接触表面上压力分布情况

(7) 求总变形力。

沿接触平面积分即可得总变形力

$$p = \int_0^{0.5d} \sigma_z 2\pi r \mathrm{d}r$$

$$= \int_0^{0.5d} \sigma_s\left[1 + \frac{1}{h}\left(\frac{d}{2} - r\right)\right] 2\pi r \mathrm{d}r$$

$$= \frac{\pi d^2}{4}\sigma_s\left(1 + \frac{d}{6h}\right) \tag{6.13}$$

$$p = \frac{\pi d^2}{4} \cdot 2\sigma_s \frac{h^2}{\mu^2 d^2}\left(\mathrm{e}^{\frac{\mu d}{k}} - 1 - \frac{\mu d}{h}\right) \tag{6.14}$$

$$p = \frac{\pi d^2}{4}\sigma_s\left(1 + \frac{\mu d}{3h}\right) \tag{6.15}$$

(8) 求平均单位力。

若 $\tau = \sigma_s/2$ 时,则

$$p_\mathrm{m} = \sigma_s\left(1 + \frac{d}{6h}\right) \tag{6.16}$$

若 $\tau = \mu\sigma_z$ 时,则

$$p_\mathrm{m} = 2\sigma_s \frac{h^2}{\mu^2 d^2}\left(\mathrm{e}^{\frac{\mu d}{k}} - 1 - \frac{\mu d}{h}\right) \tag{6.17}$$

若 $\tau = \mu\sigma_s$ 时,则

$$p_\mathrm{m} = \sigma_s\left(1 + \frac{\mu d}{3h}\right) \tag{6.18}$$

式(6.16)可用于热锻,式(6.17)和式(6.18)可用于摩擦系数较小的冷变形情况。随着 μ 及 d/h 增大,平均单位变形力将迅速增大。

6.3　体积成形工程问题的主应力法解析

【例 6.1】　已知厚壁圆筒,内半径为 a,外半径为 b,受内压作用,如图 6.1 所示,材料屈服极限为 σ_s。试计算下列条件下筒壁进入塑性状态的内压力 p。

（1）厚壁筒两端封闭。

（2）厚壁筒两端自由,即 $\sigma_z = 0$。

解　（1）当内压力 p 较小时,整个厚壁圆筒处于弹性状态,假设材料是不可压缩的,取 $\mu = 0.5$,由弹性力学可求得此时的应力为

$$
\begin{cases}
\sigma_\rho = -\dfrac{p}{\dfrac{b^2}{a^2} - 1}\left(\dfrac{b^2}{r^2} - 1\right) \\[4mm]
\sigma_\theta = \dfrac{p}{\dfrac{b^2}{a^2} - 1}\left(\dfrac{b^2}{r^2} + 1\right) \\[4mm]
\sigma_z = \dfrac{1}{2}(\sigma_\rho + \sigma_\theta) = \dfrac{p}{\dfrac{a^2}{b^2} - 1}
\end{cases}
$$

由于厚壁圆筒是轴对称的,剪应力分量全部为零,σ_ρ、σ_z、σ_θ 为主应力。假设 $\sigma_1 \geqslant \sigma_2 \geqslant \sigma_3$,则 $\sigma_1 = \sigma_\theta, \sigma_2 = \sigma_z, \sigma_3 = \sigma_\rho$。

弹性状态的等效应力为

$$
\sigma_i = \frac{1}{\sqrt{2}}\sqrt{(\sigma_1 - \sigma_2)^2 + (\sigma_2 - \sigma_3)^2 + (\sigma_3 - \sigma_1)^2} = \frac{\sqrt{3}\,b^2}{\dfrac{b^2}{a^2} - 1} \cdot \frac{p}{r^2}
$$

易知最大的应力强度产生于筒的内壁,即

$$
(\sigma_i)_{max} = \frac{\sqrt{3}\,b^2}{\dfrac{b^2}{a^2} - 1} \cdot \frac{p}{a^2}
$$

根据米泽斯屈服准则,当 $(\sigma_i)_{max}$ 达到屈服应力 σ_s 时,内壁进入塑性状态,此时相应的内压力为

$$
p = \left(1 - \frac{a^2}{b^2}\right)\frac{\sigma_s}{\sqrt{3}}
$$

（2）同理可得弹性状态下应力分量为

$$
\begin{cases}
\sigma_\rho = -\dfrac{p}{\dfrac{b^2}{a^2} - 1}\left(\dfrac{b^2}{r^2} - 1\right) \\[4mm]
\sigma_\theta = \dfrac{p}{\dfrac{b^2}{a^2} - 1}\left(\dfrac{b^2}{r^2} + 1\right) \\[4mm]
\sigma_z = 0
\end{cases}
$$

最大的应力强度为

$$(\sigma_i)_{\max} = \frac{p}{\dfrac{b^2}{a^2} - 1} \cdot \sqrt{3\left(\dfrac{b^2}{a^2}\right)^2 + 1}$$

内壁进入塑性状态时,相应的内压力为

$$p = \frac{\sigma_s\left(\dfrac{b^2}{a^2} - 1\right)}{\sqrt{3}\sqrt{\left(\dfrac{b^2}{a^2}\right)^2 + \dfrac{1}{3}}} = \frac{\sigma_s\left(1 - \dfrac{a^2}{b^2}\right)}{\sqrt{3}\sqrt{1 + \dfrac{a^2}{3b^2}}}$$

【例 6.2】　一圆柱形 45 号钢件,尺寸为直径 500 mm、高 200 mm,室温下 $\sigma_s = 300$ MPa。将其在平行板间镦粗至高 160 mm,设 $\mu = 0.06$。求出所需的总压力。

解　镦粗时钢件的受力分析如图 6.1 所示。

沿 r 向列力平衡方程为

$$(\sigma_r + \mathrm{d}\sigma_r)(r + \mathrm{d}r)\mathrm{d}\theta h - \sigma_r \mathrm{d}\theta h - 2\sigma_\theta \sin\frac{\mathrm{d}\theta}{2}\mathrm{d}rh + 2\tau r\mathrm{d}\theta \mathrm{d}r = 0$$

整理并略去高次项得平衡微分方程

$$\frac{\mathrm{d}\sigma_r}{\mathrm{d}r} + \frac{2\tau}{h} + \frac{\sigma_r - \sigma_\theta}{r} = 0$$

实心圆柱镦粗的径向应变为

$$\varepsilon_r = \frac{\mathrm{d}r}{r}$$

切向应变为

$$\varepsilon_\theta = \frac{2\pi(r + \mathrm{d}r) - 2\pi r}{2\pi r} = \frac{\mathrm{d}r}{r}$$

两者相等,根据应力应变关系理论必然有 $\sigma_r = \sigma_\theta$。故平衡微分方程可写为

$$\frac{\mathrm{d}\sigma_r}{\mathrm{d}r} + \frac{2\tau}{h} = 0$$

将边界摩擦条件 $\tau = \mu\sigma_s$ 代入上式,得

$$\frac{\mathrm{d}\sigma_r}{\mathrm{d}r} = -\frac{2\mu\sigma_s}{h}$$

由屈服准则知

$$(-\sigma_r) - (-\sigma_z) = \sigma_s$$

即

$$\sigma_z - \sigma_r = \sigma_s$$

将上式微分,可得

$$\frac{\mathrm{d}\sigma_z}{\mathrm{d}r} = \frac{\mathrm{d}\sigma_r}{\mathrm{d}r}$$

联立如下方程式

$$\begin{cases} \dfrac{\mathrm{d}\sigma_r}{\mathrm{d}r} = -\dfrac{2\mu\sigma_s}{h} \\[2mm] \dfrac{\mathrm{d}\sigma_z}{\mathrm{d}r} = \dfrac{\mathrm{d}\sigma_r}{\mathrm{d}r} \end{cases}$$

可求得

$$\mathrm{d}\sigma_z = -\frac{2\mu\sigma_s}{h}\mathrm{d}r$$

将上式积分,得

$$\sigma_z = -\frac{2\mu\sigma_s}{h}r + C$$

当 $r = d/2$ 时,$\sigma_r = 0$,可得,$\sigma_z = \sigma_s$,则

$$C = \sigma_s + \frac{2\mu\sigma_s}{h}\cdot\frac{d}{2}$$

将 C 值代入 $\sigma_z = -\frac{2\mu\sigma_s}{h}r + C$,故可得圆柱体镦粗时的压力分布公式:

$$\sigma_z = \sigma_s\left[1 + \frac{2\mu}{h}\left(\frac{d}{2} - r\right)\right]$$

总压力为

$$
\begin{aligned}
p &= \int_0^{0.5d}\sigma_z 2\pi r\mathrm{d}r \\
&= \int_0^{0.5d}\sigma_s\left[1 + \frac{2\mu}{h}\left(\frac{d}{2} - r\right)\right]2\pi r\mathrm{d}r \\
&= \frac{\pi d^2}{4}\sigma_s\left(1 + \frac{\mu d}{3h}\right)
\end{aligned}
$$

根据体积不变条件,圆柱体压缩后直径为

$$d = \sqrt{\frac{h_0 d_0^{\,2}}{h}} = \sqrt{\frac{200 \times 500^2}{160}} = 559.0\ (\mathrm{mm})$$

总压力为

$$
\begin{aligned}
p &= \frac{3.14 \times 559.0^2}{4} \times 300 \times \left(1 + \frac{0.06 \times 559.0}{3 \times 160}\right) \\
&= 7.9 \times 10^4 (\mathrm{kN})
\end{aligned}
$$

【例 6.3】　用主应力法求出平行板镦粗无限长矩形料时接触面上的正应力 σ_z 和单位变形力 p。已知高为 h,宽为 a,如图 6.3 所示。(设接触面上摩擦应力 $\tau = \mu\sigma_s$)

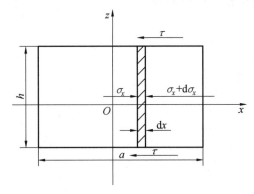

图 6.3　无限长矩形料受力分析图

解　材料无限长,故长度方向应变近似为零,因此可看作平面应变问题。

矩形料镦粗时按切块法受力分析如图 6.3 所示。

基元块 x 方向力平衡方程为

$$\sigma_x h - (\sigma_x + \mathrm{d}\sigma_x) h - 2\tau \mathrm{d}x = 0$$

即

$$\frac{\mathrm{d}\sigma_x}{\mathrm{d}x} + \frac{2\tau}{h} = 0$$

将接触面上摩擦应力 $\tau = \mu\sigma_s$ 代入上式,得

$$\mathrm{d}\sigma_x = -2\mu\sigma_s \frac{\mathrm{d}x}{h}$$

根据 Mises 屈服准则,有

$$\sigma_z - \sigma_x = \beta\sigma_s$$

对于平面应变问题 $\beta = \dfrac{2}{\sqrt{3}}$,代入上式,得

$$\sigma_z - \sigma_x = \frac{2}{\sqrt{3}}\sigma_s$$

将上式微分,得

$$\mathrm{d}\sigma_x = \mathrm{d}\sigma_z$$

即

$$\mathrm{d}\sigma_z = -2\mu\sigma_s \frac{\mathrm{d}x}{h}$$

将上式积分,得

$$\sigma_z = -2\mu\sigma_s \frac{x}{h} + C$$

当 $x = \dfrac{a}{2}$ 时,$\sigma_x = 0$,代入 $\sigma_z - \sigma_x = \dfrac{2}{\sqrt{3}}\sigma_s$,得

$$\sigma_z = \frac{2}{\sqrt{3}}\sigma_s$$

将上式代入 $\sigma_z = -2\mu\sigma_s \dfrac{x}{h} + C$,得

$$C = \frac{2}{\sqrt{3}}\sigma_s + \frac{a\mu\sigma_s}{h}$$

将 C 值代入 $\sigma_z = -2\mu\sigma_s \dfrac{x}{h} + C$,得

$$\sigma_z = \frac{2}{\sqrt{3}}\sigma_s + \frac{\mu\sigma_s}{h}(a - 2x)$$

单位变形力为

$$p = \frac{1}{la}\int \sigma_z \mathrm{d}x$$

$$= \frac{2}{la}\int_0^{\frac{a}{2}} \left[\frac{2}{\sqrt{3}}\sigma_s + \frac{\mu\sigma_s}{h}(a - 2x) \right] \mathrm{d}x$$

$$=\frac{2}{\sqrt{3}}\sigma_{s}+\frac{\mu a\sigma_{s}}{2h}$$

【例 6.4】　按单一黏着区考虑,用主应力法推导出粗糙平砧压缩矩形薄板(图 6.4)时的变形应力公式 $\sigma_{y}=-K_{f}\Big(1+\dfrac{W-2x}{2h}\Big)$ (已知 $\tau_{k}=\dfrac{K_{f}}{2}$)。

解　x 方向力平衡方程为

$$\sigma_{x}\cdot h-(\sigma_{x}-\mathrm{d}\sigma_{x})\cdot h-2\tau_{k}\cdot\mathrm{d}x=0$$

屈服准则为

$$\begin{cases}\sigma_{x}-\sigma_{y}=0\\\sigma_{x}-\sigma_{y}=2k\end{cases}\rightarrow\mathrm{d}\sigma_{x}-\mathrm{d}\sigma_{y}=0$$

联立式(a)、式(b),可得

$$\frac{\mathrm{d}\sigma_{x}}{\mathrm{d}x}+\frac{2\tau_{k}}{h}=0$$

由已知条件可知

$$\tau_{k}=-\frac{K_{f}}{2}$$

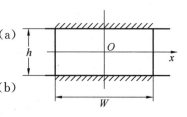

图 6.4　粗糙平砧压缩矩形薄板

将上式代入 $\dfrac{\mathrm{d}\sigma_{x}}{\mathrm{d}x}+\dfrac{2\tau_{k}}{h}=0$,得

$$\frac{\mathrm{d}\sigma_{x}}{\mathrm{d}x}-\frac{K_{f}}{h}=0$$

由 $\mathrm{d}\sigma_{x}-\mathrm{d}\sigma_{y}=0$ 可得

$$\frac{\mathrm{d}\sigma_{y}}{\mathrm{d}x}-\frac{K_{f}}{h}=0$$

将上式积分,得

$$\sigma_{y}=\frac{K_{f}}{h}x+C$$

由力边界条件,$x=\dfrac{W}{2}$ 时,$\sigma_{x}=0$,代入屈服方程 $\sigma_{x}-\sigma_{y}=K_{f}$,得

$$\sigma_{y}=-K_{f}$$

即

$$-K_{f}=\frac{K_{f}}{h}\cdot\frac{W}{2}+C$$

得

$$C=-K_{f}\Big(1+\frac{W}{2h}\Big)$$

将 C 值代入 $\sigma_{y}=\dfrac{K_{f}}{h}x+C$,得

$$\sigma_{y}=-K_{f}\Big(1+\frac{W-2x}{2h}\Big)$$

6.4   板材成形工程问题的主应力法解析

【例 6.5】   试求板料在拉深过程中凸缘部分变形时的应力,其尺寸和受力如图 6.5 所示。

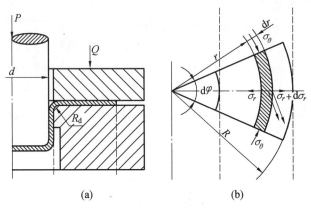

图 6.5   板料凸缘部分的拉深

解   在变形区内板料半径 r 处截取一宽度为 dr,夹角为 $d\varphi$ 的扇形基元体,如图 6.5(b) 所示。

沿径向列基元体的力平衡方程为

$$(\sigma_r + d\sigma_r)(r + dr) d\varphi h - \sigma_r r d\varphi h + 2\sigma_\theta dr h \sin\frac{d\varphi}{2} = 0$$

由于 $\sin\dfrac{d\varphi}{2} \approx \dfrac{d\varphi}{2}$,展开上式并忽略高阶无穷小量,得

$$d\sigma_r = -(\sigma_r + \sigma_\theta)\frac{dr}{r}$$

由 Mises 屈服准则知 $\sigma_r - (-\sigma_\theta) = \beta\sigma_s$,与上式联解并积分,得

$$\sigma_r = -\beta\sigma_s \ln Cr$$

式中,β 为中间主应力影响系数,对于平面应力问题 $\beta = 1.1$,可得

$$\sigma_r = -1.1\sigma_s \ln Cr$$

利用边界条件确定积分常数 C,当 $r = R$ 时,$\sigma_r = 0$,代入上式,可得

$$C = \frac{1}{R}$$

故求得塑性圆筒的应力解为

$$\begin{cases} \sigma_r = 1.1\sigma_s \ln \dfrac{R}{r} \\[3mm] \sigma_\theta = 1.1\sigma_s \left(1 - \ln \dfrac{R}{r}\right) \end{cases}$$

【例 6.6】   试求无硬化宽版大塑性变形弯曲时的外层和内侧主应力的大小,如图 6.6 所示。

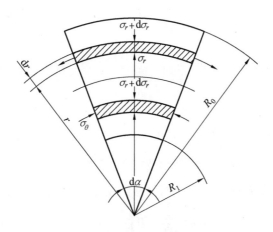

图 6.6　无硬化宽版大塑性变形弯曲

解　在变形区内外层半径 r 处,沿截面厚度方向分别切取一厚度为 $\mathrm{d}r$、中心角为 $\mathrm{d}\alpha$、单位宽度的扇形基元体,如图 6.6 所示。

沿厚度方向列基元体的力平衡方程为

$$\sigma_r r \mathrm{d}\alpha - (\sigma_r + \mathrm{d}\sigma_r)(r + \mathrm{d}r)\mathrm{d}\alpha - 2\sigma_\theta \mathrm{d}r\sin\frac{\mathrm{d}\alpha}{2} = 0$$

由于 $\sin\dfrac{\mathrm{d}\varphi}{2} \approx \dfrac{\mathrm{d}\varphi}{2}$,展开上式并忽略高阶无穷小量,得

$$\mathrm{d}\sigma_r = -(\sigma_r + \sigma_\theta)\frac{\mathrm{d}r}{r}$$

由 Mises 屈服准则知 $\sigma_r - (-\sigma_\theta) = \beta\sigma_s$,与上式联解积分得

$$\sigma_r = -\beta\sigma_s \ln Cr$$

式中,β 为中间主应力影响系数,对于平面应变问题 $\beta = \dfrac{2}{\sqrt{3}}$,代入上式,得

$$\sigma_r = -\frac{2}{\sqrt{3}}\sigma_s \ln Cr$$

利用边界条件确定积分常数 C,当 $r = R_0$,$\sigma_r = 0$,代入上式,可得

$$C = \frac{1}{R_0}$$

则

$$\sigma_r = \frac{2}{\sqrt{3}}\sigma_s \ln\frac{R_0}{r}$$

将上式代入 Mises 屈服准则 $\sigma_r - (-\sigma_\theta) = \beta\sigma_s$,并利用 σ_B 为平面应变状态的中间主应力,可得 3 个主应力为

$$
\begin{cases}
\sigma_r = \dfrac{2}{\sqrt{3}}\sigma_s \ln \dfrac{R_0}{r} \\[2mm]
\sigma_\theta = \dfrac{2}{\sqrt{3}}\sigma_s \left(1 - \ln \dfrac{R_0}{r}\right) \\[2mm]
\sigma_B = \dfrac{2}{\sqrt{3}}\sigma_s \left(0.5 - \ln \dfrac{R_0}{r}\right)
\end{cases}
$$

同理可知,内层基元体的微分方程为

$$
\mathrm{d}\sigma_r = (\sigma_\theta - \sigma_r)\frac{\mathrm{d}r}{r}
$$

内层金属应力状态为同号,Mises 屈服准则 $\sigma_r - \sigma_\theta = \beta\sigma_s$,代入边界条件,整理后得

$$
\begin{cases}
\sigma_r = \dfrac{2}{\sqrt{3}}\sigma_s \ln \dfrac{r}{R_1} \\[2mm]
\sigma_\theta = \dfrac{2}{\sqrt{3}}\sigma_s \left(1 + \ln \dfrac{r}{R_1}\right) \\[2mm]
\sigma_B = \dfrac{2}{\sqrt{3}}\sigma_s \left(0.5 + \ln \dfrac{r}{R_1}\right)
\end{cases}
$$

【例 6.7】 正挤压模的基本形式如图 6.7 所示,图中 Ⅰ 为已变形的圆柱形出口部分,Ⅱ 为锥形变形区,Ⅲ 为待变形的凸模下直筒部分。假设各区与凹模接触面上摩擦系数分别为 μ_1、μ_2、μ_3,各区的流动应力为 σ_{s1}、σ_{s2}、σ_{s3}。求取圆柱形出口部分的单位变形力。

解 对变形力有影响的是图中高度为 h_1 的材料,该区处于弹性变形状态,为便于计算,假设该区域处于临界弹塑性状态,各应力分量满足屈服准则。在区域 Ⅰ 切取直径为 d_1、厚度为 $\mathrm{d}z$ 的基元体。

沿单元体轴向方向列力平衡方程为

$$
(\sigma_{z1} + \mathrm{d}\sigma_{z1})\frac{\pi d_1^{\,2}}{4} - \sigma_{z1}\frac{\pi d_1^2}{4} - \tau_1 \pi d_1 d_z = 0
$$

化简得

$$
\mathrm{d}\sigma_{z1} = \frac{4\tau_1}{d_1}\mathrm{d}z
$$

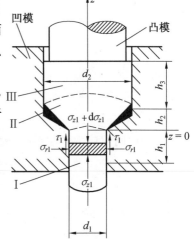

图 6.7 正挤压模的基本形式

在凹模出口处,$z = -h_1$,$\sigma_{z1} = 0$,在不同摩擦条件下根据边界条件和塑性屈服准则求出的积分常数和轴向应力表达式相同,即

$$
\sigma_{z1} = \frac{4\mu_1 \sigma_{s1}}{d_1}(h_1 + z)
$$

当 $z = 0$ 时,位于 Ⅰ、Ⅱ 区交界处,σ_{z1} 为最大值,代入上式得

$$
\sigma_{z1} = 4\mu_1 \sigma_{s1}\frac{h_1}{d_1}
$$

即圆筒形出口部分所需施加的单位变形力为

$$p_1 = 4\mu_1\sigma_{s1}\frac{h_1}{d_1}$$

【例 6.8】　试求例 6.7 中锥形变形区(图 6.8)部分的单位变形力。

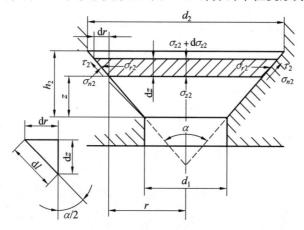

图 6.8　正挤压模的锥形变形区

解　为了简化计算,将变形区 Ⅱ 与 Ⅰ、Ⅲ 两区的球面分界面近似以平面代替。在变形区高度为 z 处截取厚度为 dz 的基元体,如图 6.8 所示。

基元体沿 z 轴方向上的力平衡方程为

$$(\sigma_{z2} + d\sigma_{z2})\pi(r+dr)^2 - \sigma_{z2}\pi r^2 - 2\pi r\left(\tau_2 + \sigma_{n2}\tan\frac{\alpha}{2}\right)dz = 0$$

化简并忽略高阶无穷小量,整理得

$$2\left(\tau_2 + \sigma_{n2}\tan\frac{\alpha}{2}\right)dz - rd\sigma_{z2} - 2\sigma_{z2}dr = 0 \tag{a}$$

由图 6.8 中的几何关系可得

$$\begin{cases} dr = dz\tan\dfrac{\alpha}{2} \\[2mm] r = \dfrac{d_1}{2} + z\tan\dfrac{\alpha}{2} \end{cases} \tag{b}$$

列出基元体在径向的力学平衡条件,化简得

$$\sigma_{n2} = \sigma_{r2} + \tau_2\tan\frac{\alpha}{2} \tag{c}$$

将式(b)、式(c)代入式(a),整理得

$$d\sigma_{z2} = \frac{2\left[\tau_2\left(1 + \tan^2\dfrac{\alpha}{2}\right) + (\sigma_{r2} - \sigma_{z2})\tan\dfrac{\alpha}{2}\right]}{\dfrac{d_1}{2} + z\tan\dfrac{\alpha}{2}}dz$$

变形区的塑性屈服准则为 $\sigma_{r2} - \sigma_{z2} = \sigma_{s2}$,设凹模锥角处满足常摩擦条件 $\tau_2 = \mu_2\sigma_{s2}$,代入上式得

$$\mathrm{d}\sigma_{z2} = \frac{2\sigma_{s2}\left[\mu_2\left(1+\tan^2\dfrac{\alpha}{2}\right)+\tan\dfrac{\alpha}{2}\right]}{\dfrac{d_1}{2}+z\tan\dfrac{\alpha}{2}}\mathrm{d}z$$

将上式积分,得

$$\sigma_{z2} = 2K\sigma_{s2}\ln\left(\frac{d_1}{2}+z\tan\frac{\alpha}{2}\right)+C$$

式中,$K = \dfrac{\mu_2\left(1+\tan^2\dfrac{\alpha}{2}\right)+\tan\dfrac{\alpha}{2}}{\tan\dfrac{\alpha}{2}}$。

当 $z=0$ 时,位于变形区 Ⅰ 和变形区 Ⅱ 边界,$\sigma_{z1}=\sigma_{z2}=p_1$,代入上式,可求得积分常数 C 为

$$C = p_1 - 2K\sigma_{s2}\ln\frac{d_1}{2}$$

将 C 值代入 $\sigma_{z2}=2K\sigma_{s2}\ln\left(\dfrac{d_1}{2}+z\tan\dfrac{\alpha}{2}\right)+C$,得

$$\sigma_{z2} = p_1 + 2K\sigma_{s2}\ln\left(\frac{d_1+z\tan\dfrac{\alpha}{2}}{d_1}\right)$$

当 $z=h_2$ 时,得到变形区 Ⅱ 与直筒部分交界处的轴向应力为

$$p_2 = p_1 + 2K\sigma_{s2}\ln\left(\frac{d_1+2h_2\tan\dfrac{\alpha}{2}}{d_1}\right)$$

由图 6.8 所示几何关系可知,$d_2 = d_1 + 2h_2\tan\dfrac{\alpha}{2}$,代入上式,得

$$p_2 = p_1 + 2K\sigma_{s2}\ln\frac{d_2}{d_1}$$

习　　题

1. 主应力法的求解原理是什么? 为什么说是一种近似计算法?

2. 图 6.9 为一圆柱体在平砧间镦粗的示意图,侧面有均匀作用力 σ_0,试用主应力法求接触面上压力 σ_z 及单位压力 P_{m}。

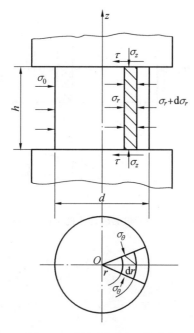

图 6.9　圆柱体平砧间镦粗

3. 薄壁圆筒两端约束受内压力 p 的作用,尺寸为直径 50 cm、厚度 5 mm,其屈服极限为 300 N/mm²,试用米泽斯和特雷斯卡屈服准则求出圆筒的屈服应力,若考虑 σ_r 时,求其结果。

4. 平砧间压缩圆柱体如图 6.10 所示。已知几何尺寸直径 D、高 H,设接触面上的摩擦应力 $\tau_k = mk$,求载荷 P,由此说明与试验中载荷因子 m 的关系。

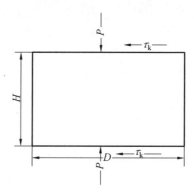

图 6.10　平砧间压缩圆柱体

5. 试用主应力法推导出全黏着摩擦条件下平砧均匀压缩带包套圆柱体(图 6.11) 时的接触正应力 σ_z 的表达式,并比较包套与不包套条件下哪种接触面正压力 $|\sigma_z|$ 更大?已知 $|\tau_k| = |\sigma_r/\sqrt{3}|$,包套径向力为 $|\sigma_a|$。

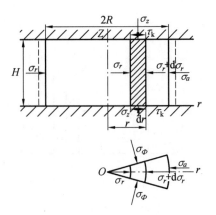

图 6.11   带包套圆柱体的平砧均匀压缩

第7章 滑移线场理论基础及应用

7.1 平面应变问题的基本方程

当物体的形状是很长的或两端固定的等截面柱体,同时所受载荷与横截面平行且其分布沿长度不变,可以按照平面应变问题来处理。平面应变问题的变形特点是沿长度(z轴)方向的应变为零,横截面(xy平面)内的应变与z无关,即

$$\begin{cases} \varepsilon_x = \varepsilon_x(x,y), & \varepsilon_y = \varepsilon_y(x,y), & \gamma_{xy} = \gamma_{xy}(x,y) \\ \varepsilon_z = 0, & \gamma_{zx} = 0, & \gamma_{yz} = 0 \end{cases} \tag{7.1}$$

在工程中遇到的一些问题,如金属成形加工中的辊轧、抽拉等,以及土木工程中的挡土墙和重力坝等问题,都可近似按平面应变问题进行处理。

从梁的弯曲、柱体的扭转、厚壁圆筒和旋转圆盘等问题中看到,随着外载的增加,一般都要先后经历弹性状态、弹塑性状态(约束塑性变形状态)和极限状态(无限塑性变形状态)这3种状态。极限状态是与材料的理想化(忽略材料的强化,即假设为理想塑性的)相联系的,它指的是当外载达到物体或结构的极限载荷时,载荷无须继续增长,也将产生无限的塑性变形。在工程上,不论是利用无限塑性流动来对金属进行成形加工的大变形问题,还是防止无限塑性流动避免结构破损的小变形问题,都需要知道物体或结构的极限状态和极限载荷。

如果目的只是确定极限载荷,就无须从弹塑性状态一步步求解,而可以采用刚塑性模型分析。所得出的极限状态和极限载荷将同弹塑性分析所得的结果一样。因此,将研究理想刚塑性材料在平面应变条件下的极限状态和极限载荷。由于忽略弹性变形,以下所讲的刚性区实际上将包括弹性区以及与弹性变形同量级的约束塑性变形区。

从式(7.1)可知,在平面应变条件下,塑性流动具有下列特征:

(1)流动平行于某一固定平面(如xy平面)。

(2)流动与垂直于该平面的坐标(如z)无关。

于是,速度场为

$$v_x = v_x(x,y), \quad v_y = v_y(x,y), \quad v_z = 0 \tag{7.2}$$

相应的应变率张量为

$$\dot{\boldsymbol{\varepsilon}}_{ij} = \begin{bmatrix} \dfrac{\partial v_x}{\partial x} & \dfrac{1}{2}\left(\dfrac{\partial v_x}{\partial y} + \dfrac{\partial v_y}{\partial x}\right) & 0 \\ \dfrac{1}{2}\left(\dfrac{\partial v_x}{\partial y} + \dfrac{\partial v_y}{\partial x}\right) & \dfrac{\partial v_y}{\partial y} & 0 \\ 0 & 0 & 0 \end{bmatrix} \tag{7.3}$$

即只有$\dot{\varepsilon}_x$、$\dot{\varepsilon}_y$和$\dot{\gamma}_{xy}$ 3个应变率分量不为零。

下面采用 Mises 屈服准则和与其相关联的流动法则。在理想刚塑性的情形下，就是 Levy－Mises 关系，即

$$\dot{\boldsymbol{\varepsilon}}_{ij} = \dot{\lambda}\boldsymbol{s}_{ij} \tag{7.4}$$

由式(7.4)可知：在平面应变问题中 $\tau_{xz} = \tau_{yz} = 0$，因而 z 为一主方向，σ_z 为一主应力。

$$s_z = \sigma_z - \frac{1}{3}(\sigma_x + \sigma_y + \sigma_z) = \frac{1}{3}(2\sigma_z - \sigma_x - \sigma_y) = 0$$

于是

$$\sigma_z = \frac{1}{2}(\sigma_x + \sigma_y) = \sigma_m \tag{7.5}$$

这表明 σ_z 永远是中间主应力，它也就等于平均正应力 σ_m。

这样，塑性区内任一点的应力张量和应力偏张量分别为

$$\boldsymbol{\sigma}_{ij} = \begin{bmatrix} \sigma_x & \tau_{xy} & 0 \\ \tau_{xy} & \sigma_y & 0 \\ 0 & 0 & \dfrac{\sigma_x + \sigma_y}{2} \end{bmatrix} \tag{7.6}$$

和

$$\boldsymbol{s}_{ij} = \begin{bmatrix} \dfrac{\sigma_x - \sigma_y}{2} & \tau_{xy} & 0 \\ \tau_{xy} & \dfrac{\sigma_y - \sigma_x}{2} & 0 \\ 0 & 0 & 0 \end{bmatrix} \tag{7.7}$$

而未知的应力分量只有 σ_x、σ_y、τ_{xy} 3 个分量。

平面应变问题的基本方程组包括：

(1) 平衡方程。

讨论即将开始流动的瞬时，不计体力和惯性力，且考虑到各量与 z 无关，故有

$$\begin{cases} \dfrac{\partial \sigma_x}{\partial x} + \dfrac{\partial \tau_{xy}}{\partial y} = 0 \\ \dfrac{\partial \tau_{xy}}{\partial x} + \dfrac{\partial \sigma_y}{\partial y} = 0 \end{cases} \tag{7.8}$$

(2) 屈服准则。

将式(7.7)代入 Mises 屈服准则 $J_2' = \dfrac{1}{2}s_{ij}s_{ij} = k^2$，就有

$$\left(\frac{\sigma_x - \sigma_y}{2}\right)^2 + \tau_{xy}^2 = k^2 \tag{7.9}$$

式中，$k = \tau_Y$，是材料的剪切屈服应力。采用 Tresca 屈服准则所得的表达式也相同。于是

刚性区：

$$(\sigma_x - \sigma_y)^2 + 4\tau_{xy}^2 \leqslant 4k^2 \tag{7.10a}$$

塑性区：

$$(\sigma_y - \sigma_y)^2 + 4\tau_{xy}^2 = 4k^2 \tag{7.10b}$$

（3）本构关系。

按 Levy － Mises 关系式(7.4)，有

$$\frac{\frac{\partial v_x}{\partial x}}{\frac{\sigma_x - \sigma_y}{2}} = \frac{\frac{\partial v_y}{\partial y}}{\frac{\sigma_y - \sigma_x}{2}} = \frac{\frac{1}{2}\left(\frac{\partial v_x}{\partial y} + \frac{\partial v_y}{\partial x}\right)}{\tau_{xy}} = \dot{\lambda} \tag{7.11}$$

或即

$$\frac{\frac{\partial v_x}{\partial x} - \frac{\partial v_y}{\partial y}}{\sigma_x - \sigma_y} = \frac{\frac{\partial v_x}{\partial y} + \frac{\partial v_y}{\partial x}}{2\tau_{zy}} \tag{7.12}$$

（4）体积不变条件。

由于忽略弹性变形，材料成为不可压缩的，故有

$$\dot{\varepsilon}_{kk} = 0 \tag{7.13}$$

或即

$$\frac{\partial v_x}{\partial x} + \frac{\partial v_y}{\partial y} = 0 \tag{7.14}$$

注意到方程式(7.12)和式(7.14)是关于速度的齐次方程，因此和时间度量无关，可以选取任意单调增长的参量作为时间的度量。

这样，在塑性区有 5 个方程，即式(7.8)、式(7.9)、式(7.12)和式(7.14)，求 5 个未知量 σ_x、σ_y、τ_{xy}、v_x、v_y；而在刚性区内要求应力满足整体平衡条件，且不违背屈服准则以及 v_x、v_y 为零或做刚体运动。如果塑性区的边界条件都是应力边界条件，结合平衡和屈服准则，即式(7.8)和式(7.9)，共 3 个方程就能将 σ_x、σ_y、τ_{xy} 解出。这时，在塑性区求应力就是一个静定问题。应力场确定后，则由式(7.12)、式(7.14)不难确定速度场。

除了应力边界条件和速度边界条件外，在刚塑性交界线 Γ 处，应力和速度也应满足一定的条件。设 Γ 的法向和切向以 n 和 t 表示，从应力平衡要求 σ_n 和 τ_{nt} 是连续的，但可允许 σ_t 有间断。在准静态问题中，密度是连续的，因而对速度场，从质量守恒的角度来说要求 v_n 连续，但可允许 v_t 有间断，即允许塑性区相对于刚性区有一个滑动。

从形式上看，理想刚塑性平面应变问题是可以得到解答的。但由于塑性本构关系是非线性的，因而在求解过程中，往往会遇到许多数学上的困难。20 世纪初，Hencky 首先根据平面塑性应变问题的一些特点，提出了滑移线场理论，从而研究塑性变形过程中的力学参数，为解决塑性加工工艺中的塑性问题和模具设计提供了依据。下面的内容将重点介绍滑移线场理论及用它求解工程实际问题的典型范例。

7.2　滑移线及其几何性质

7.2.1　应力方程和滑移线

先对应力分量满足的平衡方程式(7.8)和一个屈服准则式(7.9)做一些演变，以揭示平面应变问题中应力分布的特点。

首先看到,屈服准则式(7.9),即

$$\left(\frac{\sigma_x - \sigma_y}{2}\right)^2 + \tau_{xy}^2 = k^2$$

对应于材料力学中半径为 k 的一个应力 Mohr 圆,如图 7.1 所示,它描述了 xy 平面上的应力状态。以 σ_1、σ_2 代表平面内的主应力,且规定 $\sigma_1 \geqslant \sigma_2$,则由图 7.1 易见

$$\begin{cases} \sigma = \dfrac{\sigma_1 + \sigma_2}{2}, & k = \dfrac{\sigma_1 - \sigma_2}{2} \\ \sigma_1 = \sigma + k, & \sigma_2 = \sigma - k \end{cases} \tag{7.15}$$

且有

$$\begin{cases} \sigma_x = \sigma + k\cos 2\phi \\ \sigma_y = \sigma - k\cos 2\phi \\ \tau_{xy} = k\sin 2\phi \end{cases} \tag{7.16}$$

式中,ϕ 表示从 x 轴逆时针旋转到 σ_1 方向的转角,这时在应力 Mohr 圆上从 x 点到 σ_1 点相应地转过 2ϕ。图 7.1 中 x 点的 $\tau_n < 0$,而式(7.16)中 $\tau_{xy} > 0$,这是由于材料力学和弹性力学对剪应力的符号规定相差一个负号,即 $\tau_n = -\tau_{nt}$,在以 x 轴为法向的面元上 τ_{nt} 就是 τ_{xy}。

式(7.15)说明,塑性区内任意一点的应力状态由静水应力 σ 和纯剪应力 τ 叠加而成,如图 7.2 所示。最大剪应力方向外与主应力夹角为 $\pm 45°$。规定从 σ_1 顺时针转过 $45°$ 转到的最大剪应力方向为 α 方向,另一个则是 β 方向。若从 x 轴逆时针转过 θ 角到 α 方向,则从图 7.2 可以看出 $\phi = \theta + 45°$。因而

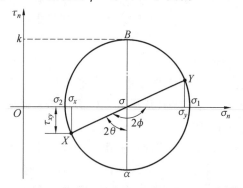

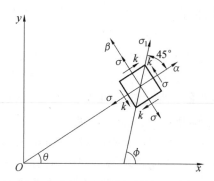

图 7.1　应力 Mohr 圆　　　　　　　图 7.2　塑性区任意一点的应力状态

$$\cos 2\phi = -\sin 2\theta, \quad \sin 2\phi = \cos 2\theta$$

代入式(7.16)得

$$\begin{cases} \sigma_s = \sigma - k\sin 2\theta \\ \sigma_y = \sigma + k\sin 2\theta \\ \tau_{xy} = k\cos 2\theta \end{cases} \tag{7.17}$$

由于这样构造出来的 σ_x、σ_y、τ_{xy} 自动满足屈服准则,所以求 σ_x、σ_y、τ_{xy} 的问题就变成求 $\sigma(x,y)$ 和 $\theta(x,y)$ 问题。换句话说,利用屈服准则,3 个未知函数减少为两个未知函数。

将式(7.17)代入平衡方程式(7.8),得到

$$
\begin{cases}
\dfrac{\partial \sigma}{\partial x} - 2k\left(\cos 2\theta\, \dfrac{\partial \theta}{\partial x} + \sin 2\theta\, \dfrac{\partial \theta}{\partial y}\right) = 0 \\[3mm]
\dfrac{\partial \sigma}{\partial y} - 2k\left(\sin 2\theta\, \dfrac{\partial \theta}{\partial x} - \cos 2\theta\, \dfrac{\partial \theta}{\partial y}\right) = 0
\end{cases}
\tag{7.18}
$$

这是含有未知函数 $\sigma(x,y)$ 和 $\theta(x,y)$ 的一阶偏导数的非线性微分方程组。可以证明,这个方程组属于双曲型。事实上,将式(7.18)的第一式对 y 微分,第二式对 x 微分,然后相减可得

$$
-\frac{\partial^2 \theta}{\partial x^2} + 2\cot 2\theta\, \frac{\partial^2 \theta}{\partial x \partial y} + \frac{\partial^2 \theta}{\partial y^2} - 4\frac{\partial \theta}{\partial x}\frac{\partial \theta}{\partial y} + 2\cot 2\theta\left[\left(\frac{\partial \theta}{\partial x}\right)^2 + \left(\frac{\partial \theta}{\partial y}\right)^2\right] = 0 \quad (7.19)
$$

写成一般形式是

$$
A\frac{\partial^2 \theta}{\partial x^2} + 2B\frac{\partial^2 \theta}{\partial x \partial y} + C\frac{\partial^2 \theta}{\partial y^2} + F\left(x,y,\theta,\frac{\partial \theta}{\partial x},\frac{\partial \theta}{\partial y}\right) = 0
$$

其特征方程是

$$
A\,(\mathrm{d}y)^2 - 2B\mathrm{d}x\mathrm{d}y + C\,(\mathrm{d}x)^2 = 0
$$

相应的特征方向是

$$
\frac{\mathrm{d}y}{\mathrm{d}x} = \frac{B \pm \sqrt{B^2 - AC}}{A}
$$

方程式(7.19)的判别式为 $B^2 - AC = \csc^2 2\theta > 0$,故有两个实的特征方向

$$
\frac{\mathrm{d}y}{\mathrm{d}x} = \begin{cases} \tan \theta, & \alpha\ \text{方向} \\ -\cot \theta, & \beta\ \text{方向} \end{cases}
\tag{7.20}
$$

由此可见,方程组(7.18)的确为双曲型,具有两族实特征线,且特征方向就是极值剪应力所在的 α、β 方向。因为 α、β 线是极值剪应力线,习惯上称为滑移线(slip-line),因此应力方程组(7.18)的特征线就是滑移线。

在塑性区内的每一点都可以找到一对正交的特征方向或即滑移方向。于是,在塑性区内可以作出两组正交的连续曲线,曲线上的每一点的切线方向即为该点的极值剪应力方向,所以它们是极值剪应力的方向线。在塑性区内布满了这种正交网络,称为滑移线场(slip-line field)。

在塑性区内的滑移线场包含两族正交的滑移线:一族曲线称为 α 族滑移线;另一族曲线称为 β 族滑移线。在处理具体问题时,正确地判定 α、β 族滑移线是正确使用下述特征线方法解决问题的前提。具体判定方法将在 7.4 节和 7.5 节中给出。

下面就用特征线方法求解双曲型方程组(7.18)。取 α、β 为曲线坐标,如图 7.3 所示,并以 s_α、v_β 代表 α、β 线的弧长。当将 x、y 轴转到某一点的 α、β 方向时,这一点的屈服准则和平衡方程并不改变,而角度变成 $\theta = 0°$,对 x、y 求微商就相当于对 s_α、v_β 求微商,于是从方程组(7.18)得到

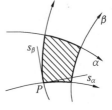

图 7.3　滑移线 α、β

$$
\begin{cases}
\dfrac{\partial}{\partial s_\alpha}(\sigma - 2k\theta) = 0 \\[3mm]
\dfrac{\partial}{\partial s_\beta}(\sigma + 2k\theta) = 0
\end{cases}
\tag{7.21}
$$

此式分别沿 α 线($\beta = \mathrm{const}$)和沿 β 线($\alpha = \mathrm{const}$)积分得出

$$\begin{cases} \alpha \dfrac{\mathrm{d}y}{\mathrm{d}x} = \tan\theta, \quad \dfrac{\sigma}{2k} - \theta = \eta = \mathrm{const}, \quad \alpha \text{ 方向} \\[3mm] \beta \dfrac{\mathrm{d}y}{\mathrm{d}x} = -\cot\theta, \quad \dfrac{\sigma}{2k} + \theta = \xi = \mathrm{const}, \quad \beta \text{ 方向} \end{cases} \tag{7.22}$$

沿一根滑移线，ξ（或 η）值不变，但由同族中某一条滑移线转移到另一条滑移线时，ξ（或 η）值一般是要变化的。式（7.22）也可写成增量形式

沿 α 线：

$$\Delta\sigma = 2k\Delta\theta \tag{7.23a}$$

沿 β 线：

$$\Delta\sigma = -2k\Delta\theta \tag{7.23b}$$

这些方程就是沿 α、β 特征线上的平衡方程，各自表示沿该线上 α、θ 的变化关系。若知道滑移线的形状，则 θ 已知，从式（7.22）或式（7.23）就可以求出这些线上 α 的变化。这样从某点的 α、θ 值开始，顺着滑移线就可以求得整个区域内的 α 分布。这就是理想刚塑性平面应变问题中的特征线方法。

7.2.2　速度方程

从图 7.1 的应力 Mohr 圆易见 $\dfrac{\sigma_x - \sigma_y}{2\tau_{xy}} = -\tan 2\theta$，于是由式（7.12）和式（7.14）得

$$\begin{cases} \dfrac{\partial v_x}{\partial x} - \dfrac{\partial v_y}{\partial y} + \tan 2\theta \left(\dfrac{\partial v'_x}{\partial y} + \dfrac{\partial v_y}{\partial x} \right) = 0 \\[3mm] \dfrac{\partial v_x}{\partial x} + \dfrac{\partial v_y}{\partial y} = 0 \end{cases} \tag{7.24}$$

这两个方程的背景是本构关系和不可压缩条件，现在构成了速度方程组。这组方程的特征线也是上面定义的滑移线。事实上，根据本构关系，最大剪应力方向同最大剪应变率方向是一致的，因此应力方程和速度方程的特征线互相重合应在意料之中。

将 v_x 和 v_y 沿 α、β 方向分解，得速度的坐标变换关系

$$\begin{cases} v_x = v_\alpha \cos\theta - y_\beta \sin\theta \\ v_y = v_\alpha \sin\theta + v_\beta \cos\theta \end{cases} \tag{7.25}$$

代入方程组（7.24）并令 $\theta = 0$（这意味着取 x、y 与 α、β 坐标系局部一致），则

$$\begin{cases} \dfrac{\partial v'_\alpha}{\partial s_\alpha} - v_\beta \dfrac{\partial\theta}{\partial s_\alpha} = 0 \\[3mm] \dfrac{\partial v_\beta}{\partial s_\beta} + v_\alpha \dfrac{\partial\theta}{\partial s_\beta} = 0 \end{cases} \tag{7.26}$$

沿 α、β 线分别考察得到沿 α 线：

$$\mathrm{d}v_\alpha - v_\beta \mathrm{d}\theta = 0 \tag{7.27a}$$

沿 β 线：

$$\mathrm{d}v_\beta + v_\alpha \mathrm{d}\theta = 0 \tag{7.27b}$$

这是沿滑移线的速度方程，这样就把速度变化同 θ 的变化联系起来了。顺便指出，滑移线具有刚性性质。事实上，在式（7.24）中取 $\theta = 0$ 就可解得

$$\frac{\partial v_x}{\partial x} = 0, \quad \frac{\partial v_y}{\partial y} = 0 \tag{7.28}$$

它们的意义是沿特征线的正应变率等于零,也就是滑移线没有伸缩。

下面介绍滑移线具有的一些固有的几何性质,这些性质对于求解具体问题很有帮助。

7.2.3　Hencky 第一定理

在同族两条滑移线和另一族滑移线的交点上,其切线的夹角沿前者不变。角度的变化规律如图 7.4 所示,有 $\Delta\theta_{AB}=\Delta\theta_{CD}$。

证明　考察一个以两条 α 线(AC 和 BD)和两条 β 线(AB 和 CD)为界的曲边四边形 $ABDC$。沿 α_1 线,$\eta=\eta_1$,沿 α_2 线,$\eta=\eta_2$;沿 β_1 线,$\xi=\xi_1$,沿 β_2 线,$\xi=\xi_2$。则由式(7.22)知

$$\begin{cases} \theta_A = \dfrac{1}{2}(\xi_1 - \eta_1), & \theta_B = \dfrac{1}{2}(\xi_1 - \eta_2) \\ \theta_C = \dfrac{1}{2}(\xi_2 - \eta_1), & \theta_D = \dfrac{1}{2}(\xi_2 - \eta_2) \end{cases}$$

因此有

$$\begin{cases} \Delta\theta_{AB} = \theta_B - \theta_A = \dfrac{1}{2}(\eta_1 - \eta_2) \\ \Delta\theta_{CD} = \theta_D - \theta_C = \dfrac{1}{2}(\eta_1 - \eta_2) \end{cases}$$

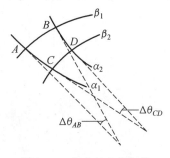

图 7.4　角度的变化规律

于是,$\Delta\theta_{AB}=\Delta\theta_{CD}$,证毕。

推论 1　若一族滑移线中有一条是直线,则同族其他滑移线都是直线。

证明　这相当于 $\Delta\theta_{AB}=\Delta\theta_{CD}=0$ 的情况。

推论 2　在直的滑移线上,应力是常数。

证明　在直滑移线上 $\Delta\sigma=\pm 2k\Delta\theta=0$,因 α、θ 都不变,从式(7.17)推知 σ_x、σ_y、τ_{xy} 沿直滑移线也都不变。

有一族直滑移线的场称为简单应力场,其中最常见的情形是这族直滑移线都交会在一点,如图 7.5(a)所示,该场称为中心场。

推论 3　若在一区域内,两族滑移线都是直线,则整个区域内 σ 和 θ 都不变,即为均匀应力状态。这样的场简称均匀场,如图 7.5(b)所示。

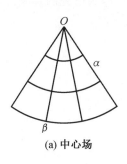

(a) 中心场

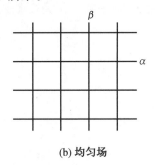

(b) 均匀场

图 7.5　两种特殊的滑移线场

7.2.4　Hencky 第二定理

沿一族滑移线移动,则另一组滑移线在交点处的曲率半径的改变量在数值上等于所

移动过的距离。设 α、β 线的曲率半径分别为 R_α、R_β，则此定理可表述为

$$\frac{\partial R_\alpha}{\partial s_\beta} = -1, \quad \frac{\partial R_\beta}{\partial s_\alpha} = -1 \tag{7.29}$$

证明   根据曲率的定义

$$\frac{1}{R_\alpha} = \frac{\partial \theta}{\partial s_\alpha}, \quad \frac{1}{R_\beta} = -\frac{\partial \theta}{\partial s_\beta} \tag{7.30}$$

这里规定，当 α（或 β）线的曲率中心位于 s_β（或 s_α）增加方向时，曲率半径为正，反之为负。图 7.6 所示的 R_α 与 R_β 均为正。由于沿着 α 线的增加方向 θ 增加，而沿着 β 线增加方向 θ 减小，因此式(7.30)中 $\frac{\partial \theta}{\partial s_\beta}$ 前出现负号。

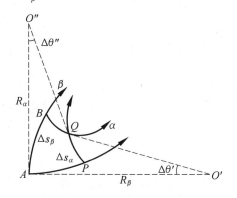

图 7.6   滑移线的几何性质

考虑图 7.6 中的由无限接近的 α、β 族滑移线所围成的曲边四边形 $ABQP$，由式(7.30)知

$$R_\alpha \Delta\theta'' = \Delta s_{\alpha,\beta} - R_\beta \Delta\theta' = \Delta s_\beta$$

沿 β 线对 Δs_α 计算导数

$$\frac{\partial}{\partial s_\beta}(\Delta s_\alpha) = \frac{\partial}{\partial s_\beta}(R'_\alpha \Delta\theta'')$$

另一方面，从图 7.6 中的几何关系来求此导数。因为研究的是微弧，可以用割线代替切线，故

$$\widehat{BQ} \approx \Delta s_\alpha - \Delta s_\beta \Delta\theta''$$

从而

$$\frac{\partial}{\partial s_\beta}(\Delta s_\alpha) = \frac{\widehat{BQ} - \widehat{AP}}{\Delta s_\beta} \approx -\Delta\theta''$$

进而有

$$\frac{\partial}{\partial s_\beta}(R_\alpha \Delta\theta'') = -\Delta\theta''$$

根据 Hencky 第一定理，$\Delta\theta''$ 是不随 s_β 变化的常数，于是

$$\frac{\partial R_\alpha}{s_\beta} = -1$$

同理可证

$$\frac{\partial R_\beta}{\partial s_\alpha} = -1$$

证毕。

Hencky 第二定理也可改写成如下形式,沿 α 线:

$$\mathrm{d}R_\beta + \mathrm{d}s_\alpha = 0 \to \mathrm{d}R_\beta + R_\alpha \mathrm{d}\theta = 0 \tag{7.31a}$$

沿 β 线:

$$\mathrm{d}R_\alpha + \mathrm{d}s_\beta = 0 \to \mathrm{d}R_\alpha - R_\beta \mathrm{d}\theta = 0 \tag{7.31b}$$

由图 7.7 可见,β 线在 A 点处的曲率半径 AP 等于 β 线在 B 点处的曲率半径 BQ 与 AB 的长度之和。因此,Prandtl 将 Hencky 第二定理叙述为:β 线族与某一 α 线交点处的曲率中心构成该 α 线的渐伸线 PO。

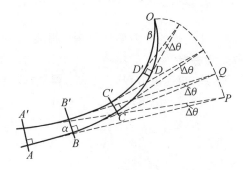

图 7.7　α 线的渐伸线

推论　同族的滑移线必向同一方向凹,并且曲率半径逐渐变为零。

图 7.5(a) 所示的中心场中的圆弧线族正是这样的一个典型实例。

7.2.5　间断值定理

(1) 在滑移线两侧,应力不会发生间断。

证明　在 7.2 节中曾指出,在刚塑性交界线 Γ 上,σ_n 和 τ_{nt} 连续,亦即 $[\sigma_n] = [\tau_{nt}] = 0$,这里符号 $[\ ]$ 表示所考察的量在线两侧的值之差,即间断值。在滑移线上,不但仍有 $[\sigma_n] = [\tau_{nt}] = 0$,而且 $[\tau_{nt}] = k$。这样,由于线的两侧都满足屈服准则 $(\sigma_n - \sigma_t)^2 + 4\tau_{nt}^2 = 4k^2$,易推知 $[\sigma_t] = 0$,也就是说,任何应力分量都不会发生间断。

(2) 如果沿某一滑移线,其曲率半径发生跳跃,则对应的应力微商也要发生跳跃。

证明　沿 α 线,$\dfrac{\partial \sigma}{\partial s_\alpha} = 2k \dfrac{\partial \theta}{\partial s_\alpha} = 2k/R_\alpha$,故

$$\left[\frac{\partial \sigma}{\partial s_\alpha}\right] = 2k \left[\frac{1}{R_\alpha}\right] \tag{7.32}$$

沿 β 线可建立类似的关系。

这说明应力导数的不连续性只能在跨过另一族滑移线时发生,并且体现在曲率的不连续性上。图 7.8 是其中一例。

(3) 沿任何线的法向速度一定连续,而切向速度的间断线一定是滑移线,并且间断值

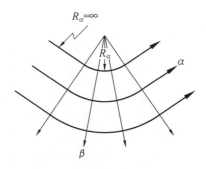

图 7.8　沿滑移线曲率不连续的例子

沿滑移线不变。

证明　先把间断线看成有限宽度的线,速度间断可以看成在此宽度内 $\frac{\partial v_i}{\partial n}$ 值很大,即 $\dot{\varepsilon}_{nt}$ 很大。由 $\dot{\varepsilon}_{ij} = \dot{\lambda} s_{ij}$ 推知 τ_{nt} 比其他的应力偏量分量大得多,于是从屈服准则可知 $|\tau_{nt}| = k$。因此,这条速度间断线是滑移线。

其次,设这条滑移线是 α 线,由速度方程式(7.27)得知,该线两侧分别有

$$\mathrm{d}v_t^+ = v_n^+ \mathrm{d}\theta, \quad \mathrm{d}v_t^- = v_n^- \mathrm{d}\theta$$

于是

$$[\mathrm{d}v_t] = \mathrm{d}v_t^+ - \mathrm{d}v_t^- = (v_n^+ - v_n)\mathrm{d}\theta = 0$$

这表明间断值 $[v_t]$ 沿滑移线是常数。

以上得到了沿滑移线的应力、速度和曲率半径的 3 组方程,为今后应用方便起见,将它们归纳如下,沿 α 线:

$$\mathrm{d}\sigma - 2k\mathrm{d}\theta = 0, \quad \mathrm{d}v_\alpha - v_\beta \mathrm{d}\theta = 0, \quad \mathrm{d}R_\beta + R_\alpha \mathrm{d}\theta = 0 \tag{7.33a}$$

沿 β 线:

$$\mathrm{d}\sigma + 2k\mathrm{d}\theta = 0, \quad \mathrm{d}v_\beta + v_\alpha \mathrm{d}\theta = 0, \quad \mathrm{d}R_\alpha - R_\beta \mathrm{d}\theta = 0 \tag{7.33b}$$

此外,在滑移线两侧,应力不会发生间断,切向速度可以间断;沿滑移线曲率半径发生间断时,应力导数也同时发生间断。

7.3　边界条件

7.3.1　应力边界 S_T

上一节已将基本方程变换成沿滑移线的方程,因此边界条件也要做相应的变换。

若已知塑性区应力边界 S_T 上的法向正应力 σ_n 和剪应力 τ_n,则因为塑性区内任一点的应力都满足屈服准则,所以可以通过半径为 k 的 Mohr 圆求出 σ 和 θ。但是,通过 (σ_n, τ_n) 点、半径为 k 的 Mohr 圆有两个,如图 7.9 所示,因而与边界面垂直的截面上的应力也有两个可能的值 σ_{t1} 和 σ_{t2},确定从中选取哪一个 Mohr 圆必须从问题的整体来考虑。

【例 7.1】　双向拉伸长方块如图 7.10 所示。考察右边界,$\sigma_n = \sigma_1, \tau_n = 0$。但通过 $(\sigma_1, 0)$ 有两个 Mohr 圆,分别给出 $\sigma_{t1} = \sigma_1 + 2k$ 和 $\sigma_{t2} = \sigma_1 - 2k$。如果 $\sigma_2 < \sigma_1$,就应取 $\sigma_{t2} =$

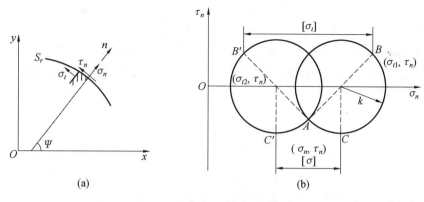

图 7.9　边界 S_T 上的应力及相应的 Mohr 圆

$\sigma_1 - 2k_\sigma$。这是根据相邻边界的受力状况来判断的。

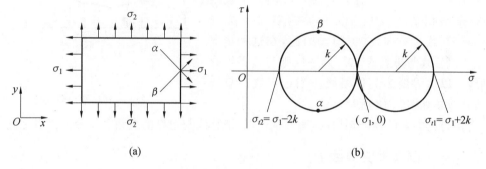

图 7.10　双向拉伸长方块

【例 7.2】　张角为 $2\gamma > \dfrac{\pi}{2}$ 的无限楔体如图 7.11 所示。考察自由边界 AC，$\sigma_n = \tau_n = 0$。通过 $(0,0)$ 作两个 Mohr 圆，给出 $\sigma_t = \pm 2k$。根据楔体受力后的变形分析，AC 边受压，故应取 $\sigma_t = -2k$。这是根据 σ_t 的符号来判断的。

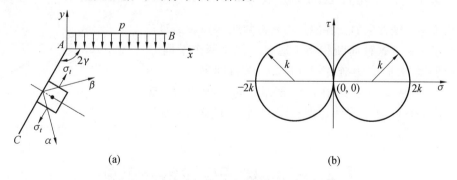

图 7.11　张角为 $2\gamma > \dfrac{\pi}{2}$ 的无限楔体

应力圆确定后，边界上的 α、β 线的方向就可以确定了。以上两例的 α、β 线走向已标明在图上。

下面讨论两种特殊情况：

（1）光滑接触表面，或自由面。这时边界上的 $\tau_n = 0$，通过 $(\sigma_n, 0)$ 可作出两个在这点相切的 Mohr 圆，上面两例都是这样的情形。因此，在 Mohr 圆上从 n 方向转到 α、β 方向都是 $90°$，这表明滑移线与边界方向成 $45°$。当边界为直线时，滑移线场如图 7.12 所示。

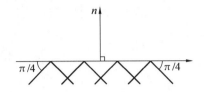

图 7.12　自由边界为直线的滑移线场

（2）接触表面的摩擦力达到变形固体的物理性质所能允许的最大值，即 $\tau_n = \pm k$。这时，通过 (σ_n, τ_n) 只能作出一个半径为 k 的 Mohr 圆（或说两个 Mohr 圆相重合），且 n 方向本身就是 α 方向（$\tau_n = -k$），或 β 方向（$\tau_n = k$）。因此，在这种情况下，一族滑移线与边界成 $90°$，另一族则与边界线有公切线或以边界线为其包络线。当边界线为直线时，滑移线场如图 7.13 所示。

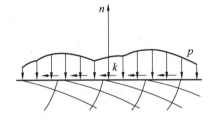

图 7.13　一种极端滑移线场

上面讨论的是两种极端情况，对其他情况，滑移线与边界的夹角关系介于二者之间。

7.3.2　刚塑性交界线 Γ

如果不计整体的刚体位移，可认为在刚性区内速度 $v_\alpha = v_\beta = 0$，而在塑性区内 v_α 和 v_β 不能全为零（否则也成为刚性区），故在它们的交界线 Γ 上必有速度间断，这只有当 Γ 为滑移线或滑移线的包络线时才有可能。

7.3.3　两个塑性区的交界线 L

如果两个塑性区的交界线 L 不是滑移线，则 σ、θ 通过 Γ 时要产生间断。这种间断相当于通过一点有两个不同的 Mohr 圆，即法向应力连续而切向正应力间断，$[\sigma_n] = [\tau_n] = 0$，$[\sigma_t] = \sigma_{t1} - \sigma_{t2}$，如图 7.9 所示。同时，从 Mohr 圆上转角的关系可知 L 与两边滑移线的夹角，理必相等，即图 7.14 中的 $\omega^+ = \omega^-$。

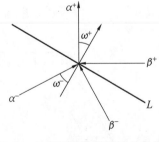

图 7.14　L 与两边滑移线的夹角关系

7.4　滑移线场理论解析范例

7.4.1　单边受压的楔

作为滑移线场的第一个典型的例子，考虑一个钝角模，即如图 7.15 所示的 $2\gamma > \dfrac{\pi}{2}$ 的模形体,它的一条边上自楔的角点开始有一段承受一个均布压力 p。这个问题在研究土坡稳定性时是有意义的。选取坐标系 xOy 如图 7.15 所示。因 OA 是直线自由边界,由 OA 出发的 45° 滑移线组成的区域 AOB 是一个均匀应力区,其中 α、β 线都是直线,且 β 方向与 x 轴成 $(\gamma - \frac{\pi}{4})$ 角。同时,因 OD 是承受均布压力的直线边界,三角形区域 COD 中滑移线也为两族直线,构成另一个均匀应力区,但应力值与 AOB 内不同。这是两个不同的塑性应力区。连接两者的过渡区是具有一族直线的滑移线,为简单应力场。因此,区域 BOC 是一个中心场。这样,区域 $OABCD$ 是塑性区,$ABCD$ 是一条滑移线,也是刚塑性区域分界线。

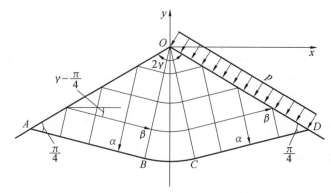

图 7.15　单边受压的钝角楔体

确定 α、β 线时需记住最大主应力 σ_1 一定处在 α、β 构成的坐标系的 I、III 象限内;或者说,从 α 方向逆时针旋转时一定是经过 σ_1 方向而到达 β 方向的。例如,在 OA 上 $\sigma_n = 0$,$\sigma_1 < 0$,σ_n 就是 σ_1,OA 的法向就是 σ_1 方向,从而定出 OA 和 OB 方向是 α 方向,AB 方向是 β 方向。

现在来定应力场。在区域 AOB 内 $\sigma_n = \sigma_1 = \sigma + k = 0$,故 $\sigma = -k$,$\psi = \pi - \gamma$,$\theta = \psi \pm \frac{\pi}{4}$。再考虑区域 BOC,沿 BC(β 线)有 $\Delta\sigma = -2k\Delta\theta$,由于从 B 到 C 的滑移线倾角变化为 $\Delta\theta = 2\gamma - \frac{\pi}{2}$,故

$$\sigma_C = \sigma_B - 2k\left(2\gamma - \frac{\pi}{2}\right) = -2k\left(2\gamma + \frac{1}{2} - \frac{\pi}{2}\right) = \sigma_D$$

式中,σ_C、σ_B、σ_D 分别表示 C、B、D 各点的平均正应力 σ。在图 7.16 中,右边的一个 Mohr 圆则表示区域 AOB 的应力状态,左边的一个 Mohr 圆则表示区域 COD 的应力状态,两个圆的圆心距为 $\sigma_B - \sigma_C = -\Delta\sigma = 2k\Delta\theta = 2k\left(2\gamma - \frac{\pi}{2}\right)$。在 OD 边上从 α、β 线的方向可知,OD 的法向是最小主应力的方向,从而 $-p = \sigma_n = \sigma_D - k = -2k\left(2\gamma + 1 - \frac{\pi}{2}\right)$。由此可知单边受压的钝角楔的塑性极限载荷为

$$p_Y = 2k\left(2\gamma + 1 - \frac{\pi}{2}\right) \tag{7.34}$$

对于 $2\gamma < \dfrac{\pi}{2}$ 的锐角楔,作不出图 7.15 形式的分区塑性应力场。这时由 OA 和 OD 两边作出的均匀应力场要发生重叠,其结果是在楔的角平分线上形成应力间断线,如图 7.17 所示。楔体的左半部分和右半部分将被分成逐步缩小的三角形无限序列。在间断线 OO' 上,法向应力 σ_n(即图 7.17 中的 σ_n)应连续,而切向正应力 σ_t(即图 7.17 中的 σ_t)发生间断。由图 7.9 及图 7.14 有

$$\omega = \theta^+ = \frac{\pi}{4} + \gamma = -\theta^- \qquad (7.35)$$

式中,θ^+ 与 θ^- 分别表示右半部分和左半部分 α 线的 θ 角。于是,借助于图 7.9(b) 可得平均应力的间断量为

$$[\sigma] = 2k \sin 2\omega = 2k \cos 2\gamma$$

在右半部分 $\sigma_2 = \sigma_n = -p$,故 $\sigma^+ = -p + k$;在左半部分 $\sigma_1 = \sigma_n = 0$,故 $\sigma^- = 0 - k = -k$。于是 $[\sigma] = \sigma^+ - \sigma^- = -p + 2k$。与上面的 $[\sigma]$ 表达式相比较,得出极限载荷为

$$p_Y = 2k(1 - \cos 2\gamma) \qquad (7.36)$$

此式仅当 $2\gamma < \dfrac{\pi}{2}$(即锐角楔情形)时适用。当 $2\gamma = \dfrac{\pi}{2}$(直角楔)时,式(7.34)与式(7.35)都给出 $p_Y = 2k$。

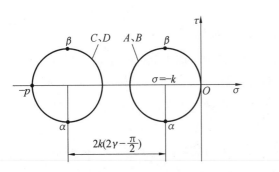

图 7.16　单边受压的钝角楔体的 Mohr 圆

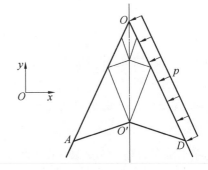

图 7.17　单边受压的锐角楔体

7.4.2　冲头压入半平面

当 $2\gamma = \pi$ 时,即如图 7.18 所示的平顶冲头压模时的情况。考虑刚性平头压模以速度 v 压入半平面(半无限刚塑性体),利用上面得到的结果,但注意到介质可以向压模的两侧运动,Prandtl 提出了图 7.18(a) 所示的滑移线场,且相应的极限载荷为 $p_Y = 2k(1 + \dfrac{\pi}{2})$。

如果刚性平头压模宽度为 $2b$,则作用在压模上的总压力为

$$F_Y = 2b p_Y = 2bk(2 + \pi) \qquad (7.37)$$

现在来看速度场。压模具有向下的速度 v。在 AA' 下边的质点要向左右两边运动,故 $v_{OAO'} = v_a = v/\sqrt{2}$。图 7.18(b) 是这个问题的速度图。由此可得区域 ABC 的速度 $v_{ABC} = v_a = v/\sqrt{2}$,$v_\beta = 0$ 这时 AB 段速度的向上分量是 $v/2$。从材料的不可压缩性也很容易证实这个结论的正确性。因为当 AA' 段向下移动时,AB 和 $A'B'$ 两段同时向上运动,而从几何

关系，$\overline{AB}+\overline{A'B'}=2\overline{AA}$，于是从质量守恒可知 AB 段向上的速度应恰为 AA' 段向下速度的一半。

对半平面上的刚性压模的问题，还可以作出另一滑移线场，如图 7.19(a) 所示。这是 Hill 首先提出的，故称为 Hill 解。Hill 解的塑性区比 Prandtl 解要小，但可以看出其极限压力和在塑性区内的应力与 Prandtl 解都是一样的，这需要注意到式(7.36)决定的 p_Y 与压模宽度 2b 无关。值得注意的是，Hill 解的速度图(图 7.19(b))与 Prandtl 解的速度图是不同的。对于 Hill 解，区域 OAD 上 $v_{OAD}=v_a=\sqrt{2}\,v$，因而区域 ACB 的速度场是 $v_{ABC}=v_a=\sqrt{2}\,v,v_\beta=0$，从而 AB 段速度的向上分量是 v。从材料的不可压缩性和 $\overline{AB}+\overline{A'B'}=\overline{AA'}$ 也能直接证明这一点。

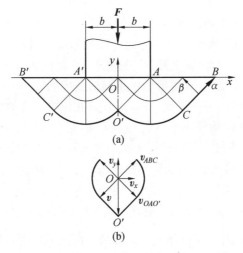

图 7.18　半平面上刚性压模型的滑移线场

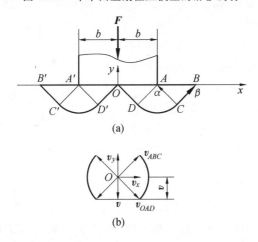

图 7.19　半平面上刚性压模型的另一滑移线场

从这个例子中可以看到，对同一问题可以有滑移场范围不同的两个完全解，在两者都是塑性区的地方应力分布是相同的，对应的塑性极限载荷也相同，但速度场有差别。事实上，还可以由 Prandtl 解和 Hill 解组合得到第 3 种解，这是由 Prager 和 Hodgel 得出的。如

图 7.20 所示,区域 DEFG 中的应力和速度与 Hill 解相同;区域 ODEFGBCHO′ 中的应力和速度则与 Prandtl 解一致。因此,DEFG 和 DO′ 是速度场的间断线,而 O′HCB 则为刚塑性边界。

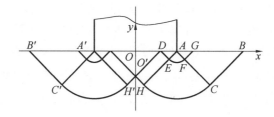

图 7.20　半平面上的应力速度特征

关于这些解中何者为正确的问题,Hill 提出了以下比较合理的说法。由弹性力学知,由于应力集中在 A、A′ 两点可能产生很大应力而首先发生屈服,塑性区域是在 A、A′ 开始形成然后扩展而合并的。因此,将上述 3 种解相比较,塑性区应先达到 Hill 解所给出的塑性流动场所需的大小。于是,Hill 解给出了正确的速度场。

还应注意到这 3 种解的另一差别。Prandtl 解在压模下方的材料速度是铅直向下的,即图 7.18 中的区域 AOA′ 随同压模一起向下运动,它与压模之间没有相对运动,因而相应于粗糙压模的情形。而 Hill 解压模下方的材料速度有水平分量,介质与压模表面发生相对滑移,因而相应于光滑压模的情形。至于 Prager 和 Hodgel 给出的第 3 种解,可以解释为压模表面是部分粗糙部分光滑。

综上所述,不论压模表面是光滑还是粗糙,使半无限刚塑性介质发生初始塑性流动的极限压力是一样的,总是 $p_Y = 2k\left(1 + \dfrac{\pi}{2}\right)$。如果压模表面光滑,Hill 解给出的塑性流动区较小,速度分布较接近真实;如果压模表面粗糙,可期望塑性流动区较大,Prandtl 解更接近真实。

将以上刚塑性分析结果与试验结果比较时发现,如果被压的塑性层很厚,则必须考虑它的弹性变形,这时压模两侧的材料并不向上运动(挤出),压模向下的运动被底层中的弹性变形所吸收。试验表明,当被压材料厚度大于 1.5 倍的平头压模宽度时,$p_Y/2k \approx$ 2.75 $\left[>\left(1 + \dfrac{\pi}{2}\right)\right]$。反之,当底层材料较薄,压模两侧的材料向上挤出,结果接近于上

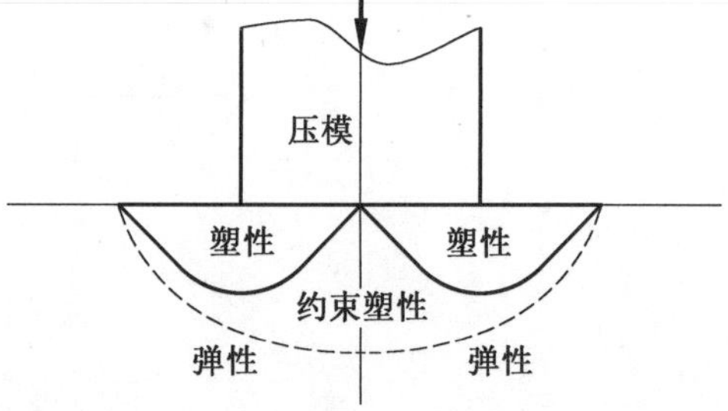

图 7.21　半平面上变形特征区域分布

述刚塑性滑移线场解。但是,弹塑性分析表明,滑移线场解中的刚塑性边界并不代表真实的弹塑性边界,刚塑性解中的刚性区还包含一部分约束塑性变形区(图 7.21),这里虽也有塑性变形,但在介质发生初始流动时,其塑性变形比较小,可以与弹性区的弹性变形同时被略去。

7.4.3　圆孔内作用有均布压力 p 的极限载荷

设半径为 a 的圆孔内作用有均布压力 p（图 7.22），这个问题在压力容器等工程问题中常见。现首先求圆孔周围区域发生塑性流动时的滑移线场。

取极坐标 (r, φ)，根据问题的轴对称性，径向 r 和周向 φ 必是主方向。因此，滑移线必是这样两族曲线，其中任一曲线上各点与该点的径向射线夹角恒为 $45°$。设以 $r = f(\varphi)$ 表示滑移线的极坐标方程，则有

$$\frac{r\mathrm{d}\varphi}{\mathrm{d}r} = \pm \tan \frac{\pi}{4} = \pm 1$$

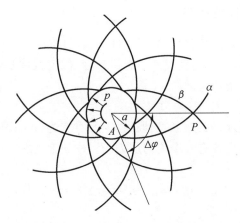

图 7.22　圆孔内受压时的滑移线场

积分得 $\varphi = \varphi_0 \pm \ln \dfrac{r}{a}$，其中 φ_0 是 $r = a$ 处的 φ 角。由此可知，圆孔周围的滑移线是两族对数螺线：

$$\begin{cases} \varphi - \ln \dfrac{r}{a} = \alpha \\[2mm] \varphi + \ln \dfrac{r}{a} = \beta \end{cases} \tag{7.38}$$

式中，α 和 β 表示两族螺线的参数，在同一螺线上 α 或 β 的数值为一常数。不难证明，上述两族螺线是相互正交的，构造出的滑移线场是轴对称的。

以 σ_r、σ_φ 代表场内任一点的径向应力和周向应力。现在来求场内的应力分布。先看孔边任意一点 A，从边界条件知 $\sigma_r = \sigma_n = -p$ 及 $\tau_n = 0$。因 σ_φ 是拉应力，故 $\sigma_\varphi > \sigma_r = \sigma_2$，则 $\sigma_A = \sigma_r + k = -p + k_0$。从 A 点出发沿一条 α 线求其任一点 P 的应力如下：

$$\Delta \sigma = 2k\Delta\theta = 2k\Delta(\varphi \pm 45°) = 2k\Delta\varphi = 2k\Delta\left(\ln \frac{r}{a} \right)$$

因此

$$\sigma_P = \sigma_A + 2k\ln \frac{r}{a} = -p + k + 2k\ln \frac{r}{a}$$

在 P 点 $\sigma_P = \dfrac{1}{2}(\sigma_r + \sigma_\varphi)$ 而 $\sigma_t - \sigma_r = 2k$，于是得

$$\begin{cases} \sigma_r = \sigma_P - k = -p + 2k\ln\dfrac{r}{a} \\ \sigma_\varphi = \sigma_P + k = -p + 2k\left(1 + \ln\dfrac{r}{a}\right) \end{cases} \tag{7.39}$$

此式给出了距中心为 r 的任一点的应力,它同平面应变条件下厚壁筒塑性区内的应力分布规律是一致的。若受内压作用的圆筒外径为 b,该处的 $\sigma_r = 0$,则由式(7.39)得出极限载荷为

$$p_Y = 2k\ln\frac{b}{a} = \sigma_Y\ln\frac{b}{a}$$

7.4.4　切口试件的拉伸

在断裂力学试验中,常用到中心切口试件和双边切口试件,现讨论它们的极限载荷。对这类问题,假定试件具有规则整齐的理想切口,并假定试件足够长,因而加载端的具体条件不影响切口附近的塑性流动。

1. 中心切口试件

如图 7.23 所示,宽为 $2b$ 的板状拉伸试件上开有宽为 $2a$ 的无限狭窄的中心切口,其滑移线场是由切口两端出发各有一个均匀应力场。取 x 轴方向与切口方向一致,则在试件边界上

$$\psi = 0, \quad \sigma_n = \sigma_x = 0, \quad \tau_n = \tau_{xy} = 0$$

因此在均匀应力场内

$$\theta = \pm\frac{\pi}{4}, \quad \sigma = \pm k, \quad \sigma_y = \sigma_1 = 2k$$

由此求得受拉伸时的极限载荷为

$$F_Y = \sigma_y(2b - 2a)t = 2k(2b - 2a)t \tag{7.40}$$

式中,t 为试件的厚度。注意 $(2b - 2a)t$ 正是具有中心切口的横截面的净面积。

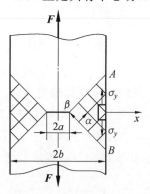

图 7.23　中心切口板状试件的滑移线场

2. 切口根部半径为零的双边深切口试件

考虑图 7.24 所示的双边深切口试件,切口的张角为 2γ,切口根部的曲率半径为零,试件在轴向受到拉力 F_G。

从弹性解来看,塑性区应首先在切口根部形成,然后逐渐向内扩张。两侧的塑性区在

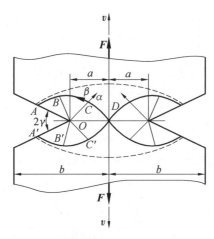

图 7.24　双边深切口试件的滑移线场

试件的中心线处汇合时,就达到塑性流动状态,即极限状态。如果切口很深,利用问题的对称性,取试件的四分之一来看,就同钝角楔单边受载问题相似,只需把压力改为拉力。令 $2\gamma' = \angle AOD = \pi - \gamma$,则求得极限载荷为

$$F_Y = 2a \cdot 2k\left(1 + 2\gamma' - \frac{\pi}{2}\right)t = 2a \cdot 2k\left(1 + \frac{\pi}{2} - \gamma\right)t \tag{7.41}$$

此处要求 $\gamma < \dfrac{\pi}{2}$,故在 OD 线上

$$\sigma_y = 2k\left(1 + \frac{\pi}{2} - \gamma\right) > 2k \tag{7.42}$$

这说明由于深切口的存在,中间部分的材料可以承受高于 $2k = \sigma_Y$ 的应力。事实上,这时中间部分的材料处于复杂应力状态,而不是在简单拉伸试件中的那种单向应力状态。上述分析也说明,在理想塑性的情形,只要在原构件的自由边界上增加材料,极限载荷就会增加,或至少不降低。

对于拉伸试件两侧对称地开有理想窄缝的问题,相当于 $y \to 0$ 的情形。这时有

$$\sigma_y = 2k\left(1 + \frac{\pi}{2}\right)$$

及

$$F_Y = 2a \cdot 2k\left(1 + \frac{\pi}{2}\right)t \tag{7.43}$$

从式(7.41)算出的 F_Y 与 b 无关,那么板宽 $2b$ 对试件的极限承载能力还起不起作用呢? 首先应该看到,至少要 $2b \geqslant 2a(1 + \cos\gamma)$,才能构造出图 7.24 那样的滑移线场。其次,即使这样的场能构造出来,刚性区条件也还有待校核,所以式(7.41)给出了 F_Y 的一个上限。当 $b/a > 1 + \cos\gamma$ 时,仍然存在各种与试件侧边相牵连的滑移线场。文献的研究指出,对于 $\gamma = 0$ 的情形,只有当 $b/a > 8.62$ 时,图 7.24 的滑移线场才提供最低的 F_Y;否则,试件侧边都将对滑移线场产生影响。当然,当 b/a 超过 8.62 后,继续增加 b 是不能提高 F_Y 的。

3. 切口根部具有圆角的双边切口试件

当试件的切口根部具有半径为 a 的圆角时,其滑移线场如图 7.25 所示。其中图

7.25(a) 为 $h/a \leqslant 3.81$ 的情形, 图 7.25(b) 为 $h/a > 3.81$ 的情形。设圆弧角为 2γ, 在圆弧附近, 滑移线的几何特性可参照 7.5.3 节得到。考察图 7.26 中的螺线 QP, 利用式(7.38) 的第二式得

$$\gamma = \ln \frac{r_1}{a}$$

或

$$r_1 = ae^{\gamma} \tag{7.44}$$

因此, 对于通过 O 点的水平线上的任一点 P, 铅垂方向的正应力便可按照式(7.39)的第二式求出为

$$\sigma_y = \sigma_{\varphi} = 2k\left(1 + \ln \frac{r_1}{a}\right) = 2k(1 + \gamma) \tag{7.45}$$

这里已取圆孔内压 $p = 0$。由此求出极限载荷:

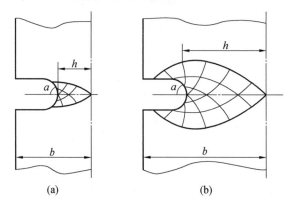

(a)   (b)

图 7.25   圆角的双边切口试件的滑移线场

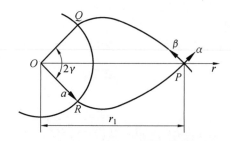

图 7.26   圆弧附近的几何特征

$$F_Y = 2t \int_h^{a+h} \sigma_y \, dr_1 = 4kat \int_0^{r_1} (1 + \gamma)e^{\gamma} d\gamma$$

$$= 4kat\gamma_1 e^{\gamma_1} = 4kat\left(1 + \frac{h}{a}\right)\ln\left(1 + \frac{h}{a}\right)$$

或即

$$F_Y/(2k \cdot 2h \cdot t) = \left(1 + \frac{a}{h}\right)\ln\left(1 + \frac{h}{a}\right) \tag{7.46}$$

以上是 $h/a \leqslant 3.81$ 的结果。若 $h/a > 3.81$, 滑移线场除包含对数螺线外, 还有直线段和圆弧段。读者可以自己证明, 这时有

$$F_q/(2k \cdot 2h \cdot t) = 1 + \frac{\pi}{2} - \frac{a}{h}\left(e^{\pi/2} - 1 - \frac{\pi}{2}\right) \tag{7.47}$$

因而,当其他条件相同时,切口根部的圆弧半径 a 越大,试件的极限载荷就越低。而当 $a \rightarrow 0$ 时,式(7.47)就与式(7.43)相一致。

7.5　定常塑性流动问题

7.4 节所举的例子都是求物体的极限承载能力,或者称为初始塑性流动问题,所求的速度分布是指开始发生塑性变形那一瞬间的流动趋势,因此是小变形问题。而在金属成形(压力加工)中常会遇到另一类型的问题,如金属的抽拉(drawing)、挤压(extrusion)、辊轧(rolling)、切削(cuting) 等,材料中的任一个微元都可能经历尺寸和形状的变化,其过程是相当复杂的;但对流动区域中某一固定点来说,材料通过该点时的速度和应力状态都不随时间而变化,因而运动是定常的。这样,在采用 Euler 坐标后,仍可应用前述分析方法。下面以板条的抽拉为例来加以说明。

7.5.1　板条抽拉问题的滑移线场

如图 7.27 所示,厚度为 H 的板料通过光滑的楔形刚性模,被抽拉成厚度为 h 的板条。设抽拉力为 F,抽拉速度为 v。如果楔模倾角 γ 同抽拉前后的厚度 h/H 之间满足一定的关系,滑移线场将由均匀应力区 ACB 和中心扇形区 CBO 组成。从几何关系求出

$$\overline{AB} = \sqrt{2}\ \overline{BC} = \sqrt{2}\ \overline{BO} = h$$

及

$$2\,\overline{AB}\sin\gamma = H - h$$

因此得

$$h/H = 1/(1 + 2\sin\gamma) \tag{7.48}$$

这正是图 7.27 所示的滑移线场能够成立的几何条件。

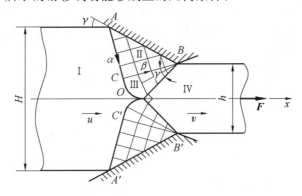

图 7.27　板料通过光滑的楔形刚性模时的滑移线场

由于板条轴线是对称线,上面没有剪应力,故轴线方向必为主应力方向,滑移线 OB 与之相交成45°角。在 AB 边上正应力是压应力,$\sigma_n < 0$,故 $\sigma_n = \sigma_2$。由此可定出 ACO 是 α 线,CB 和 OB 则是 β 线。

7.5.2 应力分布与抽拉力

在均匀应力区 ABC 中,假定 AB 边上压力 p 均匀分布,则 $\sigma_n = \sigma_2 = -p$,于是 $\sigma_C = -p + k$,$\theta_C = -\left(\dfrac{\pi}{4} + \gamma\right)$。

在中心扇形区 CBO 中,σ 和 θ 仅沿 α 线发生变化,且满足 $\Delta\sigma = 2k\Delta\theta$。因为 $\Delta\theta = \theta_O - \theta_C = \gamma$,所以有 $\sigma_O = \sigma_C + 2k\Delta\theta = -p + k + 2k\gamma$,这是 OB 线上任一点的平均应力值。

为求抽拉力,考虑板条上 BOB' 以右部分的总体平衡(图 7.28(a)),得

$$F = (\sigma_O + k)h = [-p + 2k(1+\gamma)]h \tag{7.49}$$

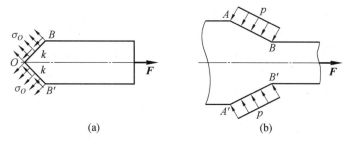

图 7.28　板条的平衡

再考虑整个板条的总体平衡(图 7.28(b)) 得

$$F = 2p \cdot \overline{AB} \cdot \sin\gamma = p(H - h) \tag{7.50}$$

在式(7.49)和式(7.50)中消去 F,再利用式(7.48),可得

$$p/2k = (1+\gamma)h/H = (1+\gamma)/(1+2\sin\gamma) \tag{7.51}$$

代回式(7.49)得到轴拉力 F 的计算公式:

$$F/2kh = (1+\gamma)\left(1 - \frac{h}{H}\right) = 2(1+\gamma)\sin\gamma/(1+2\sin\gamma) \tag{7.52}$$

7.5.3 速度分布

与物理平面上的图 7.27 相对应,图 7.29 给出了速度矢端图。($v_\mathrm{I} = u$,和 $v_\mathrm{II} = v_\mathrm{IV} = v$)分别代表物理平面上区域 Ⅰ、Ⅱ 和 Ⅳ 的速度向量。$v_\mathrm{I} = u$ 与 v_II 的向量差代表沿 AC 线的速度间断量。在 AC 上,法向速度应连续,而切向速度的间断值为

$$[v]_{AC} = \sqrt{2}u \sin\gamma$$

进而,由速度图的几何关系易证明

$$v - u = \sqrt{2} \cdot (\sqrt{2}u\sin\gamma) = 2u\sin\gamma$$

于是

$$v = (1 + 2\sin\gamma)u = \frac{H}{h}u \tag{7.53}$$

最后一步用到了式(7.48)。式(7.53)也可写成 $hv = Hu$,这正反映了材料的不可压缩性。由上可见,速度矢端图是显示物理平面上的速度分布的有力工具。还可以看出在本问题中,速度间断引起的滑动方向与剪应力方向是一致的,符合塑性功率大于零的要求。

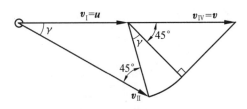

图 7.29　速度矢端图

7.5.4　刚性区的校核

在 AOA' 以左的部分所受的合力为零,这里不会违反屈服准则。在 BOB' 以右的部分应力是均匀的,要求 $F < 2kh$ 才能不违反屈服准则。根据抽拉力式(7.52),就要

$$2(1+\gamma)\sin\gamma < 1+2\sin\gamma$$

或

$$\gamma\sin\gamma < \frac{1}{2}$$

解此不等式得

$$\gamma < \gamma_1 = 42°27'　　　　　　　　　　　(7.54)$$

对于 $\gamma > \gamma_1$ 的情形,在 BOB' 以右的部分将首先被拉伸破坏(例如发生颈缩),无法实现连续的抽拉过程。

习　　题

1.在理想刚塑性平面应变问题中,如果采用 Tresca 屈服准则,证明:当 $\frac{2}{3}k \geqslant s, z \geqslant -\frac{2}{3}k$,平面应变的条件仍然成立。

2.证明:

(1) 在塑性区中与均匀应力场相紧接的区域是简单应力场,常见的是中心扇形区。

(2) 中心扇形区中同一根径向线上各点的 $\sigma_r = \sigma_\theta = \sigma_0$。

3.图 7.30 所示的楔体,两侧在长为 a 的线段上分别承受均匀压力 p 和 q。已知 $2\gamma = \frac{3\pi}{4}$,分别就 $q = \frac{1}{2}p$ 及 $q = p$ 两种情形,求极限载荷 p_Y。

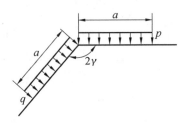

图 7.30　楔体

4. 对称模块顶部被削平的面积上受有均匀压力 q，如图 7.31 所示，试求极限载荷 q_Y。

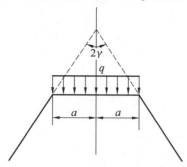

图 7.31   对称模块

5. 具有尖角为 2γ 的模体，在外力 F 的作用下插入具有相同角度的 V 形缺口内，如图 7.32 所示。试分别按以下两种情况画出滑移线场并求出极限载荷：

（1）楔体与 V 形缺口间完全光滑。

（2）楔体与 V 形缺口接触处因摩擦作用其剪应力为 k。

6. 设有短悬臂梁，长为 l，高为 $2h$，宽为 b 其滑移线场如图 7.33 所示，试求极限载荷 F_Y。

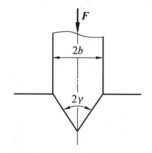

图 7.32   尖角为 2γ 的模体

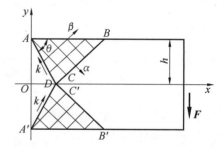

图 7.33   短悬臂梁的滑移线场

7. 具有对称角形深切口的厚板，其滑移线场构造如图 7.34 所示。求此时该板所能承受的最大弯矩。

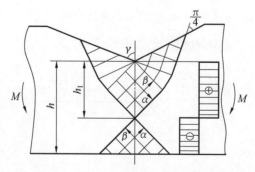

图 7.34   具有对称角形深切口的厚板的滑移线场构造

8. 通过矩形模挤压板料，板的厚度由原来的 $2h$ 变为 h，在刚性板上作用总的推力 F，

速度为 v。滑移线场已作出如图 7.35 所示,其中 ABC 是静止不动的刚性区(工程上称为死角)。

(1) 标出 α、β 线,求出应力分布和极限推力 F_Y。

(2) 求出速度分布并验证速度边界条件。

(3) 速度间断线与剪应力方向是否一致?

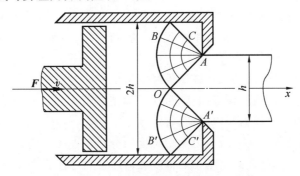

图 7.35　矩形模挤压的板料的滑移线场

第8章 极限分析法理论基础及应用

在塑性理论中,由于数学上的困难,目前很多工程技术问题都还未能精确求解,因而采用近似方法进行计算。根据极限平衡理论,这些计算有可能不必对微分方程式进行积分而直接得到近似的解。

由理想弹塑性材料制成的结构或零件经常可能发生这样的情况,即当载荷增加到某一数值时,结构或零件达到所谓极限状态,这时即使载荷不再继续增长,塑性变形也可以自由地发展,这样的载荷称为极限载荷。

计算结构极限载荷或其承载能力是结构极限分析的基本任务,它为确定结构的安全度提供了必要的可靠依据。由于结构的极限载荷通常超过按弹性力学计算的弹性极限载荷,因此,按结构的极限载荷进行设计,可以充分地发挥结构的强度潜力,从而获得经济效益。自然,极限分析的对象及其材料,应该足够程度地符合所提出的力学模式的假设。求结构或零件的极限载荷问题,一般只限于理想塑性体。假设物体弹性变形与塑性变形相比要小得多而可略去不计,即认为材料是刚塑性的,也即认为当载荷值尚未达到极限载荷前,物体完全不产生变形,则极限状态的开始也就是变形的开始。

本章阐述超静定结构极限载荷的计算方法。

8.1 极限载荷的上、下限定理

首先,提出几个名词的定义及符号。

结构处于极限状态的广义力为 P_s(载荷参数的极限值)及 M_i(截面 i 的弯矩),相应的广义位移为 Δ 及 θ_i。

任意给定的塑性机构的广义位移为 Δ^* 及 θ_i^*,它满足下列条件,与 Δ^* 相应的载荷 $P^\square$ 在 Δ^* 上的正功,与 θ_i^* 相应的弯矩 $|M_i^*|=M_s$,且 $M_i^*\theta_i^* > 0$。这样的位移均称为运动许可位移场,或简称机动场。

设给定的弯矩分布 M_i^0 满足内部平衡条件并与载荷 P^0 平衡(此处 P^0 为载荷参数,是广义力)。各处的弯矩在数值上都不超过极限弯矩,即 $|M_i^0| \leqslant M_s$。这样的弯矩分布称为静力许可场。

上、下限定理可陈述和证明如下。

(1)上限定理。

设取定一运动许可位移场,则由下列内外功相等的条件(由于力 P^* 及 M_i^* 不一定平衡,不能用虚功原理)可求出极限载荷上限。在此,内外功相等的条件为

$$P^* \Delta^* = \sum_i M_i^* \theta_i^* \tag{8.1}$$

证明 以机动场 Δ^*、θ_i^* 为虚位移,对真实力 P_s 和 M_i 应用虚功原理,应有

$$P_s \Delta^* = \sum_i M_i^* \theta_i^* \tag{8.2}$$

从式(8.1)减去式(8.2)可得

$$(P^* - P_s) \Delta^* = \sum_i (M_i^* - M_i) \theta_i^*$$

当 $\theta_i^* > 0, M_i^* = M_s$,而 $M_i \leqslant M_s$,则

$$(M_i^* - M_i) \theta_i^* \geqslant 0$$

当 $\theta_i^* < 0, M_i^* = -M_s$,而 $M_i \geqslant -M_s$,则

$$(M_i^* - M_i) \theta_i^* \geqslant 0$$

因此

$$(P^* - P_s) \Delta^* \geqslant 0 \tag{8.3}$$

按定义 $P^* \Delta^* > 0$(即 P^* 在 Δ^* 上做正功),而载荷参数 $P^* > 0$,所以 $\Delta^* > 0$,于是由式(8.3)可得

$$P^* - P_s \geqslant 0 \tag{8.4}$$

由此上限定理得到了一般证明。

(2) 下限定理。

设取定一静力许可场,则与之相应的载荷为极限载荷的下限。

证明　以真实的广义位移 Δ 及 θ_i 为虚位移,对真实力 P_s、M_i 及静力许可力 P^0、M^0 分别应用虚功原理,则有

$$P_s \Delta = \sum_i M_i \theta_i \tag{8.5}$$

$$P^0 \Delta = \sum_i M_i^0 \theta_i \tag{8.6}$$

由上两式给出

$$(P_s - P^0) \Delta = \sum_i (M_i - M_i^0) \theta_i$$

当 $\theta_i > 0$ 时,$M_i = M_s, M_i^0 \leqslant M_s$,所以

$$(M_i - M_i^0) \theta_i \geqslant 0$$

当 $\theta_i < 0$ 时,$M_i = -M_s, M_i^0 \geqslant -M_s$,所以

$$(M_i - M_i^0) \theta_i \geqslant 0$$

因为 $P_s \Delta > 0, P_s > 0$,所以 $\Delta > 0$,由此得到

$$P_s - P^0 \geqslant 0 \tag{8.7}$$

由此下限定理得到了一般证明。

8.2　板的极限载荷分析

8.2.1　各向同性板

对板式结构的极限载荷分析,同样可引入机动场和静力场。

先以各向同性、承受均布载荷的简支矩形板为例(图 8.1),来阐述极限载荷上、下限

的确定法。

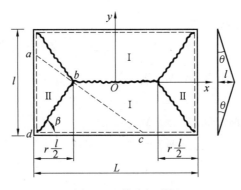

图 8.1　简支矩形板

1. 上限解

假定塑性机动场如图 8.1 所示,图中波浪线示在板中出现塑性铰线(plastic hinge line)或屈服线(yield line)或断裂线(fracture line)的位置,垂直塑性铰线的弯矩都达到屈服极限 M_s。

外力所做的功为

$$W_e = \int_A p^* \partial w \mathrm{d}A = p^* \int_A \delta \omega \, \mathrm{d}A \tag{8.8}$$

式中,$\delta \omega$ 为板内各点的虚位移。因此 W_e 即等于变形后倒锥形"四坡顶"体积乘均布载荷 p^* 的积。为简化计算,假设在板的中部塑性铰线上的虚位移为 l,则有

$$W_e = p^* \left[\frac{1}{2}(L - \gamma l)l + \gamma \frac{l^2}{3} \times 1 \right] = p^* \left[\frac{1}{2}Ll - \frac{\gamma}{6}l^2 \right] \tag{8.9}$$

内力所做的功为

$$W_i = \sum_S M_i \theta_i \tag{8.10}$$

式中,θ_i 为由塑性铰线联结的板块之间的虚角位移;S 为塑性铰线的总长度。

如上所述,假定沿塑性铰线,弯矩皆达到其限值 M_s,则式(8.10)变为

$$W_i = M_s \sum_S \theta_i \tag{8.11}$$

沿跨中塑性铰线上,板块 I、I 间的虚角位移(相对旋转角)为

$$\theta_{I,I} = 2\theta = 2 \times \frac{1}{\dfrac{l}{2}} = \frac{4}{l} \tag{8.12}$$

其中 θ 见图 8.1。

沿对角塑性铰线上的虚角位移为

$$\theta_b = \theta_a + \theta_c$$

由图 8.1 知

$$\overline{ab} = \overline{bd} \cot \beta = \frac{l}{2}\sqrt{1 + \gamma^2}\, \frac{\gamma \dfrac{l}{2}}{\dfrac{l}{2}} = \frac{\gamma l}{2}\sqrt{1 + \gamma^2}$$

$$\overline{bc} = \overline{bd}\tan\beta = \frac{l}{2}\sqrt{1+\gamma^2}\,\frac{\dfrac{l}{2}}{\gamma\dfrac{l}{2}} = \frac{1}{2\gamma}\sqrt{1+\gamma^2}$$

而

$$\begin{cases} \theta_a = \dfrac{1}{ab} = \dfrac{1}{\dfrac{\gamma l}{2}\sqrt{1+\gamma^2}} = \dfrac{2}{\gamma\sqrt{1+\gamma^2}} \\[4mm] \theta_c = \dfrac{1}{bc} = \dfrac{1}{\dfrac{l}{2\gamma}\sqrt{1+\gamma^2}} = \dfrac{2\gamma}{l\sqrt{1+\gamma^2}} \end{cases} \tag{8.13}$$

则

$$\theta_{\text{I},\text{II}} = \theta_b = \frac{2}{l\sqrt{1+r^2}}\left(\frac{1}{\gamma} + \gamma\right) = \frac{2}{\gamma l}\sqrt{1+\gamma^2} \tag{8.14}$$

矩形边两个方向的 M_s 沿 $\overline{ab}$ 的分量为

$$\overline{M}_{bd} = \frac{M_s l}{2}\sin\beta + \frac{\gamma M_s l}{2}\cos\beta = \frac{M_s l}{2\sqrt{1+\gamma^2}} + \frac{\gamma^2 M_s l}{2\sqrt{1+\gamma^2}}$$

$$= \frac{M_s l}{2\sqrt{1+\gamma^2}}(1+\gamma^2) = \frac{M_s l}{2}\sqrt{1+\gamma^2} \tag{8.15}$$

因此总的内功可求得为

$$\begin{aligned} W_i &= M_s \theta_{\text{I},\text{II}}(L-\gamma) + 4\overline{M}_{bd}\theta_{\text{I},\text{II}} \\ &= M_s\frac{4}{l}(L-\gamma l) + \frac{4M_s l}{2}\sqrt{1+\gamma^2}\left(\frac{2}{\gamma l}\sqrt{1+\gamma^2}\right) \\ &= 4M_s\frac{L}{l} + \frac{4M}{\gamma} = 4M_s\left(\frac{L}{l} + \frac{1}{\gamma}\right) \end{aligned} \tag{8.16}$$

令 $W_i = W_e$，则得

$$p^* = \frac{4M_s\left(\dfrac{L}{l} + \dfrac{1}{\gamma}\right)}{l\dfrac{L}{2} - \dfrac{\gamma l^2}{6}} \tag{8.17}$$

对上式求 $\dfrac{\mathrm{d}p^*}{\mathrm{d}\gamma} = 0$，则有

$$\gamma = \sqrt{3 + \left(\frac{l}{L}\right)^2} - \frac{l}{L} \tag{8.18}$$

由此得到最小的 p^*，即为上限解的最低值，用 p^+ 表示为

$$p^+ = \frac{24M_s}{l^2}\,\frac{1}{\left[\sqrt{3 + \left(\dfrac{l}{L}\right)^2} - \dfrac{l}{L}\right]^2} \tag{8.19}$$

上面计算沿 $\overline{bd}$ 内力所做功的步骤虽然概念清楚，但过于繁复。如果将上面的计算适当整理，就不难看出其间的简单关系。

已知

$$\theta_{\text{I},\text{II}} = \frac{1}{\overline{ab}} + \frac{1}{\overline{bc}} = \frac{1}{\overline{bd}\cot\beta} + \frac{1}{\overline{bd}\tan\beta}$$

而

$$M_{bd}\theta_{\text{I},\text{II}} = \left(\frac{M_a l}{2}\sin\beta + \frac{M_a \gamma l}{2}\cos\beta\right)\left(\frac{1}{\overline{bd}\cot\beta} + \frac{1}{\overline{bd}\tan\beta}\right)$$

$$= \frac{M_s l}{2}\left(\frac{\sin\beta}{\overline{bd}\cot\beta} + \frac{\sin\beta}{\overline{bd}\tan\beta}\right) + \frac{M_s \gamma l}{2}\left(\frac{\cos\beta}{\overline{bd}\cot\beta} + \frac{\cos\beta}{\overline{bd}\tan\beta}\right)$$

$$= \frac{M_s l}{2}\left(\frac{\sin^2\beta}{\overline{bd}\cos\beta} + \frac{\cos\beta}{\overline{bd}}\right) + \frac{M_s \gamma l}{2}\left(\frac{\sin\beta}{\overline{bd}} + \frac{\cos^2\beta}{\overline{bd}\sin\beta}\right)$$

$$= \frac{M_s l}{2}\frac{1}{\overline{bd}\cos\beta} + \frac{M_s \gamma l}{2}\frac{1}{\overline{bd}\sin\beta}$$

$$= \frac{M_s l}{2}\frac{1}{\frac{\gamma l}{2}} + \frac{M_s \gamma l}{2}\frac{1}{\frac{l}{2}} \tag{8.20}$$

$$= M_s(\tan\beta + \cot\beta) \tag{8.21}$$

$$= M_s\left(\frac{1}{\gamma} + \gamma\right) \tag{8.22}$$

在上面证导中所得出的式(8.21)、式(8.22)很简单,但式(8.20)物理概念可能更为直观,又便于记忆,即沿斜塑性铰线的内功等于两个方向的 M_s,分别乘以沿各自方向的虚角位移,因为 $\frac{2}{\gamma l}$ 及 $\frac{2}{l}$ 分别为沿 L 和 l 方向的虚角位移 θ_L 及 θ_l。

上述关系可用下列通式来证明(图 8.2)。

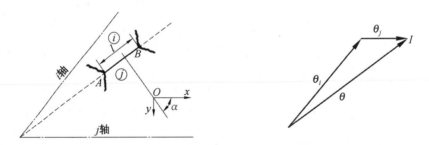

图 8.2　矢量示意图

考虑与板块 i 及 j 及相邻的、长度为 l 的塑性铰线,两个板块分别绕 i 轴及 j 轴的旋转。用矢量 $\boldsymbol{\theta}_i$ 及 $\boldsymbol{\theta}_j$ 表示大小等于两个板块绕其各自旋转轴 i 及 j 的旋转角,矢量指向沿这两个轴,而方向则指向离开轴的交点 I。

用矢量 $\boldsymbol{\theta}$ 表示大小等于板块 i 及 j 绕塑性铰线的相对旋转角(在塑性铰线内的旋转),而指向为沿塑性铰线。从图 8.2 得

$$\boldsymbol{\theta} = \boldsymbol{\theta}_i + \boldsymbol{\theta}_j \tag{8.23}$$

用 α 角表示塑性铰线法线与 x 轴的交角,x 轴与一个配筋方向一致。沿整个塑性铰线,塑性弯矩为常数。在正塑性铰线中,将有

$$M_\alpha = M_{s\alpha} = M_{sx}\cos^2\alpha + M_{sy}\sin^2\alpha \tag{8.24}$$

沿塑性铰线所做内功为

$$W_i = |\boldsymbol{M}_a| |\boldsymbol{\theta}| |\boldsymbol{l}| \tag{8.25}$$

式中，l 为指向沿塑性铰线的矢量，其方向和 $\boldsymbol{\theta}$ 方向相同。

$$|\boldsymbol{\theta}| |\boldsymbol{l}| = \frac{l_x \theta_x}{\sin^2 \alpha} = \frac{l_y \theta_y}{\cos^2 \alpha} \tag{8.26}$$

式中，l_x、l_y、θ_x、θ_y 分别为 l 和 $\boldsymbol{\theta}$ 在 x 和 y 轴上的投影。

将式(8.24)和式(8.26)表示的 M_a 及 $|\boldsymbol{\theta}| |\boldsymbol{l}|$ 代入式(8.25)，并取 $M_{sy} = k M_{sx}$，k 为异性系数(各向异性板计算见后列内容)，则得

$$W_a = M_{sx}(l_y \theta_y + k l_x \theta_x) \tag{8.27a}$$

如果有负塑性铰线时，则

$$W'_a = M'_{sx}(l_y \theta_y + k' l_x \theta_x) \tag{8.27b}$$

式中，$k' = \dfrac{M'_{sy}}{M'_{sx}}$，$M'_{sx}$、$M'_{sy}$ 分别为沿 x 及 y 方向的负极限弯矩。

总的内功应为

$$W_i = W_a + W'_a = M_{sx} \sum_{+} (l_y \theta_y + k l_x \theta_x) + M'_{sx} \sum_{-} (l_y \theta_y + k' l_x \theta_x) \tag{8.28}$$

当板为各向同性时，则 $k = k' = 1$。

如果 l 在 θ_i 及 θ_j 上的投影为 l_i、l_j 时，则有

$$W_i = M_s \sum_{+} (l_i |\boldsymbol{\theta}_i| + l_j |\boldsymbol{\theta}_j|) + M'_s \sum_{-} (l_i |\boldsymbol{\theta}_i| + l_j |\boldsymbol{\theta}_j|) \tag{8.29}$$

上式表明：在一各向同性板中，沿将板分成若干板块的正塑性铰线上所做的内功，等于 M_s 乘下列乘积的总和，这些乘积为各板块绕其各自的轴的旋转角分别乘所考虑的塑性铰线在这些轴上的投影长度；负塑性铰线上的内功也相似确定，但用 M'_s 代替 M_s 并沿负塑性铰线求总和(注意：某些 l_i 或 l_j 可能为负值)。今用该法求如图 8.3 所示沿 $MCDN$ 边嵌固，而沿 MN 边为自由的板的内功

$$W_i = M_s [\theta_1 (\overline{CA'} + \overline{A'M}) + \theta_2 (\overline{DA''} + \overline{A''E'}) + \theta_3 (\overline{CA''} + \overline{A''D})]$$
$$+ M'_s (\theta_1 \overline{CM} + \theta_3 \overline{CD} + \theta_2 \overline{DN})$$

$\overline{CA''}$ 和 $\overline{A''D}$ 具有相反的符号，其和为 $\overline{CD}$，因此

$$W_i = M_s (\theta_1 \overline{CM} + \theta_2 \overline{DE'} + \theta_3 \overline{CD}) + M'_s (\theta_1 \overline{CM} + \theta_2 \overline{DN} + \theta_3 \overline{CD})$$

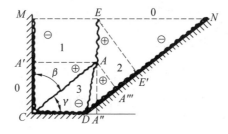

图 8.3　各向同性板

2. 下限解

假定取应力场为

$$\begin{cases} M_x = M_s \left(1 - \dfrac{4x^2}{L^2}\right) \\[2mm] M_y = M_s \left(1 - \dfrac{4y^2}{l^2}\right) \\[2mm] M_{xy} = \dfrac{4M_e xy}{Ll} \end{cases} \tag{8.30}$$

显然式(8.30)满足简支边力边界条件。

主弯矩为

$$M_{1,2} = \frac{1}{2}(M_x + M_y) \pm \frac{1}{2}\sqrt{(M_x - M_y)^2 + 4M_{xy}^2} \tag{8.31}$$

当将式(8.30)代入时,则有

$$\begin{cases} M_1 = M_s \\[2mm] M_2 = M_s \left[1 - 4\left(\dfrac{x^2}{L^2} + \dfrac{y^2}{l^2}\right)\right] \end{cases} \tag{8.32}$$

即在整个板的内部各点都满足弯矩不超过极限弯矩的条件;$x = \pm \dfrac{L}{2}, y = \pm \dfrac{l}{2}$ 时,$M_2 = M_s$,因此设定的弯矩分布为静力许可场。

根据 $M_1 = M_s$,从式(8.31)不难求得正弯矩作用下的屈服准则,同样可求得负弯矩作用时的屈服准则,它们是

$$\begin{cases} (M_s - M_x)(M_s - M_y) = M_{xy}^2 \\[2mm] (M_s' + M_x)(M_s' + M_y) = M_{xy}^2 \end{cases} \tag{8.33}$$

式中,M_s' 为负极限弯矩;在第二式中,M_x、M_y 为负值。

将式(8.30)代入板的平衡方程式

$$\frac{\partial^2 M_x}{\partial x^2} + 2\frac{\partial^2 M_{xy}}{\partial x \partial y} + \frac{\partial^2 M_y}{\partial y^2} = -p^0 \tag{8.34}$$

则有

$$-\frac{8M_3}{L^2} - \frac{8M_3}{l^2} - \frac{8M_3}{U} = -p^0$$

从而可求得

$$p^0 = \frac{8M_s}{l^2}\left(1 + \frac{l}{L} + \frac{l^2}{L^2}\right) = p_- \tag{8.35}$$

上式给出的为下限解,用 p_- 表示。

(1) 当 $l = L$ 即为方板时,$p^+ = \dfrac{24M_s}{l^2} = p_-$ 为准确解。

(2) 当 $\dfrac{L}{l} = 3$ 时,$p^+ = \dfrac{11.728M_s}{l^2}$,$p_- = \dfrac{11.556M_s}{l^2}$,即两者误差为 1.5%。

(3) 当 $\dfrac{L}{l} \to \infty$ 时,$p^+ = p_- = \dfrac{8M_s}{l^2}$,即为单向板。

如果在式(8.30)中,令 $M_{xy} = 0$,则 $M_1 = M_x, M_2 = M_y$,除在板的中点 $M_1 = M_2 = M_s$ 外,其余各点弯矩都未达到其极限值。代入平衡方程式可得

$$p_- = 8M_s\left(\frac{1}{l^2} + \frac{1}{L^2}\right)$$

当 $l = L$ 时，$p_- = \dfrac{16M_s}{l^2}$，即在不考虑扭矩作用时，将求得明显偏低的下限解。

和弹性解比较，对于方板，当泊松比 ν 分别为 0 和 0.3 时，M_s 分别等于 0.036 8pl^2 和 0.047 9pl^2；换算成的 p 分别为 $p_0 = 27.2\dfrac{M_s}{l^2}$ 和 $p_{0.3} = 20.9\dfrac{M_s}{l^2}$，而塑性解 $p_p = 24\dfrac{M_s}{l^2}$，即

$$p_0 > p_p > p_{0.3}$$

亦即在简支板中，当取 $\nu = 0$ 设计时，如在钢筋混凝土板中通常所采取的那样，按弹性理论较按塑性理论反而更为经济。但在连续板中，特别是在四边固定的板，一般按塑性理论设计较为经济。

在实际设计工作中，往往取 $\beta = 45°$（图 8.3）来进行上限解计算，一般情况与理论值（经过微分其最小的 p^* 值）误差不大。在表 8.1 中列出了不同 $\dfrac{L}{l}$ 值时按上限解的理论值和按 $\beta = 45°$ 的计算值，由表可见，其误差很小；表中还给出相应的下限解，与上限解的差别也很小。

表 8.1　简支均布载荷板上、下限解 $\dfrac{pl^2}{M_s}$ 计算结果比较

$\dfrac{L}{l}$	上限解		下限解
	准确解	按 $\beta = 45°$	
1	24	24	24
$\dfrac{3}{2}$	16.968	17.14	16.889
2	14.14	14.4	14
3	11.728	12	11.556
∞	8	8	8

8.2.2　各向异性板

上面已经提到，当板在两个方向的极限弯矩不同，分别为 M_{sx} 和 $M_{sy} = kM_{sx}$，则为各向异性板。

1. 上限解

内力所做的功为

$$W_i = kM_s\frac{4}{l}(L - rl) + kM_s\left(\frac{2}{l}\right)4\left(\frac{rl}{2}\right) + M_s\left(\frac{2}{rl}\right)2l = 4M_s\left(k\frac{L}{l} + \frac{1}{r}\right) \quad (8.36)$$

外力所做的功不变。令 $W_i = W_e$，得到

$$4M_s\left(k\frac{L}{l} + \frac{1}{r}\right) = p^*\left(\frac{Ll}{2} - \frac{r}{6}l^2\right)$$

$$p^* = \frac{4M_s\left(k\dfrac{L}{l} + \dfrac{1}{r}\right)}{\dfrac{Ll}{2} - \dfrac{r}{6}l^2} \tag{8.37}$$

求 $\dfrac{\mathrm{d}p^*}{\mathrm{d}r} = 0$，可得

$$r = -\frac{l}{kL} + \frac{1}{\sqrt{k}}\sqrt{\frac{l^2}{kL^2} + 3} \tag{8.38}$$

将式(8.38)代入式(8.37)即可求得上限解为

$$p^+ = \frac{24M_s}{l^2}k\,\frac{1}{\left[\sqrt{3 + \dfrac{l^2}{kL^2}} - \dfrac{l}{\sqrt{k}\,L}\right]^2} \tag{8.39}$$

2. 下限解

令

$$\begin{cases} M_x = M_s\left(1 - \dfrac{4x^2}{L^2}\right) \\[2mm] M_y = kM_s\left(1 - \dfrac{4y^2}{l^2}\right) \\[2mm] M_{xy} = \sqrt{k}\,\dfrac{4M_s xy}{Ll} \end{cases} \tag{8.40}$$

显然上式满足边界条件。而各向异性板的屈服准则为

$$\begin{cases} (M_{sx} - M_x)(M_{sy} - M_y) = M_{xy}^2 \\ (M'_{sx} + M_x)(M'_{sy} + M_y) = M_{xy}^2 \end{cases} \tag{8.41}$$

可见式(8.40)的应力场满足屈服准则［式(8.41)中第一式］。

当将式(8.40)代入板的平衡方程式，即可求得

$$p_- = \frac{8M_s k}{l^2}\left(1 + \frac{l}{\sqrt{k}\,L} + \frac{l^2}{kL^2}\right) \tag{8.42}$$

对四边固定的板，不难按上述方法求上限解（读者试自行计算）。当方板时

$$p^+ = \frac{24(M_s + M'_s)}{l^2}$$

对固定板，目前尚未求得可接受的解析的下限解，而现时可利用的下限解则需用数值法求出。

8.2.3　相似法

在求各向异性板的下限解时，可利用已知的各向同性板的解按相似法（affinity method）来进行。

如果 M_x、M_y、M_{xy} 场符合其极限弯矩为 M_s 及 M'_s 的各向同性板的屈服准则，则可证明 M_x、kM_y、$\sqrt{k}M_{xy}$ 场亦必将满足极限弯矩为 M_s、M'_s 的板的屈服准则式(8.33)，此处 k 为各向异性系数。如果这样改变异性板的力矩场而避免扰动屈服准则，当载荷不变，则这种改变一般不能保持平衡。为了保持平衡，函数 M_x、kM_y 及 $\sqrt{k}M_{xy}$ 可用于一将原板尺寸改

变的板,即令 $x^* = x$, $y^* = \sqrt{k}\,y$, $\partial y^* = k\partial y$,此处"*"号表示新的板,因为这时

$$\frac{\partial^2 M_x}{\partial x^{*2}} = \frac{\partial^2 M_x}{\partial x^2} \qquad \frac{\partial (kM_y)}{\partial y^*} = k\,\frac{\partial M_y}{\partial y}\,\frac{\partial y}{\partial y^*} = \sqrt{k}\,\frac{\partial M_y}{\partial y}$$

$$\frac{\partial^2 (kM_y)}{\partial y^{*2}} = k\,\frac{\partial^2 M_y}{\partial y^2}\,\frac{\partial y}{\partial y^*} = \frac{\partial^2 M_y}{\partial y^2}$$

$$\frac{\partial^2 \sqrt{k}M_{xy}}{\partial x^* \partial y^*} = k\,\frac{\partial}{\partial x}\left(\frac{\partial M_{xy}}{\partial y}\,\frac{\partial y}{\partial y^*}\right) = \frac{\partial^2 M_{xy}}{\partial x \partial y}$$

则因为原来的各向同性板的解满足平衡方程式(8.34),因此在相似的换算的新板中,平衡方程式

$$\frac{\partial^2 M_x}{\partial x^{*2}} + \frac{\partial^2 kM_y}{\partial y^{*2}} - 2\,\frac{\partial^2 \sqrt{k}M_{xy}}{\partial x^* \partial y^*} = -p$$

必将得到满足,最后即可将各向同性板的下限解应用于各向异性板,这时可采取:

(1) 对函数 M_y 和 M_{xy} 分别乘以 k 和 $\sqrt{k}$,而 M_x 不变。

(2) 将 y 轴方向尺寸 l 乘以 $\dfrac{1}{\sqrt{k}}$,对换算的各向同性板利用载荷参数的下限解。

现以承受均布载荷的简支矩形板为例做一说明,这时

$$\begin{cases} M_x = M_s\left(1 - \dfrac{4x^2}{L^2}\right) \\[2mm] M_y = kM_s\left(1 - \dfrac{4y^2}{l^2}\right) \\[2mm] M_{xy} = \sqrt{k}\,\dfrac{4M_s xy}{Ll} \end{cases} \qquad \text{同}(8.40)$$

各向同性板的下限解和上限解为

$$\begin{cases} p_- = \dfrac{8M_s}{l^2}\left(1 + \dfrac{l}{L} + \dfrac{l^2}{L^2}\right) \\[3mm] p^+ = \dfrac{24M_3}{l^2}\,\dfrac{1}{\left[\sqrt{3 + \left(\dfrac{l}{L}\right)^2} - \dfrac{l}{L}\right]^2} \end{cases}$$

令 $l = \dfrac{l}{\sqrt{k}}$ 代入,则有

$$\begin{cases} p_- = \dfrac{8M_s k}{l^2}\left(1 + \dfrac{l}{\sqrt{k}\,L} + \dfrac{l^2}{kL^2}\right) & \text{同}(8.42) \\[4mm] p^+ = \dfrac{24M_s}{l^2}\,k\,\dfrac{1}{\left[\sqrt{3 + \dfrac{l^2}{kL^2}} - \dfrac{l}{\sqrt{k}\,L}\right]^2} & \text{同}(8.39) \end{cases}$$

8.2.4　角隅效应

考虑一通过两直线简支边交点的塑性铰线(图 8.4)。由前述可知:当板承受载荷时,角点 c 将有从支座向上翘起的趋势。如果角自由翘起,即单向支承(unilateral support)时,则角隅区 ③ 实际将绕某一轴线 aa 旋转(图 8.4(b)),而 c 点将向上移动。这样,塑性铰

线将分成两枝并通过 aa 与支承边的交点。如果防止角点 c 离开支座,即锚固角隅(anchored corner)或双向支承(bilateral support)时,aa 轴将成为一负塑性铰线,而原来的正塑性铰线必将分成两条分叉的正塑性铰线,如图 8.4(c) 所示。这种现象称为角隅杠杆(corner lever 或 corner seesaw)。在上述两种情况中,机构的修正将降低由原机构确定的上限载荷 p,降低的程度取决于板的形状和比值 $\dfrac{M_s}{M_s'}$,此处 M_s' 为板的负极限弯矩。

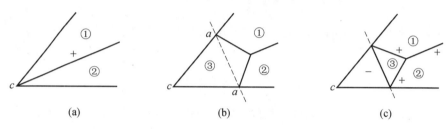

图 8.4   塑性铰线图

现以承受均布载荷的简支正方形板为例来阐述这一效应。假定破坏机构如图8.5(a)所示,图中 a、b 为待定的两个未知量。假定中心位移为单位值,则对板块 ①,$\theta_y = 0$、$\theta_x = \dfrac{2}{l}$。三角形板块 ② 绕负塑性铰线旋转,而角隅本身保持不动;板块 ② 的顶点 S 的位移为

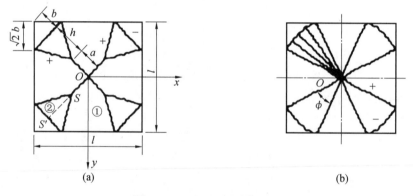

图 8.5   正方形板破坏机构图

$$1 - \frac{a}{\dfrac{l}{2}\sqrt{2}} = 1 - \frac{\sqrt{2}\,a}{l} \tag{8.43}$$

三角形的高度 SS' 等于 $\dfrac{l}{\sqrt{2}} - (a+b)$,则绕负塑性铰线的旋转角为

$$\frac{1 - \dfrac{\sqrt{2}\,a}{l}}{\dfrac{l}{\sqrt{2}} - (a+b)} \tag{8.44}$$

内功为

$$W_i = 4M_s \frac{2}{l}(1 - 2b\sqrt{2}) + 4(M_s + M_s') \, 2b \, \frac{1 - \dfrac{\sqrt{2}\,a}{l}}{\dfrac{l}{\sqrt{2}} - (a + b)} \tag{8.45}$$

由于角隅三角形不动,则由载荷所做的外功为

$$W_e = \frac{1}{3}pl^2 - \frac{4}{3}pb\left(1 - \frac{\sqrt{2}\,a}{l}\right) \tag{8.46}$$

令 $W_i = W_e$,$u = t \cdot \dfrac{\sqrt{2}\,a}{l}$ 及 $v = \dfrac{\sqrt{2}\,b}{l}$,则有

$$\frac{pl^2}{24M_s} = \frac{1 - 2v + \left(1 + \dfrac{M_s'}{M_s}\right)\left(\dfrac{uv}{u - v}\right)}{1 - 2uv^2} \tag{8.47}$$

如果仅发生两条对角塑性铰线,$u = 1$,$v = 0$。而式(8.47)则成为 $pl^2 = 24M_s$,此即一般上限解。

根据 $\dfrac{\partial p}{\partial u} = 0$ 和 $\dfrac{\partial p}{\partial v} = 0$ 可得两个非线性方程式,求解非常复杂,可用数解法求解,并假定 $M_s' = 0$(即在角隅未配置上部钢筋)。

表 8.2 列出了不同 v、u 值时的 $\dfrac{pl^2}{24M_s}$ 值,由表可知,对破坏载荷,v 值不是很"敏感"的,而 u 值的影响则更小,最低的破坏载荷将近似发生在 $u = 0.9$ 及 $v = 0.16$ 时,这时

$$pl^2 = (0.916\ 7)24M_s = 22.0M_s \tag{8.48}$$

这与 K. W. Johansen 和 E. Hognestad 用平衡法得出的结果相同。

用图 8.5(b)中所示的机构代替图 8.5(a)中所示的,则得

$$pl^2 = 21.7M_s \tag{8.49}$$

表 8.2　简支正方形板的角隅效应

v	$\dfrac{pl^2}{24M_s}$ 值				
	$u = 1$	$u = 0.95$	$u = 0.90$	$u = 0.80$	$u = 0.50$
0	1.00	1.00	1.00	1.00	1.00
0.1	0.929 7	0.929 4	0.929 2	0.929 1	0.934 3
0.14	0.918 8	0.918 4	0.918 1	—	—
0.15	0.917 8	0.917 3	0.917 1	0.917 6	0.935 3
0.16	0.917 4	0.917 0	0.916 7	0.917 6	—
0.2	0.923 2	0.923 5	0.923 6	0.925 9	0.972 2
0.3	1.010 4	1.011 4	1.014 3	1.028	—
0.4	1.274				

8.2.5 梁板共同作用

首先研究方板,这时板搁置在梁上或使板的重心和梁的重心重合,以避免发生 T 形梁作用,而梁则在四角被支承。研究的破坏模式将如图 8.6(a) 所示,称为"十字形"模式,以便与"对角线"模式相区别。

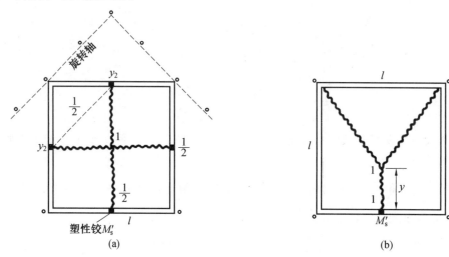

图 8.6　方板破坏模式示意图

如果板的中心发生单位位移,则每一刚性部分的旋转轴通过有零位移的支承角部并与方板各边成 45° 角。每根梁中心的塑性铰的位移等于板中心位移的一半,因此每一梁铰旋转角为 $2 \times \dfrac{\dfrac{1}{2}}{\dfrac{l}{2}} = \dfrac{2}{l}$,而该角沿每一塑性铰线为常数,故求得总的内功为

$$W_i = (2M_s l + 4M'_s) \frac{2}{l} = 4M_s + \frac{8M_s^d}{l} \tag{8.50}$$

式中,M'_s 为梁的全塑性(极限)弯矩。

在求外功时应注意到,每个四分之一区格的平均位移为 $\dfrac{1}{2}$,因此

$$W_e = \frac{1}{2} p l^2 \tag{8.51}$$

有

$$p l^2 = 8M_s \left(1 + \frac{2M_s^l}{M_s l}\right) = 8M_s(1 + \gamma_p) \tag{8.52}$$

式中,$\gamma_p = \dfrac{M_s^t}{\dfrac{M_s l}{2}} = \dfrac{梁的塑性弯矩}{相邻一半板宽的塑性弯矩}$。

假定梁为刚性的,$p l^2 = 24M_s$。当 $24M_s \geqslant 8M_s(1 + \gamma_p)$ 或当 $\gamma_p \leqslant 2$ 时,则可能发生梁板共同破坏;而当 $\gamma_p = 0$ 时,给出 $p l^2 = 8M_s$,这和无梁平板的破坏载荷相同。

如果一根梁的强度较其余梁的均低,则可能发生图 8.6(b) 所示的破坏模式("Y形"

模式),这和三边简支、一边自由的板的破坏模式相同,这时可求得

$$\frac{pl^2}{6M_s} = \frac{4 + \dfrac{1}{1-Y} + 2\gamma_p}{2Y} \tag{8.53}$$

式中 γ_p 可由弱梁确定,$Y = \dfrac{y}{l}$。

相应于最小载荷的 $\dfrac{y}{l}$ 值可求得为

$$Y = \frac{10 + 4\gamma_p}{8 + 4\gamma_p}\left[1 - \sqrt{1 - \left(\frac{3 + 2\gamma_p}{4 + 2\gamma_p}\right)\left(\frac{8 + 4\gamma_p}{10 + 4\gamma_p}\right)^2}\right] \tag{8.54}$$

显然,当 $\gamma_p = 0$,即一边自由时,$Y = 0.347$,求得 $pl^2 = 14.15M_s$;而当 $\gamma_p = 2$ 时,$Y = 0.5$,求得 $pl^2 = 24M_s$。这意味着破坏线交于板的中心,因为对弱的梁,$\gamma_p \leqslant 2$;而对其余梁,$\gamma_p > 2$。

至此可得结论:当 $\gamma_p \leqslant 2$ 时,图 8.7 中所示任一破坏形式,即交接模式(junction model)均可能发生。

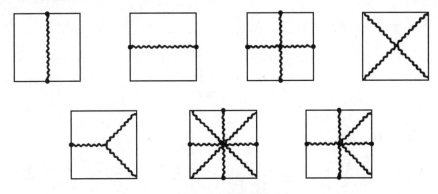

图 8.7　交接模式

当支承矩形板的长梁破坏时(图 8.8(a)),可写出

$$(plL)^+ = \frac{8}{L}(M_s l + 2M_s') \tag{8.55a}$$

当短梁破坏时(图 8.8(b)),可写出

$$(plL)^+ = \frac{8}{l}(M_s L + 2M_s') \tag{8.55b}$$

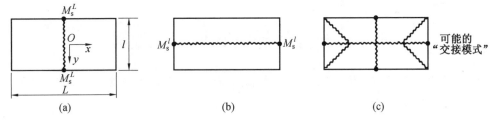

图 8.8　支承矩形板的长梁破坏

如梁足够强,板单独破坏时(图 8.1),则可由 P^* 的上限解式(8.19)写出

$$(plL)^+ = 24M_s \frac{L}{l} \frac{1}{\left[\sqrt{3 + \left(\frac{l}{L}\right)^2} - \frac{l}{L}\right]^2} \tag{8.55c}$$

如果只发生一种机构而不是其余另两种机构破坏,则相应的$(plL)^+$必须为上面 3 个公式中的最小者,并还应满足下列相应机构中的两个不等式条件。先引入符号

$$\gamma_L = \frac{M_s^L}{M_s \frac{l}{2}} \quad 和 \quad \gamma_l = \frac{M_s^l}{M_s \frac{L}{2}} \tag{8.56}$$

就应满足的条件:

(1) 板和长梁共同破坏(图 8.8(a)):

$$\begin{cases} 1 + \gamma_L \leqslant \left(\frac{L}{l}\right)^2 (1 + \gamma_l) \\ \gamma_L \leqslant \left(\frac{L}{l}\right)^2 - 1 + \dfrac{2\dfrac{L}{l}}{\sqrt{\left(\dfrac{l}{L}\right)^2 + 3} - \dfrac{l}{L}} \end{cases} \tag{8.57a}$$

(2) 板和短梁共同破坏(图 8.8(b)):

$$\begin{cases} 1 + \gamma_L \geqslant (1 + \gamma_l) \\ \gamma_l \leqslant \dfrac{2\dfrac{l}{L}}{\sqrt{\left(\dfrac{l}{L}\right)^2 + 3} - \dfrac{l}{L}} \end{cases} \tag{8.57b}$$

(3) 板单独破坏(图 8.1):

$$\begin{cases} \gamma_L \geqslant \left(\frac{L^2}{l}\right) - 1 + \dfrac{2\dfrac{L}{l}}{\sqrt{\left(\dfrac{l}{L}\right)^2 + 3} - \dfrac{l}{L}} \\ \gamma_l \geqslant \dfrac{2\dfrac{l}{L}}{\sqrt{\left(\dfrac{l}{L}\right)^2 + 3} - \dfrac{l}{L}} \end{cases} \tag{8.57c}$$

必须指出,当上面各不等式变为等式时,就可能发生混合破坏模式,如图 8.8(c)所示。

8.3　一些其他情况板的上限解

下面给出一些板的形状、支承条件或载荷情况为不同时的上限解。为了简便起见,在以下都不写出角标"+"。

8.3.1　承受集中载荷的单向板

首先假定破坏机构如图 8.9(a)所示。

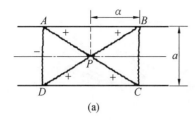 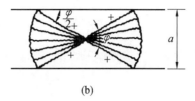

图 8.9　破坏机构图

令集中载荷 P 作用点下的位移为 l，根据内外功相等条件，则有

$$l \cdot P = M_s \left(4\alpha \cdot \frac{2}{a} + 2a \cdot \frac{1}{\alpha} \right) + M_s' 2a \cdot \frac{1}{\alpha} \tag{8.58}$$

求 $\dfrac{\mathrm{d}P}{\mathrm{d}\alpha} = 0$ 可给出

$$\alpha = \frac{a}{2} \sqrt{1 + \frac{M_s'}{M_s}} \tag{8.59}$$

将上式代入式 (8.58) 得

$$P = 8M \sqrt{1 + \frac{M_s'}{M_s}} \tag{8.60}$$

在假定的破坏形式下，上式虽已完成了 P 最小值的确定，但还不能肯定这一形式是否正确。

现再假定破坏形式如图 8.9(b) 所示，在此包括互相无限靠近的正塑性铰线的扇形，它们为两负的圆塑性铰线所包围，这种扇形可视为图 8.10 的极限。在图 8.10 中，由于正塑性铰线数为有限数，则两负塑性铰线构成多边形。当其中心点的位移为 l 时，一个扇形所做内功按下法求得：作用在单元三角形的 OA 及 OB 边上（图 8.11(a)）的正弯矩为 M_s，合力矩为 $M_s r\mathrm{d}\varphi$，方向为在圆形负塑性铰线上切于 A 点的 AB，旋转角为 $\dfrac{1}{r}$。因而由此所做的单元内功为 $M_s r\mathrm{d}\varphi / r = M_s \mathrm{d}\varphi$。在负塑性铰线上，负弯矩所做的内功为 $M_s' r\mathrm{d}\varphi / r = M_s' \mathrm{d}\varphi$，所以总的内功为

$$W_i' = \int_z^\varphi (M_s + M_s') \, \mathrm{d}\varphi = (M_s + M_s') \varphi \tag{8.61}$$

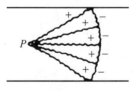

图 8.10　扇形破坏形式

研究图 8.11(b) 所示机构时，还必须考虑由扇形施加于径向边上的弯矩所做的功。当将这项弯矩分为平行于板边及垂直于所述边的两个分量时，后者做功，其值为 $rM_s \cot \dfrac{\varphi}{2}$，因此得内功为

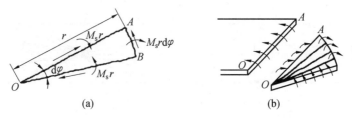

图 8.11　弯矩示意图

$$W_i = 2(M_s + M_s')\varphi + 4rM_s\cot\dfrac{\dfrac{\varphi}{2}}{r} \tag{8.62}$$

在 $W_i = W_e = l \cdot P$ 的方程式中，唯一的参量为 φ，按载荷最小化的条件 $\dfrac{\mathrm{d}P}{\mathrm{d}\varphi} = 0$ 可得

$$\cot\dfrac{\varphi}{2} = \sqrt{\dfrac{M_s'}{M_s}} \tag{8.63}$$

在特解情况，$M_s = M_s'$，则 $\varphi = \dfrac{\pi}{2}$，代入式(8.63)即得

$$P = 4M_s + 2\pi M_s = 10.28 M_s$$

而按式(8.60)则有

$$P = 8\sqrt{2}\,M_s = 11.3 M_s$$

比较两个 P 值可以发现图 8.9(a) 所示机构并非真实的破坏机构。将式(8.63)代入式(8.62)，最后可求得

$$P = 4\left[\sqrt{M_s M_s'} + (M_s + M_s')\operatorname{arccot}\sqrt{\dfrac{M_s}{M_s'}}\right] \tag{8.64}$$

8.3.2　圆形板

当周边固定的圆板承受均布载荷时，破坏机构呈圆锥形，从上面式(8.61)可知，这时的内功和外功分别为

$$W_i = (M_s + M_s')2\pi \tag{8.65}$$

和

$$W_e = \dfrac{\pi R^2}{3}p \tag{8.66}$$

式中，R 为圆板半径。再由 $W_i = W_e$ 求得

$$p = \dfrac{6(M_s + M_s')}{R^2} \tag{8.67}$$

显然，当简支即 $M_s' = 0$ 时，有

$$p = \dfrac{6M_s}{R^2} \tag{8.68}$$

当半径为 r 的环形载荷为 $\bar{p}$ 时，有

$$W_e = \dfrac{R - r}{R}2\pi r\bar{p} \tag{8.69}$$

$$\bar{p} = \frac{M_s + M_s'}{r\left(1 - \dfrac{r}{R}\right)} \tag{8.70}$$

上式两边皆乘以 $2\pi r$ 可有

$$2\pi r\bar{p} = \frac{2\pi(M_s + M_s')}{1 - \dfrac{r}{R}} \tag{8.71}$$

当 $r \to 0$ 并令 $2xr\bar{p} = P$ 时,上式将给出集中载荷时的解为

$$P = 2\pi(M_s + M_s') \tag{8.72}$$

当板的尺寸很大并在距支承边较远处作用集中载荷时,可引用此解。但当载荷靠近支承边时,则塑性铰线圆为边界所割切,其破坏形式将如图 8.12 所示。假定为简支边,则在一扇形内 M_s' 将消失,功的方程式变为

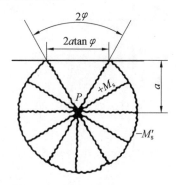

图 8.12　塑性铰线圆破坏形式图

$$(M_s + M_s')\int_{\varphi}^{2\pi-\varphi} \mathrm{d}\varphi + M_s 2a\tan\varphi\,\frac{1}{a} = P \cdot l$$

即

$$P = (M_s + M_s')(2\pi - 2\varphi) + 2M_s\tan\varphi \tag{8.73}$$

由

$$\frac{\mathrm{d}P}{\mathrm{d}\varphi} = -2(M_s + M_s') + 2M_s\sec^2\varphi = 0$$

得

$$\tan\varphi = \sqrt{\frac{M_s'}{M_s}} \tag{8.74}$$

从而

$$P = (M_s + M_s')(2\pi - 2\varphi) + 2\sqrt{M_s M_s'} \tag{8.75}$$

当 $M_s' = M_s$ 时,$\varphi = \dfrac{\pi}{4}$,则

$$P = (3\pi + 2)M_s \tag{8.76}$$

当 $M_s' \to 0$ 时,$\varphi = 0$,则

$$P = 2\pi M_s \tag{8.77}$$

8.3.3　三角形板

图 8.13 所示为一两邻边简支、一边自由、承受均布载荷的三角形板。

假定 K 点发生单位沉降，则

$$\theta_A = \frac{1}{S\sin v}, \quad \theta_B = \frac{1}{S\sin u}$$

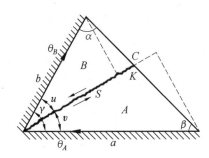

图 8.13　三角形板

在旋转方向，板极限弯矩的分量为

$$M_s S\cos v, \quad M_s S\cos u$$

绕旋转轴的载荷弯矩为

$$\frac{1}{6}paS^2\sin^2 v, \quad \frac{1}{6}pbS^2\sin^2 u$$

功的方程为

$$M_s(\cot v + \cot u) = \frac{1}{6}pS(a\sin v + b\sin u) \tag{8.78}$$

从图 8.13 可得

$$a\sin v + b\sin u = x\sin(\beta + v) + (c - x)\sin(\beta + v) = c\sin(\beta + v)$$

$$\cot v + \cot u = \frac{\cos v}{\sin v} + \frac{\cos u}{\sin u} = \frac{\sin(v + u)}{\sin v\sin(\gamma - v)} = \frac{\sin \gamma}{\sin v\sin(\gamma - v)}$$

由正弦定律知：$S = \dfrac{a\sin \beta}{\sin(v + \beta)}$，代入功的方程式（8.78）后可得

$$M_s = \frac{1}{6}p\,\frac{a\sin \beta}{\sin(v + \beta)}c\sin(\beta + v)\,\frac{1}{\cot v + \cot u}$$

$$= \frac{1}{6}pac\sin \beta\,\frac{\sin v\sin(\gamma - v)}{\sin \gamma} \tag{8.79a}$$

同样，利用正弦定律 $\dfrac{c}{\sin \gamma} = \dfrac{b}{\sin \beta}$ 以及三角公式

$$\sin v\sin(\gamma - v) = \frac{1}{2}\big[\cos(\gamma - 2v) - \cos \gamma\big]$$

可得

$$M_s = \frac{1}{12}pab\big[\cos(\gamma - 2v) - \cos \gamma\big] \tag{8.79b}$$

由

$$\frac{\mathrm{d}M_s}{\mathrm{d}v} = \frac{1}{12}pab\left[2\sin(\gamma - 2v)\right] = 0$$

得 $\gamma - 2v = 0$ 或 $v = \frac{1}{2}\gamma$，亦即表明屈服线为 γ 角的平分线。代入式(8.79b)可得

$$M_s = \frac{1}{12}pab(1 - \cos\gamma)$$

$$\tan\frac{\gamma}{2} = \frac{1 - \cos\gamma}{\sin r}$$

若令 $\frac{1}{2}pab\sin\gamma = P$，则可求得

$$M_s = \frac{P}{6}\tan\frac{\gamma}{2} \tag{8.80}$$

8.3.4　梯形板

图 8.14 所示为一四边固定的梯形板，a、b、c 及 d 4 边的约束程度分别用 i_a、i_b、i_c 及 i_d 表示$\left(i = \dfrac{M_s'}{M_s} = \dfrac{\text{支座负塑性弯矩}}{\text{跨中正塑性弯矩}}\right)$。用功的方程式及假定塑性铰线取 4 条等分角线及中线，可以求得近似公式，这一假定在矩形板中给出良好的结果。这样，各板块产生相同的旋转角，令为 l。

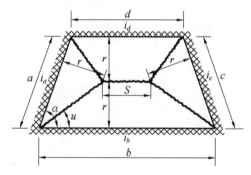

图 8.14　四边固定的梯形板

功的方程式也可写为

$$\sum M_i\theta = \sum M_\mu\theta \tag{8.81}$$

式中，M_μ 为外载荷弯矩。由此式可有

$$M_s(l + i_a)a + M_s(l + i_b)b + M_s(l + i_c)c + M_s(l + i_d)d$$

$$= \frac{1}{6}pr^2(a + b + 2S + c + d + 2S) \tag{8.82}$$

其中，$2S = b + d - a - c$，代入求得

$$M_s(a + b + c + d) + M_s(i_aa + i_bb + i_cb + i_dd) = \frac{1}{6}pr^2(3b + 3d - a - c)$$

或

$$M_s + M_s \frac{i_a a + i_b b + i_c c + i_d d}{a + b + c + d} = M_s + M_i = \frac{1}{6} pr^2 \frac{\dfrac{3(b+d)}{a+c} - 1}{\dfrac{b+d}{a+c} + 1} \tag{8.83}$$

8.3.5　有柱支承时

图 8.15 所示为两相邻边固定及两相邻边自由且承受均布载荷的板,在自由边的角上设柱支承。板的支承线(线支承边及其延长线或通过柱支承的线)为旋转轴线,塑性铰线应通过旋转轴线交点。故假定塑性铰线如图 8.15 所示,图中 $\dfrac{u}{b} = \dfrac{a}{v}$,即 $uv = ab$,进一步求出

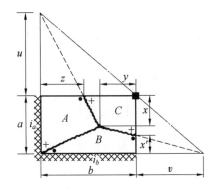

图 8.15　两相邻边固定及两相邻边自由且承受均布载荷的板

$$z = u \frac{b - y}{u + x}, \quad z' = v \frac{a - x}{v + y}$$

假定塑性铰线交点的位移为 l,则板块 A、B、C 的旋转角分别为

$$\begin{cases} \theta_A = \dfrac{1}{b - y}, & \theta_{C.a} = \dfrac{1}{y + x \dfrac{v}{a}} \\[4mm] \theta_B = \dfrac{1}{a - x}, & \theta_{C.b} = \dfrac{1}{x + y \dfrac{u}{b}} \end{cases} \tag{8.84}$$

上式中右边两式为 θ_C 对 a 和 b 的分量。此时内力矩为

$$\begin{cases} M_A^i = M_s (1 + i_a) a, & M_B^i = M_s (1 + i_b) b \\ M_{C.a}^i = M_s (a - z'), & M_{C.b}^i = M_s (b - z) \end{cases} \tag{8.85}$$

而外力矩为

$$\begin{cases} M_A^u = \dfrac{1}{6} p(a + u)(b - y)^2 - \dfrac{1}{6} puz^2 \\[2mm] M_B^u = \dfrac{1}{6} p(b + v)(a - x)^2 - \dfrac{1}{6} pvz'^2 \\[2mm] M_{C.a}^u = \dfrac{1}{6} p(a - x - z') y^2 + \dfrac{1}{6} px \left[y^2 + y(b - z) + (b - z)^2 \right] \\[2mm] M_{C.b}^u = \dfrac{1}{6} p(b - y - z) x^2 + \dfrac{1}{6} py \left[x^2 + x(a - z') + (a - z')^2 \right] \end{cases} \tag{8.86}$$

上式中后两项为梯形面积内均布载荷对 S_n 边的弯矩,由图 8.16 知,用以确定的公式为

$$M_n = \frac{1}{6}pS_n(h_n^2 + h_nh_{n+1} + h_{n+1}^2) \tag{8.87}$$

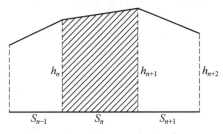

图 8.16   梯形面积

根据功的方程式求得

$$M_s = \frac{pab}{6}\frac{2 + \dfrac{x}{a}\dfrac{u}{u+x} + \dfrac{y}{b}\dfrac{v}{v+y}}{\dfrac{a(1+i_a)}{b-y} + \dfrac{a}{v+y} + \dfrac{b(1+i_b)}{a-x} + \dfrac{b}{u+x}} \tag{8.88}$$

首先用估计的塑性铰线位置按上式求出 M_s 的近似值。如果假定旋转轴和边成 $45°$ 角,则有 $u=b,v=a$。进一步假定 (x,y) 在距支承边有相等的距离,即 $a-x=b-y=k(a+b)$,此处 k 为一未知常数,用最大原则(对 M_s)确定。用这些数值,对于简支边可由式 (8.88) 给出弯矩

$$M_s = \frac{pab}{6}k\left[3 - \left(2 + \frac{a}{b} + \frac{b}{a}\right)k\right] \tag{8.89}$$

当 $k = \dfrac{3}{2\left(2 + \dfrac{a}{b} + \dfrac{b}{a}\right)}$ 时,M_s 为最大,从而求得

$$M_s^0 = \frac{3pab}{8\left(2 + \dfrac{a}{b} + \dfrac{b}{a}\right)}, \quad i_a = i_b = 0 \tag{8.90}$$

假定塑性铰线沿一对角线,而旋转轴平行于另一对角线,则 $u=a,v=b,\dfrac{x}{a}=\dfrac{y}{b}=k$。如果利用式(8.88)并令 $i=0$,则得

$$\begin{cases} M_s = \dfrac{P}{6\left(\dfrac{a}{b} + \dfrac{b}{a}\right)}(1-k)(1+2k) \\[4mm] M_{smax} = \dfrac{3P}{16\left(\dfrac{a}{b} + \dfrac{b}{a}\right)}, \quad k = \dfrac{1}{4} \end{cases} \tag{8.91}$$

取旋转轴垂直于至柱子的对角线,而从角点伸出的塑性铰线,相对于分角线,对称该对角线,则 $u=\dfrac{b^2}{a},v=\dfrac{a^2}{b},\dfrac{(a-x)}{b}=\dfrac{(b-y)}{a}=k$ 而

$$M_s = \frac{p}{12}k\left[3 - k\left(\frac{a}{b} + \frac{b}{a}\right)\right] \tag{8.92}$$

当 $k=\dfrac{3}{2\left(\dfrac{a}{b}+\dfrac{b}{a}\right)}$ 时和式(8.91)给出的值相同。

根据两种不同的塑性铰线可得到相同的 M_s 值,因此在两者之间的某一形式的塑性铰线,将可能给出较好的近似结果。这恰好得出式(8.90)这种形式,它必将提供较好的近似值。不难看出,该式给出较其他公式为高的 M_s 值。在约束板的情况下,对相同形式的塑性铰线可给出

$$M_s=\frac{pab}{6}\frac{k\left[3-\left(2+\dfrac{a}{b}+\dfrac{b}{a}\right)k\right]}{1+(1-k)\dfrac{ai_a+bi_b}{a+b}} \tag{8.93}$$

在此准确地确定 k 值,将会导出一个四次方程。用相应式(8.89)简支时的 k 代入上式分子(如 a 和 b 相差不多时,这与 $\dfrac{3}{8}$ 差别很小),并用 $l\cdot k=\dfrac{5}{8}\sim0.6$ 代入分母时,则得

$$M_s=\frac{M_s^0}{1+0.6\dfrac{ai_a+bi_b}{a+b}} \tag{8.94}$$

式中,M_s^0 由式(8.90)确定。该式可给出很好的近似结果,其误差百分数很小。

当图 8.15 中交点 (x,y) 落在板外时,将得到图 8.17 所示的塑性铰线形式,C 处屈服线必须紧靠近柱,柱的反力 $S=2M_s$。对 A,力矩方程式为

$$M_s(1+i_a)a-M_s\frac{x}{a}x=\frac{1}{6}pax^2 \tag{8.95}$$

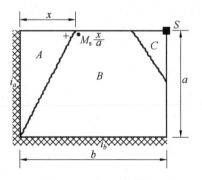

图 8.17　屈服线形式

对 B,得到力矩方程式为

$$M_si_bb+M_sx+M_s\frac{x}{a}=\frac{1}{2}pa^2b-\frac{1}{3}pa^2x-Sa \tag{8.96}$$

注意上两式中 $-M_s\dfrac{x}{a}$ 及 $+M_s\dfrac{x}{a}$ 分别为集中的节点力。联解得

$$\begin{cases} \dfrac{x}{a} = \dfrac{3}{1+\sqrt{1+k}} \\[3mm] k = 3\,\dfrac{3 + 2\dfrac{a}{b} + i_b}{(1+i_a)\dfrac{a^2}{b^2}} \\[3mm] M_s = \dfrac{1}{6}pa^2\,\dfrac{3b-2x}{2(x+a)+i_b b} \end{cases} \tag{8.97}$$

对简支,可得

$$M_s^0 = \frac{pab}{8\left(1+\dfrac{a}{3b}\right)}, \quad a \leqslant b \tag{8.98}$$

比较式(8.90)和式(8.98)表明:当 $a=b$ 时,两者给出相同结果;当两边不等时,该式给出较式(8.90)为大的 M_s 值。因此图 8.17 所示的屈服线形式较为危险。

8.4　板极限分析中的平衡法

有时利用为塑性铰线分成几个板块的各自平衡求得相应的极限弯矩,如果这些弯矩相同(或相近),则得上限解的准确结果(或近似结果)。但是这时在与自由边相交成锐角的板边,尚需引入"节点力"。

在图 8.18 中,沿自由边 AC,弯矩必须为零。在 B 点,利用莫尔圆,这时扭矩 $M_t = M_s \cot \alpha$,它可用作用在塑性铰线与自由边的交点 B 处的、大小相等、方向相反的两个集中节点力 N 代替,该力的大小为

$$N = M_s \cot \alpha \tag{8.99}$$

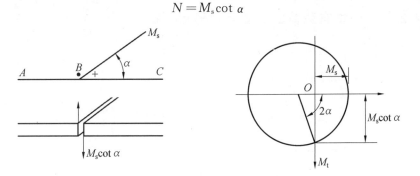

图 8.18　莫尔圆

在锐角一边的节点力方向向下,用"+"表示;在钝角一边则向上,用"·"表示。平衡法的解属于上限解。在按平衡法计算中,有时必须引入节点力。下面就举几个按平衡法计算的例子。

8.4.1　承受均布载荷的简支矩形板(图 8.1)

对板块 Ⅰ,绕支承边的力矩平衡式为

$$M_s L = \frac{1}{2} p L \left(\frac{l}{2}\right)^2 - 2\left(\frac{p}{2}\right) \gamma \frac{l}{2} \left(\frac{l}{2}\right) \frac{2}{3} \frac{l}{2} \tag{8.100}$$

对板块 Ⅱ,绕支承边的力矩平衡式为

$$M_s l = \frac{1}{6} p l \left(\gamma \frac{l}{2}\right)^2 \tag{8.101}$$

以上两式消去 M_s 得到 γ 的二次方程式

$$\gamma^2 + 2 \frac{l}{L} \gamma - 3 = 0 \tag{8.102}$$

解得

$$\gamma = -\frac{l}{L} + \sqrt{\left(\frac{l}{L}\right)^2 + 3} \tag{8.103}$$

代入上面第二个力矩方程式(8.101),则得

$$p = \frac{24 M_s}{l^2} \frac{1}{\left[\sqrt{3 + \left(\frac{l}{L}\right)^2} - \frac{l}{L}\right]^2}$$

当按平衡法计算时,除正方形板明显地应按 45° 角塑性铰线进行计算外,对矩形板仍按 $\beta = 45°$ 的塑性铰线计算,在用功法时误差很小(表 8.1);但用平衡法时,则由两个板块 Ⅰ、Ⅱ 各自平衡求得的 pl^2 值不再相等,而且 $\frac{l}{L}$ 越大,差别越大。因为很明显,不论 $\frac{l}{L}$ 比值的大小,这时从板块 Ⅱ 求得的 $(pl^2)_{\text{Ⅱ}} = 24 M_s$,必将大于准确值,而从板块 Ⅰ 则给出较小的 (pl^2) 值。如 $\frac{l}{L} = 2$ 时,这样求得的 $(pl^2)_{\text{Ⅰ}} = 12 M_s$,小于上限解准确值 $14.14 M_s$。可见用平衡法时,β 角的影响十分明显,亦即 β 角的选取对各板块平衡十分"敏感"。

8.4.2　承受均布载荷的简支六边形板

如图 8.19 所示,对板块 Ⅰ 和板块 Ⅱ 可分别求得

$$\begin{cases} M_s a = \frac{1}{6} p a x^2 \\ M_s b = \frac{1}{2} p b \left(\frac{1}{2} a^2\right) - \frac{2}{3} p \left(\sqrt{2}\, x - \frac{a}{\sqrt{2}}\right) \left(\frac{1}{2} a^2\right) \end{cases} \tag{8.104}$$

对 x 及 p 分别求解,则得

$$\begin{cases} x = a \sqrt{2 \left(\frac{a}{b}\right)^2 + \sqrt{2}\, \frac{a}{b} + \frac{3}{2}} - \sqrt{2}\, \frac{a^2}{b} \\ p = \frac{6 M_s}{a^2} \frac{1}{\left[\sqrt{2 \left(\frac{a}{b}\right)^2 + \sqrt{2}\, \frac{a}{b} + \frac{3}{2}} - \sqrt{2}\, \frac{a}{b}\right]^2} \end{cases} \tag{8.105}$$

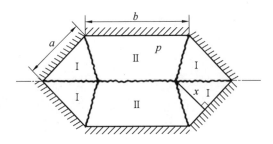

图 8.19　简支六边形板

8.4.3　三角形板

图 8.20 所示为三边固定的三角形板,按平衡法则有

$$
\begin{cases}
M_{\text{s}}(1+i_a) = \dfrac{1}{6}ph_a^2 \\[2mm]
M_{\text{s}}(1+i_b) = \dfrac{1}{6}ph_b^2 \\[2mm]
M_{\text{s}}(1+i_c) = \dfrac{1}{6}ph_c^2
\end{cases}
\tag{8.106}
$$

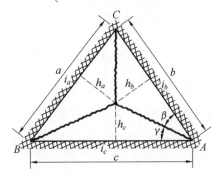

图 8.20　三边固定的三角形板

由此求得

$$
h_a = \sqrt{\frac{6M_{\text{s}}}{p}(1+i_a)}, \quad h_b = \sqrt{\frac{6M_{\text{s}}}{p}(1+i_b)}, \quad h_c = \sqrt{\frac{6M_{\text{s}}}{p}(1+i_c)}
$$

则

$$
\frac{h_a}{\sqrt{1+i_a}} = \frac{h_b}{\sqrt{1+i_b}} = \frac{h_c}{\sqrt{1+i_c}}
\tag{8.107}
$$

$$
M_{\text{s}}(1+i_a)a = \frac{p}{6}ah_a^2 = \frac{p}{6}ah_a\frac{\sqrt{1+i_a}}{\sqrt{1+i_b}}h_b
\tag{8.108}
$$

则有

$$\begin{cases} M_s\sqrt{1+i_a}\,a = \dfrac{p}{6}ah_a\dfrac{h_b}{\sqrt{1+i_b}} \\[2mm] M_s\sqrt{1+i_b}\,b = \dfrac{p}{6}bh_b\dfrac{h_b}{\sqrt{1+i_b}} \\[2mm] M_s\sqrt{1+i_c}\,c = \dfrac{p}{6}ch_c\dfrac{h_b}{\sqrt{1+i_b}} \end{cases} \tag{8.109}$$

将上式中的 3 式相加得

$$M_s\left(\sqrt{1+i_a}\,a + \sqrt{1+i_b}\,b + \sqrt{1+i_c}\,c\right) = \frac{p}{6}\frac{h_b}{\sqrt{1+i_b}}\left(ah_a + bh_b + ch_c\right)$$

令 $ah_a + bh_b + ch_c = 2A$，其中 A 为三角形面积，则上式等号右边可写成

$$\begin{aligned} &= \frac{p}{6}\frac{h_b}{\sqrt{1+i_b}}2A \\[2mm] &= \frac{ph_b}{3\sqrt{1+i_b}}\frac{ah_a + bh_b + ch_c}{ah_a + bh_b + ch_c} \\[2mm] &= \frac{2pAh_b}{3\sqrt{1+i_b}}\frac{1}{\dfrac{a\sqrt{1+i_a}}{\sqrt{1+i_b}}h_b + bh_b + \dfrac{c\sqrt{1+i_c}}{\sqrt{1+i_b}}h_b} \\[2mm] &= \frac{2p}{3}\frac{A}{\left(a\sqrt{1+i_a} + b\sqrt{1+i_b} + c\sqrt{1+i_c}\right)} \end{aligned} \tag{8.110}$$

或

$$M_s = \frac{2}{3}p\frac{A}{\left(a\sqrt{1+i_a} + b\sqrt{1+i_b} + c\sqrt{1+i_c}\right)^2} \tag{8.111}$$

利用正弦定律，$\dfrac{a}{\sin A} = \dfrac{b}{\sin B} = \dfrac{c}{\sin C}$ 和三角形面积 $A = \dfrac{1}{2}bc\sin A = \dfrac{1}{2}b^2\dfrac{\sin C}{\sin B}\sin A$，则上式可整理为

$$M_s = \frac{2p}{3}\frac{\sin A\sin B\sin C}{\left(\sqrt{1+i_a}\sin A + \sqrt{1+i_b}\sin B + \sqrt{1+i_c}\sin C\right)^2} \tag{8.112}$$

当 $i_a = i_b = i_c = i$ 时，塑性铰线将平分各角，$h_a = h_b = h_c = r$，$2A = (a+b+c)r$，这时由式 (8.111) 有

$$M_s(1+i) = \frac{2}{3}p\frac{A}{a+b+c} = \frac{2}{3}p\frac{(a+b+c)r(a+b+c)r}{4(a+b+c)^2} = \frac{1}{6}pr^2 \tag{8.113}$$

8.4.4　二邻边简支，二邻边自由，承受均布载荷的板

由于对称，预期的有塑性铰线形式中的最佳解，将为从 B 点引出的正屈服线，且必然通过 D 点，但这却又是不可能的，因为由于角上的扭矩，其静力等效为一作用于 D 点向下的力 $2M_s$，除非这个力是属于载荷中的，否则上述塑性铰线将是不可能的。如果 D 点没有集中载荷，则 D 点处的扭矩为零，可能的塑性铰线将如图 8.21 所示，参量 x 首先用功法确定。

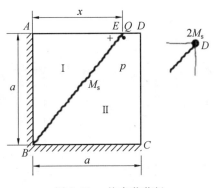

图 8.21　均布载荷板

假定 E 点位移为 1,则板块 I 绕 AB 旋转,$\theta_{\mathrm{I}} = \dfrac{1}{x}$;板块 II 绕 BC 旋转,$\theta_{\mathrm{II}} = \dfrac{1}{a}$。

而功的方程式为

$$M_s a\,\frac{1}{x} + M_s x\,\frac{1}{a} = \frac{1}{6}pax^2\,\frac{1}{x} + \frac{1}{6}pxa^2\,\frac{1}{a} + \frac{1}{2}p(a-x)a^2\,\frac{1}{a}$$

或

$$p = \frac{6M_s}{a^2}\,\frac{a^2 + x^2}{3ax - x^2} \tag{8.114}$$

令 $\dfrac{\mathrm{d}p}{\mathrm{d}x} = 0$,可得二次方程式

$$3\left(\frac{x}{a}\right)^2 + 2\left(\frac{x}{a}\right) - 3 = 0$$

解得 $\dfrac{x}{a} = 0.72$,代入式(8.114)即得

$$p = \frac{5.55}{a^2}M_s \tag{8.115}$$

显然,这项解答破坏了对称条件。但可证明,对称于 BE 的塑性铰线将得到相同的 p,则和 BE 一起,可维持对称条件。

现再用平衡法来确定 x。分别取对 AB 及 BC 的力矩为

$$\begin{cases} M_s a = \dfrac{1}{6}pax^2 + M_s\,\dfrac{x}{a}x, & \text{板 I} \\[2mm] M_s x = \dfrac{1}{6}pxa^2 + \dfrac{1}{2}p(a-x)a^2 - M_s\,\dfrac{x}{a}a, & \text{板 II} \end{cases} \tag{8.116}$$

消去 M_s,即可给出与上面相同的求 x 的二次方程式,从而求得相同的 p 值。以上的解答非准确解,只是近似值。

图 8.22 所示为 $\dfrac{M_s}{pa^2}$ 随 $\dfrac{x}{a}$ 的变化曲线图,由图可见,$0.5 \leqslant \dfrac{x}{a} \leqslant 0.9$ 时误差不大于 5%。

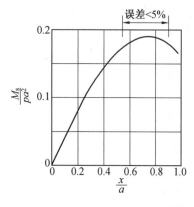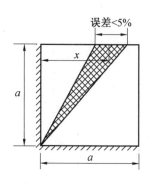

图 8.22 $\dfrac{M_s}{pa^2}$ 随 $\dfrac{x}{a}$ 的变化曲线图

8.4.5 带洞口的矩形板

图 8.23 所示为一带洞口的矩形板,在其上作用均布载荷 $p = 1\ \text{t/m}^2(1\ \text{t/m}^2 = 9\ 800\ \text{Pa})$,线载荷 $\bar{p}_1 = 0.4\ \text{t/m}^2$,$\bar{p}_2 = 1.5\ \text{t/m}^2$,因为未知参量较多,很难用上述联解方程式的办法求解,而须用计算法,故应给出板的尺寸及载荷的具体数值。

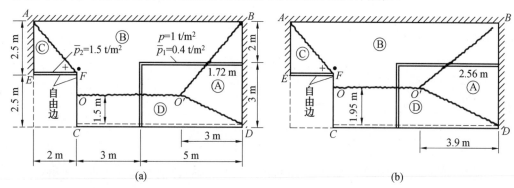

图 8.23 带洞口的矩形板

在设定塑性铰线时,3 侧的嵌固边(或连续边)应出现负塑性铰线,平行于长边方向的正塑性铰线应出现在靠近简支边一侧,斜向正铰线先试定如图 8.23(a)所示位置。假定各向同性而 $M_s = M_s'$,这时板块 A

$$M_s(5+5) = 1.0 \times 5 \times \frac{3}{2} \times \frac{1}{3} \times 3 + 0.4 \times \frac{(1.72)^2}{2} = 8.09(\text{tm})$$

$$M_{sA} = 0.809(\text{tm/m})$$

板块 B

$$M_s(10+10) = 1.0 \times \left(\frac{1}{2} \times 3.5 \times 3 \times \frac{3.5}{3} + 5 \times 3.5 \times \frac{3.5}{2} \right.$$

$$\left. + \frac{1}{2} \times 2 \times 2.5 \times \frac{2.5}{3} \right) + 0.4 \times (3.28 \times 2 + 1.5$$

$$\times 2.75) - M_s \frac{2 \times 2.5}{2.5}$$

$$M_{sB} = 1.959(\text{tm/m})$$

板块 C

$$M_s(2.5 + 2.5) = 1.0 \times \frac{2.5}{2} \times 2 \times \frac{2}{3} + 1.5 \times 2 \times 1 + M_s \frac{2}{2.5} \times 2$$

$$= 4.667 + 1.6M_s$$

$$M_{sC} = 1.375(\text{tm/m})$$

板块 D

$$M_s(8) = 1.0 \times \left(1.5 \times 5 \times \frac{1.5}{2} + \frac{1.5}{2} \times 3 \times 0.5\right) + 0.4$$

$$\times 1.5 \times \frac{1.5}{2} = 7.2(\text{tm})$$

$$M_{sD} = 0.900(\text{tm/m})$$

从上面对 4 个板块经各自平衡的试算给出的极限弯矩看,相差很大,这表示所设定的塑性铰线与真实情况有一定差距。但是可以看到,板块 A 和 D 的弯矩值较小,而 B 的则偏大。所以将 OO' 线向上移动,同时将 O' 点向内移动,以便使从各板块求得的弯矩相等或接近。至于板块 C 的极限弯矩值尚属适中,故该处的塑性铰线暂可不变。重新试算的塑性铰线位置如图 8.23(b) 所示,这时板块 A

$$M_s(5 + 5) = 1.0 \times (3.9 \times 2.5 \times 1.3) + 0.4 \times \frac{1}{2} \times (2.56)^2 = 13.98(\text{tm})$$

$$M_{sA} = 1.398(\text{tm/m})$$

板块 B

$$M_s(10 + 10) = 1.0 \times \left(3.9 \times \frac{3.05}{2} \times \frac{3.05}{3} + 4.1 \times 3.05 \times 1.53\right.$$

$$\left. + 2.5 \times \frac{2.5}{3}\right) + 0.4 \times 2.44 \times 2 + 0.4 \times 1.05$$

$$\times 2.53 - M_s \frac{2.0}{2.5} \times 2.5$$

$$M_{sB} = 1.379(\text{tm/m})$$

板块 C

$$M_{sC} = 1.373(\text{tm/m})(\text{按前面计算})$$

板块 D

$$M_{sD}(8) = 1.0 \times \left(1.95 \times 4.1 \times 0.975 + \frac{3.9}{2} \times 1.95 \times \frac{1.95}{3}\right.$$

$$\left. + 0.4 \times \frac{(1.95)^2}{2}\right) = 11.03(\text{tm})$$

$$M_{sD} = 1.378(\text{tm/m})$$

至此认为已获得最佳结果。

对图 8.23(b) 按功法计算可得 $M_s = 1.400 \text{ tm/m}$,读者试自行演算。

8.5　板的薄膜效应

从理论上说,上限解给出较大的极限载荷是不安全的,但对钢筋混凝土板的试验表明,实际的极限载荷还要大些,当板的周边受到约束时,则可提高很多。图 8.24 所示为约束板的载荷 P 和中心挠度 ω_0 的关系曲线图。

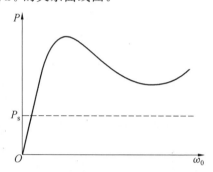

图 8.24　约束板的载荷 P 和中心挠度 ω_0 的关系曲线图

随着载荷的增大,板内将出现裂缝,拉区伸长。但由于板边受到约束,因而沿周边产生薄膜压力,使板处于偏心受压状态,因此不会在承受极限载荷 P_s 时发生破坏,载荷可大大超过中虚线所示水平。当达到图示的"顶点"时,薄膜压力开始下降,这时载荷随 ω_0 的增大而下降,至中性轴接近板厚中线时,薄膜压力降至零,这时载荷下降至最低点。此后在板的中间部分产生薄膜拉力,载荷又随挠度的增大而上升。

为了解释上述现象,下面来研究承受均布载荷的刚塑性板带(图 8.25)。假定支座为完全刚性的,则变形必须从相同水平处的中性轴处开始,相应薄膜内力和极限载荷可按下列方法计算。随着载荷的增加,中性轴就向板面移动。为了计算薄膜内力和薄膜载荷,必须找出作为挠度函数的受压区范围。

图 8.26 所示为跨长一半受约束的单向板带,其长度为 a,高度为 h。在跨中,挠度为 ω_0,而在支座、旋转角及中间面的伸长为 $\theta_a = -\dfrac{\omega_0}{a}$ 及 δ_a;在跨中,相应值为 $\theta_b = \dfrac{\omega_0}{a}$ 及 δ_b。可直接写出几何关系:

$$(a - \delta_a - \delta_b)^2 + \omega_0^2 = a^2 \tag{8.117}$$

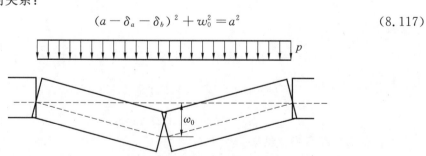

图 8.25　承受均布载荷的刚塑性板带

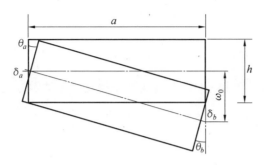

图 8.26　跨长一半受约束的单向板带

令 $\xi = \dfrac{\delta}{\theta h}$，设中性轴在中线之上为正，中线之下为负，则得

$$\xi_a h \theta_a + \xi_b h \theta_b = \frac{w_0^2}{2a} \tag{8.118}$$

或

$$-\xi_a + \xi_b = \frac{w_0}{2h} \tag{8.119}$$

用 ξ 测度中间面和刚性板部分之间交线的距离，可称为几何中性轴。

按照形变理论可以假设压应变发生的地方必然伴随着压应力，因此可以将高度 $\left(\dfrac{1}{2} + \xi_a\right) h$ 及 $\left(\dfrac{1}{2} - \xi_b\right) h$ 部分和受压区等同。然而，这种简化处理并不完全符合实际情况。以混凝土试件为例，在其受压达到显著塑性阶段后，如果压应变减少，根据弹性理论，应力应沿着卸载路径下降，这意味着压应力最后应降至零，即使总应变仍然表现为受压状态。这种处理显然是不正确的，因此，流动理论更适合描述这种材料性能。

为了找出在流动理论范围内受压区的延伸，因此必须考虑瞬时旋转轴（图 8.27），即机动中性轴。这是将几何条件微分而确定的，即

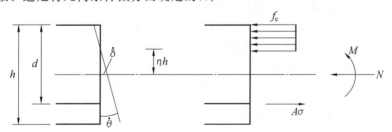

图 8.27　瞬时旋转轴

$$\dot{\delta}_a + \dot{\delta}_b = \frac{\dot{w}_0 w}{a} \tag{8.120}$$

或

$$-\eta_a + \eta_b = \frac{w_0}{h} \tag{8.121}$$

式中,符号上面的"·"表示对某一单调增加的物理量(亦即中心挠度ω_0)对时间的微分,而 $\eta = \dfrac{\dot{\delta}}{h\dot{\theta}}$ 是无量纲的,表示从中间面到旋转轴的距离。注意机动条件式(8.121)较几何条件式(8.119)在中心挠度上相差一倍。也可用小挠度的机动学方法导出方程式(8.121),积分后求得方程式(8.119)。用 $\phi = \dfrac{A\sigma}{hf_c}$ 表示力学的配筋程度,而相应于对中间高度旋转时的薄膜压力为

$$N_0 = \frac{1}{2}hf_c - \phi hf_c \qquad (8.122)$$

相应于法向力为零时的极限弯矩为

$$M_0 = \phi\left(\frac{d}{h} - \frac{1}{2}\phi\right)h^2 f_c \qquad (8.123)$$

式中,σ_s 和 f_c 分别为钢筋屈服强度和混凝土抗压强度。

屈服准则可写成

$$\begin{cases} f(n,m) = m - m_0 + n\left(n_0 + \dfrac{1}{2}n\right) \leqslant 0, & \dot{\theta} > 0 \\ f(n,m) = -m - m_0' + n\left(n_0' + \dfrac{1}{2}n\right) \leqslant 0, & \dot{\theta} < 0 \end{cases} \qquad (8.124)$$

其中

$$n = \frac{N}{hf_c}, \quad m = \frac{M}{h^2 f_c}$$

在无上部钢筋的截面中,对 $-n_0 \leqslant n \leqslant \phi$,方程式(8.124)中第一式是准确的;在无下部钢筋的截面中,对 $-n_0' \leqslant n \leqslant \phi'$,方程式(8.124)中第二式是准确的。

方程式(8.124)第一、二式组成凸镜形屈服轨迹,如图8.28所示。这个轨迹的部分是准确的,其余均系近似。因为忽视受压钢筋,整个轨迹具有线性部分,相当于绕钢筋水平旋转。因此,图8.28的正负弯矩曲线并不准确地相交于可由图8.27直接导出的点。

屈服截面每单位长度的内功速率可写为

$$D = \delta\dot{N} + \dot{\theta}M = hf_c(\dot{\delta}n + h\dot{\theta}m) \qquad (8.125)$$

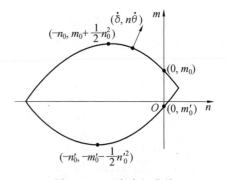

图8.28　正负弯矩曲线

这样,相应于广义应力(n,m)的广义应变速率为$\dot{\delta}$、$h\dot{\theta}$;与屈服准则相关联的流动法则要求应变速率向量向外,并垂直于屈服轨迹。因此(为$\dot{\delta},h\dot{\theta}$) 即为$(\dfrac{\partial f}{\partial n}, \dfrac{\partial f}{\partial m})$,由此可得

$$
\begin{cases}
\eta = \dfrac{\dot{\delta}}{\dot{\theta}} = n_0 + n, & \dot{\theta} > 0 \\[3mm]
\eta = \dfrac{\dot{\delta}}{h\dot{\theta}} = -n'_0 - n, & \dot{\theta} < 0
\end{cases}
\tag{8.126}
$$

这一结果还可从图 8.27 用薄膜力 N 和材料应力之间的关系求得

$$
f_c\left(\frac{h}{2} - \eta h\right) + N = \sigma_s A
$$

即

$$
\frac{f_c h}{2} - f_c \eta h + N = \sigma_s A
$$

或

$$
\eta = \frac{1}{2} + \frac{N}{f_c h} - \frac{\sigma_s A}{f_c h} = \frac{1}{2} - \phi + n
$$

从式(8.122)可见 $n_0 = \dfrac{1}{2} - \phi$，因此即得式(8.126)的第一个式子。

8.5.1　流动理论解

由流动法则式(8.126)及屈服准则式(8.124)确定支座和跨中的应力合力为相应中性轴距离的函数

$$
\begin{cases}
n_a = -\eta_a - n'_0, & m_a = -m'_0 - \dfrac{1}{2}(n'^2_0 - \eta^2_a) \\[3mm]
n_b = \eta_b - n_0, & m_b = m_0 + \dfrac{1}{2}(n^2_0 - \eta^2_b)
\end{cases}
\tag{8.127}
$$

为了导出进一步的方程式，可用平衡法或消耗法。在前法中，对刚性板的各部分写出平衡方程式。水平方向平衡给出明显的结果为

$$
n_a = n_b = n \tag{8.128}
$$

对支座弯矩平衡

$$
\frac{\frac{1}{2}p a^2}{h^2 f_c} = -m_a + m_b + n_b \frac{w_0}{h} \tag{8.129}
$$

联解方程式(8.121)、式(8.127)、式(8.128)及式(8.129)可给出

$$
\begin{cases}
n = -\dfrac{1}{2}\left(n_0 + n'_0 - \dfrac{w_0}{h}\right) \\[3mm]
\dfrac{\frac{1}{2}p a^2}{h^2 f_c} = m_0 + m'_0 + n^2
\end{cases}
\tag{8.130}
$$

在消耗法中，由作用载荷所做外功速率等于消耗在屈服线中的内功速率，即

$$
\frac{1}{2}p a \, \dot{w}_0 = h f_c (\dot{\delta}_a n_a + h\dot{\theta}_a m_a + \dot{\delta}_b n_b + h\dot{\theta}_b m_b) \tag{8.131}
$$

引用方程式(8.127)，并除以 $\dfrac{\dot{w}_0}{a} = -\dot{\theta}_a = \dot{\theta}_b$ 后可写成

$$\begin{cases} \dfrac{1}{2}pa^2 = h^2 f_c(-n_a\eta_a - m_a + n_b\eta_b + m_b) & (8.132a) \\[3mm] \dfrac{\frac{1}{2}pa^2}{h^2 f_c} = -m_a + m_b + (n_b - n_a)\eta_a + n_b\dfrac{w_0}{h} & (8.132b) \end{cases}$$

代入机动条件式(8.121),如果按式(8.132b)对参量 η_a 最小化,结合式(8.127)和式(8.121),并令 w_0 为常数,则得方程式(8.128),代回到方程式(8.132b),从而给出方程式(8.129),和用平衡法的解完全相同。

"消耗法"这个术语是为了避免与其他称为功法的方法相混淆。其概念是在屈服线中的应力合力用本构方程、机动条件及水平方向平衡来求得,亦即用方程式(8.127)、(8.121)和(8.128)确定。因此内功总速率是将每一刚性板块的旋转乘以绕应力合力旋转轴的力矩来求得。载荷等于外功速率,即

$$\frac{1}{2}pa\,\dot{w}_0 = (-M_a + M_b + N_b w_0)\frac{w_0}{a} \tag{8.133}$$

因此,这一过程是将平衡法公式化的另一途径,而这一过程不包括任何最小化步骤。功法的优点在于不需考虑各板块的平衡而求得解答。

方程式(8.130)表明薄膜力随中心挠度线性降低,而承载能力则呈抛物线变化。在图 8.29(a)中给出了一些数字例题。

图 8.29(a)中的荷载一挠度曲线是基于一个设定的破坏机制进行推导的,这明显采用了上限方法。对于曲线上的每一个点,求解过程实际上取决于当前的流动图形,即结构的当前形态。除了在前一瞬间已知的上限解部分之外,其余部分都是未知的,这种情况一直持续到破坏荷载($w_0=0$)。因此,表示荷载一挠度关系的上限解曲线可无须给出。尽管如此,曲线本身仍旧可以被认为是一个相对准确的解,条件是应力合力体系在不引起额外屈服的情况下与作用荷载保持平衡。同时,这个体系允许结构在没有扰动的情况下变形,以适应假定的破坏机构。

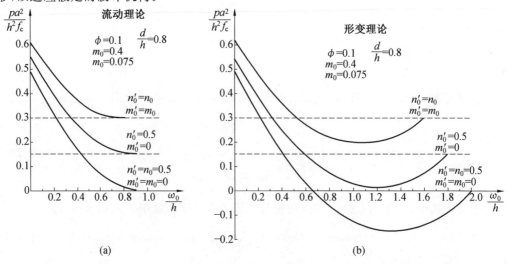

图 8.29　载荷一挠度曲线

薄膜力可由式(8.130)中第一式给出,距支座 x 距离处的点的弯矩 M_x 可求得为

$$M_x = M_b - \frac{1}{2}p\,(a-x)^2 + N_b\frac{a-x}{a}w_0 \tag{8.134}$$

或按式(8.130)中第二式和式(8.127)中第二式求出

$$m_x = \frac{2ax-x^2}{a^2}m_0 - \frac{(a-x)^2}{a^2}m_0' + n\Big(\frac{a-x}{a}\frac{w_0}{h} - n_0\Big)$$

$$- n^2\Big[\frac{1}{2} + \frac{(a-x)^2}{a^2}\Big] \tag{8.135}$$

对 $x=0$ 和 $x=a$,式(8.135)化为 $m_x = m_a$ 和 $m_x = m_b$,而这些点是在屈服轨迹上的,要求在任何处屈服准则不被破坏,从而可导得

$$m_a \leqslant m_x \leqslant m_b \tag{8.136}$$

因为式(8.135)为 x 的二次式,这相当于条件 $\dfrac{\mathrm{d}m_x}{\mathrm{d}x} \geqslant 0$,从式(8.135)求导数可得

$$\frac{\mathrm{d}m_x}{\mathrm{d}x} = 2\frac{a-x}{a}(m_0 + m_0' + n^2) + n\frac{w_0}{ah} \tag{8.137}$$

斜率最低值是在 $x=a$ 处求得,如果仅 $n \leqslant 0$,它为非负值的。因此,当薄膜力为压应力,即 $\dfrac{w_0}{h} \leqslant n_0 + n_0'$ 时,解答是准确的。曲线 8.26(a) 仅对这一区间绘出,对更大挠度,屈服延展至跨中截面以外,而形成中心薄膜拉力(悬链曲线)。下面简单地给出两种建议的算式。

8.5.2　形变理论解

在形变理论方法中,应变速率可被忽视而假定屈服准则方程式(8.124)为对总应变 δ、$h\theta$ 的塑性势能。最后方程式(8.126)可代之以

$$\begin{cases} \xi = \dfrac{\delta}{h\theta} = n_0 + n, & \theta > 0 \\[2mm] \xi = \dfrac{\delta}{h\theta} = -n_0' - n, & \theta < 0 \end{cases} \tag{8.138}$$

应力合力可表示为相应的几何中性轴距离的函数:

$$\begin{cases} n_a = -\xi - n_0', & m_a = -m_0' - \dfrac{1}{2}(n_0'^2 - \xi_a^2) \\[2mm] n_b = \xi_b - n_0, & m_b = m_0 + \dfrac{1}{2}(n_0^2 - \xi_b^2) \end{cases} \tag{8.139}$$

式中,参数 ξ_a、ξ_b 取决于几何条件式(8.119),水平方向及弯矩平衡仍表示为方程式(8.128)及式(8.129)。联解式(8.119)、式(8.139)、式(8.128)及式(8.129)可给出

$$\begin{cases} n = -\dfrac{1}{2}\Big(n_0 + n_0' - \dfrac{1}{2}\dfrac{w_0}{h}\Big) \\[2mm] \dfrac{1}{2}\dfrac{pa^2}{h^2 f_c} = m_0 + m_0' + n\Big(n + \dfrac{1}{2}\dfrac{w_0}{h}\Big) \end{cases} \tag{8.140}$$

比较式(8.140)中第一式和式(8.130)中第一式可知:对一给定的薄膜内力,按形变

理论的中心挠度较流动理论给出的大一倍。式(8.140)中第二式进一步表明了承载能力降低到无约束的板弯曲破坏载荷之下。图 8.29(b) 中曲线是依据和图 8.29(a) 中相同的 3 种条件绘制的。对无筋板带,在某些中心挠度下,需要很大的向上的载荷以维持平衡。假定材料为刚塑性的,而最后没有弹性力被平衡,这似乎是不合理的。这种预测是由于形变理论中假定混凝土卸载时保持其极限压应力引起的。

如前所述,一个应力合力许可组由式(8.130)中第一式和式(8.135)给出。假定 $n \leqslant 0$,屈服准则并未被扰动,因此,对 $\frac{\omega_0}{h} \leqslant 2(n_0 + n_0')$ 而言,解答是准确的,这就是被描绘在图 8.29(b) 中曲线的区间。

消耗法与形变理论的结合存在难度,原因在于难以构建一个既包含总应变又具有实际意义功的方程。

应用功法考虑一个从流动变形状态得出的小的虚位移 δw 是可解的。 写出 $\delta \omega = \dot{\omega}_0 \delta t$,功的方程式(8.133)即变成弯矩方程(8.129),而解答即得到式(8.140)。

形变法最严重的不足是预测随挠度增加,薄膜力缓慢降低,这是与试验验证不一致的。由 1969 年 E. H. Roberto 对板带的试验表明,在中心挠度 $\frac{\omega_0}{h}$ 为 $0.6 \sim 0.7$ 时,薄膜力下降至 0,而形变理论预测为 2,流动理论为 1。

载荷－挠度曲线甚至较流动理论陡,可能是由于受压区混凝土的应变软化所引起的。

根据 1971 年 J. F. Brotchie 建议,当混凝土完全被压碎时,钢筋如同一简单的拉网工作,对方板,给出

$$p = 16 \mu d \sigma_s \frac{w_0}{h^2} \tag{8.141}$$

式中,μ 为配筋率;d 为板的有效高度,in;p 及 σ 皆按 1 b/in^2 计。

1961 年 R. H. Wood 根据对简支圆板试验的结果,建议考虑受拉薄膜内力对破坏载荷 p 提高的公式为

$$\begin{cases} p_m = p\left(1 + 0.6\,\dfrac{w_0}{h}\right) & (\text{对 } \mu = 0.002 \text{ 的低配板}) \\ p_m = p\left(1 + 0.3\,\dfrac{w_0}{h}\right) & (\text{对 } \mu = 0.008 \text{ 的低配板}) \end{cases} \tag{8.142}$$

对矩形板,当 $L \geqslant 3l$ 时,可不考虑提高效应。

苏联早年的钢筋混凝土结构设计规范即已根据 А. А. Гвоздёв 的建议,对多孔板内跨,减少钢筋 20%,根据经验考虑薄膜效应,他当时引用了 W. Gehler 和 H. Amos 在 20 世纪 30 年代初所进行的约束板的试验。

习　　题

1. 试用静力法和破坏机构法求出图 8.30 连续梁的极限载荷。

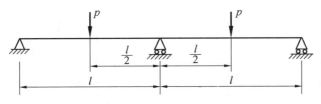

图 8.30　连续梁示意图

2. 如图 8.31 所示连续梁分别在 D 点和 E 点受方向相反的集中力作用,连续梁 AB 段能承受极限弯矩 $1.5M_p$,而 BC 段只能承受 M_p,试用破坏机构法求出极限载荷 P_0。

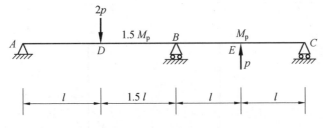

图 8.31　连续梁示意图

3. 试用破坏机构法求出图 8.32 所示超静定梁的极限载荷 q。

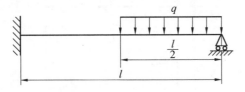

图 8.32　超静定梁示意图

4. 如图 8.33 所示超静定刚架,承受均布载荷 q 及集中载荷 $P=0.4ql$,试用破坏机构法求此刚架的极限载荷。

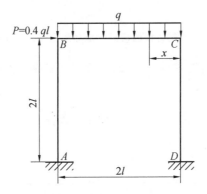

图 8.33　超静定刚架示意图

5. 已知刚架各杆的极限弯矩和所受的外载荷如图 8.34 所示,试求图中 3 种情况的极限载荷。

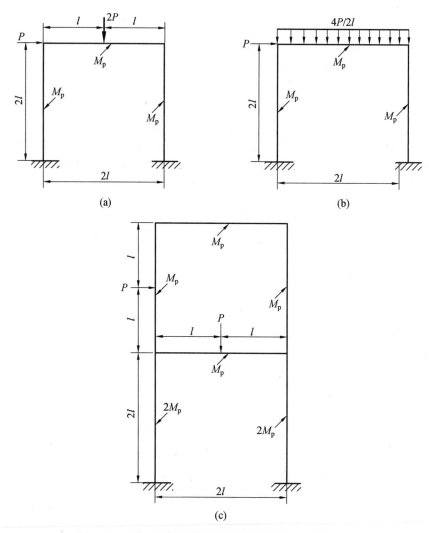

图 8.34　刚架各杆的极限弯矩和所受的外载荷示意图

6. 已知一各向同性的简支方板，$\dfrac{l}{L}=2$，承受均布载荷 q 的作用，求极限状态时极限载荷的上限解和下限解。

7. 已知简支圆板半径 R，在整个圆板上承受均布载荷 q 的作用，如图 8.35 所示，试求出极限载荷 q 的值。

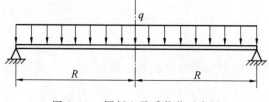

图 8.35　圆板上承受载荷示意图

8.如图 8.36 所示,一两邻边简支、一边自由、承受均布载荷的三角形板。试求出极限载荷 q 的值。

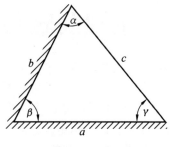

图 8.36　三角形板

第9章　工程问题仿真解析

弹性力学的分析方法可以分为两类,即解析法和数值法。通常用解析法只能求解方程性质简单、几何形状较规则的问题。对于大多数实际工程问题,由于求解区域的几何形状较复杂、求解偏微分方程较困难,因此通常应用数值法解出问题的近似解。数值法可分为两类:一类是对基本微分方程采用近似的数值解法,如有限差分法,是将微分改为差分,建立差分方程;另一类是对力学模型进行近似的数值计算,即将连续体离散化,求解离散化模型的数值解,如有限单元法、边界单元法等。随着电子计算机和计算技术的迅速发展,目前有限单元法已成为结构分析的有效方法和手段。

有限单元法的基本思路是将连续的求解区域离散为有限个单元的组合体,将一个连续的无限自由度问题变成离散的有限自由度问题。同时,由于有限单元的划分和结点的配置比较灵活,对于较复杂的边界条件也可得到较好的逼近。

从基本未知量角度考虑,有限单元法又可分为3类:

① 位移法,以结点位移作为基本未知量。

② 力法,以结点力作为基本未知量。

③ 混合法,以部分结点位移和部分结点力作为基本未知量。

由于位移法易于编程,因此在有限单元法中得到广泛应用。

有限单元法的理论基础是最小总势能原理。其基本思路和步骤如下:

① 将连续的求解区域划分为有限个单元。

② 以单元结点位移作为基本未知量,选择适当的位移函数表示单元中的位移,并用结点位移表示此位移函数,此时,单元的虚变形能为结点位移的二次函数。

③ 将连续的求解区域的总虚变形能看成各个单元虚变形能的总和,将外力虚功用结点位移表示,由此可求出连续的求解区域的总势能。

④ 应用最小总势能原理可得到一组线性方程,即结点平衡方程。

⑤ 引入位移边界条件求解平衡方程得到各个结点的位移,进一步可求得单元的应变和应力。

本章主要以三角形单元为例介绍平面问题的有限单元法。

9.1　单元的位移函数和插值函数

将一个二维域划分为有限个三角形单元,在边界上用若干段直线代替原来的曲线边界,随着单元增多,这种拟合将越来越精确,如图9.1所示。

三角形单元结点编号为 i、j、m 并以逆时针方向为正向,如图9.2所示。结点坐标分别为 (x_i,y_i)、(x_j,y_j)、(x_m,y_m)。每个结点的位移分量分别为

$$\delta_i = \begin{cases} u_i \\ v_i \end{cases}, \quad i, j, m$$

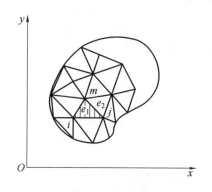

图 9.1 二维域的划分

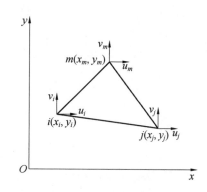

图 9.2 三角形单元结点编号

单元节点位移为

$$\boldsymbol{\delta}^{(e)} = \begin{bmatrix} \boldsymbol{\delta}_i \\ \boldsymbol{\delta}_j \\ \boldsymbol{\delta}_m \end{bmatrix} = \begin{bmatrix} u_i & v_i & u_j & v_j & u_m & v_m \end{bmatrix}^{\mathrm{T}} \tag{9.1}$$

在有限单元法中,单元的位移函数一般采用多项式作为近似函数。因为多项式运算简单,且随着项数的增多,可逼近任何一段光滑的曲线。设三角形单元内任一点的位移 u、v 是坐标 x、y 的线性函数,即有

$$\begin{cases} u = \beta_1 + \beta_2 x + \beta_3 y \\ v = \beta_4 + \beta_5 x + \beta_6 y \end{cases} \tag{9.2}$$

β_1、β_2、$\cdots$、β_6 是待定系数,它可由结点位移的值确定。由于三角形单元有 3 个结点,每个结点有两个位移分量,共有 6 个自由度,因而位移函数中只能有 6 个待定系数。将结点的坐标和位移代入式(9.2),得

$$\begin{cases} u_i = \beta_1 + \beta_2 x_i + \beta_3 y_i, & v_i = \beta_4 + \beta_5 x_i + \beta_6 y_i \\ u_j = \beta_1 + \beta_2 x_j + \beta_3 y_j, & v_j = \beta_4 + \beta_5 x_j + \beta_6 y_j \\ u_m = \beta_1 + \beta_2 x_m + \beta_3 y_m, & v_m = \beta_4 + \beta_5 x_m + \beta_6 y_m \end{cases} \tag{9.3}$$

利用克莱姆法则求解线性方程组(9.3),得

$$\begin{cases} \beta_1 = \dfrac{1}{2A}(a_i u_i + a_j u_j + a_m u_m), & \beta_4 = \dfrac{1}{2A}(a_i v_i + a_j v_j + a_m v_m) \\ \beta_2 = \dfrac{1}{2A}(b_i u_i + b_j u_j + b_m u_m), & \beta_5 = \dfrac{1}{2A}(b_i v_i + b_j v_j + b_m v_m) \\ \beta_3 = \dfrac{1}{2A}(c_i u_i + c_j u_j + c_m u_m), & \beta_6 = \dfrac{1}{2A}(c_i v_i + c_j v_j + c_m v_m) \end{cases} \tag{9.4}$$

其中

$$\begin{cases} a_i = x_j y_m - x_m y_j \\ b_i = y_j - y_m \\ c_i = x_m - x_j \end{cases}, \quad i, j, m \tag{9.5}$$

$$A = \frac{1}{2}(b_i c_j - b_j c_i) \tag{9.6}$$

为使得出的三角形面积不成为负值，三角形单元结点 i、j、m 的排列顺序必须是逆时针的。

将式(9.4)代入式(9.2)，得到用结点位移表示的位移函数

$$\begin{cases} u = N_i u_i + N_j u_j + N_m u_m \\ v = N_i v_i + N_j v_j + N_m v_m \end{cases} \tag{9.7}$$

其中

$$N_i = \frac{1}{2A}(a + b_i x + c_i y), \quad i, j, m \tag{9.8}$$

式(9.7)反映了单元内任一点的位移与结点位移的关系是通过 N_i、N_j、N_m 联系起来的。而由式(9.8)可见，N_i、N_j、N_m 是坐标的线性函数，它反映了单元内位移分布的形状，故称为插值函数或形函数。

将式(9.7)写成矩阵形式

$$\boldsymbol{f} = \begin{bmatrix} u \\ v \end{bmatrix} = \begin{bmatrix} N_i & 0 & N_j & 0 & N_m & 0 \\ 0 & N_i & 0 & N_j & 0 & N_m \end{bmatrix} \begin{bmatrix} u_i & v_i & u_j & v_j & u_m & v_m \end{bmatrix}^{\mathrm{T}}$$

$$= \begin{bmatrix} \boldsymbol{I} N_i & \boldsymbol{I} N_j & \boldsymbol{I} N_m \end{bmatrix} \boldsymbol{\delta}^{(e)} = N \boldsymbol{\delta}^{(e)} \tag{9.9}$$

式中，$\boldsymbol{I}$ 为二阶单位矩阵，即 $\boldsymbol{I} = \begin{bmatrix} 1 & 0 \\ 0 & 1 \end{bmatrix}$。

通常可以根据求解域的几何特点、求解精度等采用不同形状的单元，如四边形单元、矩形单元，可采用不同的插值函数。但插值函数都应满足如下性质：

① $$N_i(x_j, y_j) = \delta_{ij} = \begin{cases} 1 \\ 0 \end{cases}, \quad i, j, m \tag{9.10}$$

即 N 在结点 i 的值为 1，在结点 j 和 m 的值为零，对于 N_j 和 N_m 有类似关系。

② 能保证用它定义的未知量在相邻单元之间的连续性。

③ 应包含任意线性项以便用它定义的单元位移可满足常应变条件。

④ 在单元内任一点各插值函数之和应等于 1，即

$$N_i + N_j + N_m = 1 \tag{9.11}$$

9.2 单元应变矩阵和应力矩阵

当确定了单元位移后，可以利用几何方程和物理方程求得单元的应变和应力。

将式(9.9)代入几何方程，可得到用结点位移表示的单元内任一点的应变表达式

$$\begin{bmatrix} \varepsilon_x \\ \varepsilon_y \\ \gamma_{xy} \end{bmatrix} = \frac{1}{2A} \begin{bmatrix} b_i & 0 & b_j & 0 & b_m & 0 \\ 0 & c_i & 0 & c_j & 0 & c_m \\ c_i & b_i & c_j & b_j & c_m & b_m \end{bmatrix} \begin{bmatrix} u_i & v_i & u_j & v_j & u_m & v_m \end{bmatrix}^{\mathrm{T}} \tag{9.12}$$

或写成

$$\boldsymbol{\varepsilon} = \boldsymbol{B} \boldsymbol{\delta}^{(e)} \tag{9.13}$$

式中，$\boldsymbol{B}$ 称为单元的应变矩阵，即

$$\boldsymbol{B} = \begin{bmatrix} \boldsymbol{B}_i & \boldsymbol{B}_j & \boldsymbol{B}_m \end{bmatrix} \tag{9.14}$$

$$\boldsymbol{B}_i = \frac{1}{2A} \begin{bmatrix} b_i & 0 \\ 0 & c_i \\ c_i & b_i \end{bmatrix}, \quad i, j, m$$

由于单元面积 A 和各几何参数 b_i、c_i、b_j、c_j、b_m、c_m 的值都是由结点坐标直接确定，都为常数，因此在每一单元中应变分量也都是常量。所以，线性位移函数的单元又称为常应变单元。

对于平面应力问题，物理方程为

$$\begin{bmatrix} \sigma_x \\ \sigma_y \\ \tau_{xy} \end{bmatrix} = \frac{E}{1 - \mu^2} \begin{bmatrix} 1 & \mu & 0 \\ \mu & 1 & 0 \\ 0 & 0 & \dfrac{1-\mu}{2} \end{bmatrix} \begin{bmatrix} \varepsilon_x \\ \varepsilon_y \\ \gamma_{xy} \end{bmatrix} \tag{9.15}$$

或写成

$$\boldsymbol{\sigma} = \boldsymbol{D}\boldsymbol{\varepsilon} \tag{9.16}$$

式中，$\boldsymbol{D}$ 称为弹性矩阵，它只与材料的物理性质有关，即

$$\boldsymbol{D} = \frac{E}{1 - \mu^2} \begin{bmatrix} 1 & \mu & 0 \\ \mu & 1 & 0 \\ 0 & 0 & \dfrac{1-\mu}{2} \end{bmatrix} \tag{9.17}$$

对于平面应变问题，将式（9.15）～（9.17）中的 E 换成 $\dfrac{E}{1-\mu^2}$，把 μ 换成 $\dfrac{\mu}{1-\mu}$ 即可。

将式（9.13）代入式（9.16），就可得到用结点位移表示的单元内任一点的应力表达式

$$\boldsymbol{\sigma} = \boldsymbol{D}\boldsymbol{\varepsilon} = \boldsymbol{D}\boldsymbol{B}\boldsymbol{\delta}^{(e)} = \boldsymbol{S}\boldsymbol{\delta}^{(e)} \tag{9.18}$$

式中，$\boldsymbol{S}$ 称为单元的应力矩阵。由于 $\boldsymbol{D}$ 和 $\boldsymbol{B}$ 均为常量，因此 S 也为常量。将式（9.17）和式（9.14）相乘，得到平面应力问题的应力矩阵

$$\boldsymbol{S} = \begin{bmatrix} \boldsymbol{S}_i & \boldsymbol{S}_j & \boldsymbol{S}_m \end{bmatrix} \tag{9.19}$$

$$\boldsymbol{S}_i = \frac{E}{2(1-\mu^2)A} \begin{bmatrix} b_i & \mu c_i \\ \mu b_i & c_i \\ \dfrac{1-\mu}{2} c_i & \dfrac{1-\mu}{2} b_i \end{bmatrix}, \quad i, j, m$$

将上式中的 E 换成 $\dfrac{E}{1-\mu^2}$，μ 换成 $\dfrac{\mu}{1-\mu}$ 即可得到平面应变问题的应力矩阵。

9.3　单元刚度矩阵与等效结点载荷

作用在单元上的载荷一般有集中力、体力（自重、惯性力）和面力。对于集中力，通常取其作用点为结点。对于单元上所承受的体力和面力，需要全部转换成等效结点载荷。结点 i 的结点载荷为

$$\boldsymbol{P}_i = [U_i \quad V_i]^{\mathrm{T}} \tag{9.20}$$

结点载荷的个数和方向必须与结点位移 δ 保持一致。单元结点载荷为

$$\boldsymbol{P}^{(o)} = \begin{bmatrix} \boldsymbol{P}_i \\ \boldsymbol{P}_j \\ \boldsymbol{P}_m \end{bmatrix} = [U_i \quad V_i \quad U_j \quad V_j \quad U_m \quad V_m]^{\mathrm{T}} \tag{9.21}$$

利用最小总势能原理,可以求出单元刚度矩阵和等效结点载荷。

1. 单元刚度矩阵

由式(8.37)可知,对于平面问题,三角形单元的虚变形能

$$U^{(e)} = \frac{1}{2} \iint_1 (\sigma_x \varepsilon_x + \sigma_y \varepsilon_y + \tau_{xy} \gamma_{xy}) t \, \mathrm{d}x \mathrm{d}y = \frac{1}{2} \iint_A \varepsilon^* \sigma t \, \mathrm{d}x \mathrm{d}y \tag{9.22}$$

将式(9.13)和式(9.18)代入上式,得

$$U^{(e)} = \frac{1}{2} \iint_A (\boldsymbol{\delta}^{(e)})^{\mathrm{T}} \boldsymbol{B}^{\mathrm{T}} \boldsymbol{D} \boldsymbol{B} \, \boldsymbol{\delta}^{(e)} t \mathrm{d}x \mathrm{d}y$$

$$= \frac{t}{2} (\boldsymbol{\delta}^{(e)})^{\mathrm{T}} \int_\lambda \boldsymbol{B}^* \boldsymbol{D} \boldsymbol{B} \mathrm{d}x \mathrm{d}y \delta^{(e)} \tag{9.23}$$

令

$$\boldsymbol{K}^{(e)} = t \iint_A \boldsymbol{B}^{\mathrm{T}} \boldsymbol{D} \boldsymbol{B} \mathrm{d}x \mathrm{d}y = \boldsymbol{B}^{\mathrm{T}} \boldsymbol{D} \boldsymbol{B} t A \tag{9.24}$$

则式(9.23)可写成

$$U^{(e)} = \frac{1}{2} (\boldsymbol{\delta}^{(e)})^* \boldsymbol{K}^{(e)} \boldsymbol{\delta}^{(e)} \tag{9.25}$$

单元结点载荷所做的外力虚功

$$W^{(e)} = (\boldsymbol{\delta}^{(e)})^* \boldsymbol{P}^{(e)} \tag{9.26}$$

单元的总势能为

$$\boldsymbol{\Pi}^{(e)} = \frac{1}{2} (\boldsymbol{\delta}^{(e)})^\tau \boldsymbol{K}^{(e)} \boldsymbol{\delta}^{(e)} - (\boldsymbol{\delta}^{(e)})^\tau \boldsymbol{P}^{(e)} \tag{9.27}$$

由最小总势能原理有

$$\frac{\partial \boldsymbol{\Pi}^{(e)}}{\boldsymbol{\delta}^{(e)}} = 0 \tag{9.28}$$

由此可得

$$\boldsymbol{P}^{(e)} = \boldsymbol{K}^{(e)} \boldsymbol{\delta}^{(e)} \tag{9.29}$$

式中,$\boldsymbol{K}^{(e)}$ 为单元刚度矩阵,它由单元的几何参数和材料性质决定,而与单元的位置无关。

将式(9.14)和式(9.17)代入式(9.24)中,为方便起见,写成如下形式:

$$\boldsymbol{K}^{(e)} = \begin{bmatrix} \boldsymbol{K}_{ii}^{(e)} & \boldsymbol{K}_{ij}^{(e)} & \boldsymbol{K}_{im}^{(e)} \\ \boldsymbol{K}_{ji}^{(e)} & \boldsymbol{K}_{jj}^{(e)} & \boldsymbol{K}_{jm}^{(e)} \\ \boldsymbol{K}_{mi}^{(e)} & \boldsymbol{K}_{mj}^{(e)} & \boldsymbol{K}_{mm}^{(e)} \end{bmatrix} \tag{9.30}$$

式中,$\boldsymbol{K}_{rs}^{(e)} (r,s=i,j,m)$ 称为单元刚度矩阵的子块,为 2 阶方阵,即

$$\boldsymbol{K}_n^{(c)} = \frac{Et}{4(1-\mu^2)A} \begin{bmatrix} b_r b_s + \dfrac{1-\mu}{2} c_r c_s & \mu b_r c_s + \dfrac{1-\mu}{2} c_r b_s \\ \mu c_r b_s + \dfrac{1-\mu}{2} b_r c_s & c_r c_s + \dfrac{1-\mu}{2} b_r b_s \end{bmatrix}, \quad r,s = i,j,m \quad (9.31)$$

将上式中的 E 换成 $\dfrac{E}{1-\mu^2}$，μ 换成 $\dfrac{\mu}{1-\mu}$，则得到平面应变问题中三角形单元的刚度矩阵。其中的子块为

$$\boldsymbol{K}_n^{(e)} = \frac{E(1-\mu)t}{4(1+\mu)(1-\mu)A} \begin{bmatrix} b_r b_s + \dfrac{1-2\mu}{2(1-\mu)} c_r c_s & \dfrac{\mu}{1-\mu} b_r c_s + \dfrac{1-2\mu}{2(1-\mu)} c_r b_s \\ \dfrac{\mu}{1-\mu} c_r b_s + \dfrac{1-2\mu}{2(1-\mu)} b_r c_s & c_r c_s + \dfrac{1-2\mu}{2(1-\mu)} b_r b_s \end{bmatrix},$$
$$r,s = i,j,m$$
$$(9.32)$$

2. 等效结点载荷

设单元上的体力为 q，面力为 $\bar{p}$，则外力虚功

$$\boldsymbol{W}^{(e)} = \int \boldsymbol{f}^{\mathrm{T}} q t \, \mathrm{d}x \mathrm{d}y + \int \boldsymbol{f}^e \bar{p} t \mathrm{d}s \tag{9.33}$$

式中，$\boldsymbol{f}$ 为单元发生的位移，则上式可写为

$$\boldsymbol{W}^{(e)} = (\boldsymbol{\delta}^{(e)})^{\mathrm{T}} \iint \boldsymbol{N}^* q t \, \mathrm{d}x \mathrm{d}y + (\boldsymbol{\delta}^{(\theta)})^{\mathrm{T}} \int \boldsymbol{N}^{\mathrm{T}} \bar{p} t \mathrm{d}s \tag{9.34}$$

此时，单元总势能为

$$\boldsymbol{\Pi}^{(e)} = \frac{1}{2} (\boldsymbol{\delta}^{(e)})^{\mathrm{T}} \boldsymbol{K}^{(e)} \boldsymbol{\delta}^{(\theta)} - (\boldsymbol{\delta}^{(e)})^{\mathrm{T}} \iint \boldsymbol{N}^* q t \, \mathrm{d}x \mathrm{d}y - (\boldsymbol{\delta}^{(\theta)})^{\mathrm{T}} \int \boldsymbol{N}^{\mathrm{T}} \bar{p} t \mathrm{d}s \tag{9.35}$$

由最小总势能原理 $\partial \boldsymbol{\Pi}^{(e)}/\boldsymbol{\delta}^{(e)} = 0$，可得

$$\boldsymbol{K}^{(e)} \boldsymbol{\delta}^{(e)} = \boldsymbol{P}_q^{(e)} + \boldsymbol{P}_p^{(e)} \tag{9.36}$$

式中

$$\boldsymbol{P}_q^{(e)} = \int \boldsymbol{N}^{\mathrm{T}} q t \, \mathrm{d}x \mathrm{d}y \tag{9.37}$$

$$\boldsymbol{P}_p^{(e)} = \int \boldsymbol{N}^{\mathrm{T}} \bar{p} t \mathrm{d}s \tag{9.38}$$

显然，$\boldsymbol{P}_q^{(e)}$ 是体力的等效结点载荷；$\boldsymbol{P}_p^{(e)}$ 是面力的等效结点载荷。

设在直角坐标系中有一厚度为 t、单位体积质量为 ρ 的匀质三角形单元，如图 9.3 所示。$\boldsymbol{P}_{iq}$ 表示结点 i 的等效结点载荷，由式 (9.37) 有

$$\boldsymbol{P}_{iq} = \begin{bmatrix} P_{ix} \\ P_{iy} \end{bmatrix} = \int \begin{bmatrix} N_i & 0 \\ 0 & N_i \end{bmatrix} \begin{bmatrix} 0 \\ -\rho \end{bmatrix} t \, \mathrm{d}x \mathrm{d}y = \begin{bmatrix} 0 \\ -\dfrac{1}{3}\rho t A \end{bmatrix}, \quad i,j,m \tag{9.39}$$

自重的等效结点载荷为

$$\boldsymbol{P}_q^{(e)} = -\frac{1}{3}\rho A \begin{bmatrix} 0 & 1 & 0 & 1 & 0 & 1 \end{bmatrix}^{\mathrm{T}} \tag{9.40}$$

设在直角坐标系中有一厚度为 t 的匀质三角形单元，如图 9.4 所示。若 ij 边上受有沿 x 方向的按三角形分布的载荷，它在 i 点的集度为 q，由式 (9.38) 可计算出单元各结点上

的等效结点载荷

$$P_p^{(e)} = \frac{qtl}{2} \left[\frac{2}{3} \quad 0 \quad \frac{1}{3} \quad 0 \quad 0 \quad 0 \right]^{\mathrm{T}} \tag{9.41}$$

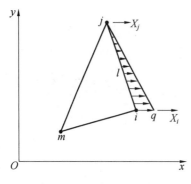
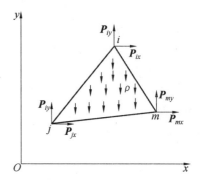

图 9.3　匀质三角形单元 1　　　　　图 9.4　匀质三角形单元 2

9.4　结点平衡方程的建立

设将一个二维域划分为 m 个三角形单元,它共有 n 个结点。由于每个结点上有两个位移分量,则该结构的全部结点位移

$$\boldsymbol{\delta} = \begin{bmatrix} \delta_1 \\ \delta_2 \\ \vdots \\ \delta_n \end{bmatrix} = \begin{bmatrix} u_1 & v_1 & u_2 & v_2 & \cdots & u_n & v_n \end{bmatrix}^{\mathrm{T}} \tag{9.42}$$

单元结点位移 $\boldsymbol{\delta}^{(e)}$ 用结构结点位移 $\boldsymbol{\delta}$ 表示为

$$\boldsymbol{\delta}^{(\theta)} = \boldsymbol{G}\boldsymbol{\delta} \tag{9.43}$$

式中,$\boldsymbol{G}$ 为 $6 \times 2n$ 阶的转换矩阵。

结构的总变形能等于全部单元变形能之和。由式(9.25)可得总的变形能

$$\boldsymbol{U} = \sum_{e=1}^{m} \boldsymbol{U}^{(e)} = \frac{1}{2} \sum_{e=1}^{m} (\boldsymbol{\delta}^{(\theta)})^* \boldsymbol{K}^{(e)} \boldsymbol{\delta}^{(e)} = \frac{1}{2} \boldsymbol{\delta}^{\mathrm{T}} \sum_{e=1}^{m} (\boldsymbol{G}^* \boldsymbol{K}^{(e)} \boldsymbol{G}) \boldsymbol{\delta} = \frac{1}{2} \boldsymbol{\delta}^{\mathrm{T}} \boldsymbol{K}\boldsymbol{\delta} \tag{9.44}$$

其中

$$\boldsymbol{K} = \sum_{e=1}^{m} \boldsymbol{G}^{\mathrm{T}} \boldsymbol{K}^{(e)} \boldsymbol{G} \tag{9.45}$$

$\boldsymbol{K}$ 称为结构整体刚度矩阵。

结构的总外力功等于全部单元外力功之和。由式(9.26)可得总的外力功

$$\boldsymbol{W} = \sum_{e=1}^{m} \boldsymbol{W}^{(e)} = \sum_{e=1}^{m} (\boldsymbol{\delta}^{(e)})^{\mathrm{T}} \boldsymbol{P}^{(e)} = \boldsymbol{\delta}^{\mathrm{T}} \sum_{e=1}^{m} (\boldsymbol{G}^{\mathrm{T}} \boldsymbol{P}^{(\theta)}) = \boldsymbol{\delta}^{\mathrm{T}} \boldsymbol{P} \tag{9.46}$$

其中

$$\boldsymbol{P} = \sum_{e=1}^{m} (\boldsymbol{G}^{\mathrm{T}} \boldsymbol{P}^{(e)}) \tag{9.47}$$

$\boldsymbol{P}$ 称为结构结点载荷列阵。

结构的总势能为

$$\boldsymbol{\Pi} = \frac{1}{2}\,\boldsymbol{\delta}^{\mathrm{T}}\boldsymbol{K}\boldsymbol{\delta} - \boldsymbol{\delta}^{\mathrm{T}}\boldsymbol{P} \tag{9.48}$$

由最小总势能原理(式(8.40))有

$$\frac{\partial \boldsymbol{\Pi}}{\boldsymbol{\delta}} = 0 \tag{9.49}$$

由此可得

$$\boldsymbol{K}\boldsymbol{\delta} = \boldsymbol{P} \tag{9.50}$$

此式为结构的整体结点平衡方程。

由式(9.45)和式(9.47)可见,整体刚度矩阵 $\boldsymbol{K}$ 和结构结点载荷列阵 $\boldsymbol{P}$ 分别由单元刚度矩阵 $\boldsymbol{K}^{(e)}$ 和单元结点载荷 $\boldsymbol{P}^{(e)}$ 组合而成。通过求解式(9.50)可得到结构的结点位移,由此可进一步求出单元的应力。

9.5　整体刚度矩阵和结构结点载荷列阵

考虑一个划分为 m 个三角形单元并有 n 个结点的二维域,建立整体刚度矩阵和结构结点载荷列阵。

建立整体刚度矩阵和结构结点载荷列阵有两种方法。

(1) 扩大阶数法。

由式(9.30)、式(9.31)和式(9.45)可见,三角形单元的单元刚度矩阵为 6×6 阶方阵。当单元刚度矩阵通过 $6\times2n$ 阶的转换矩阵 $\boldsymbol{G}$ 的转换,即通过 $\boldsymbol{G}^{\mathrm{T}}\boldsymbol{K}^{(e)}\boldsymbol{G}$ 的转换后,它扩大到与结构整体刚度矩阵同阶,这样便于矩阵相加。同样,由式(9.47)可见,单元结点载荷列阵通过 $\boldsymbol{G}^{\mathrm{T}}\boldsymbol{P}^{(e)}$ 的转换后,与结构结点载荷列阵同阶。

经过转换,就可以叠加相关的扩大后的矩阵,从而得到结构整体刚度矩阵 $\boldsymbol{K}$ 和结构结点载荷列阵 $\boldsymbol{P}$。

(2) 对号入座法。

在实际编程计算过程中往往不采用上述的扩大阶数法,而在计算出单元刚度矩阵 $\boldsymbol{K}^{(e)}$ 和单元结点载荷 $\boldsymbol{P}^{(e)}$ 中的各元素后,按照单元的结点在整体结构的自由度编号,"对号入座" 地叠加到结构整体刚度矩阵和结构结点载荷列阵的相应位置上。

例如设一个离散的二维域共有 n 个结点,其中单元 3 的结点编号 i、j、m 对应于结构整体的结点编号分别为 2、7、4。根据式(9.30)和式(9.31)可计算出单元 3 的刚度矩阵 $\boldsymbol{K}^{(3)}$,将式(9.30)中的各子块按表 9.1 放入整体刚度矩阵中,各子块均为 2 阶方阵。将式(9.21)中 $\boldsymbol{P}^{(3)}$ 的各元素按表 9.2 放入结构结点载荷列阵中,各元素均为 2 阶列阵。

表 9.1 单元刚度矩阵子块"对号入座"到整体刚度矩阵

单元刚度矩阵子块	整体刚度矩阵行号	整体刚度矩阵列号
$K_{ii}^{(3)}$	3、4	3、4
$K_{ij}^{(3)}$	3、4	13、14
$K_{im}^{(3)}$	3、4	7、8
$K_{ji}^{(3)}$	13、14	3、4
$K_{jj}^{(3)}$	13、14	13、14
$K_{jm}^{(3)}$	13、14	7、8
$K_{mi}^{(3)}$	7、8	3、4
$K_{mj}^{(3)}$	7、8	13、14
$K_{mm}^{(3)}$	7、8	7、8

表 9.2 单元结点载荷元素"对号入座"到结构结点载荷列阵

单元结点载荷元素	结构结点载荷列阵行号
$P_i^{(3)}$	3、4
$P_j^{(3)}$	13、14
$P_m^{(3)}$	7、8

将全部单元依次计算和"对号入座",即可得到 $2n \times 2n$ 阶整体刚度矩阵 $\boldsymbol{K}$ 和 $2n$ 阶结构结点载荷列阵 $\boldsymbol{P}$。

整体刚度矩阵具有如下特点:

(1)对称性:整体刚度矩阵 $\boldsymbol{K}$ 中的任一元素 K_{ij} 表示由第 j 个结点上的单位位移引起的第 i 个结点上的力。由功的互等定理可知,$K_{ij} = K_{ji}$,因此矩阵 $\boldsymbol{K}$ 是一对称矩阵。

(2)稀疏性:整体刚度矩阵中的绝大多数元素都为零,非零元素只占元素总数的很少一部分。由图 9.1 可见,围绕在每个结点的相关单元为数甚少,而通过相关单元与该结点发生关系的相关结点也只是它周围的少数几个。只有该结点和其相关结点产生位移时,才使该结点产生结点力,其余非相关结点产生位移时,该结点并不产生结点力。因此,结构刚度矩阵阶数往往很高,但矩阵中非零系数却很少。这就是整体刚度矩阵 $\boldsymbol{K}$ 的稀疏性。

(3)奇异性:整体刚度矩阵 $\boldsymbol{K}$ 是奇异的,即它的行列式 $|\boldsymbol{K}| = 0$,它不存在逆矩阵。

(4)带状分布:如图 9.5 所示,当结点编号合理时,稀疏的非零元素集中在以对角线为中心的一条带状区域内,即具有带状分布特点。

在求解按式(9.50)得到的大型方程组时,除引入位移边界条件消除奇异性外,若充分考虑和利用整体刚度矩阵的特点,可提高解题的效率。

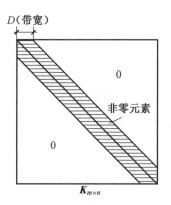

图 9.5　整体刚度矩阵

9.6　引入位移边界条件

由图 9.5 可知,整体刚度矩阵 K 是奇异的,它不存在逆矩阵,因此式(9.50)没有唯一解。为了确定求解的唯一性,须在式(9.50)中引入给定的位移边界条件。引入位移边界条件有以下几种方法。

(1) 减阶数法。将整体刚度矩阵 K 中与已知结点位移所对应的行和列消去,由此求解修改后的平衡方程。该方法的缺点是修改后的新方程阶数降低,导致结点位移的顺序被破坏,给编制程序带来不便。

(2) 对角线元素改1法。当已知结点位移为零时,可在整体刚度矩阵 K 与零结点位移相对应的行列中,将主对角线元素改为1,而其他元素改为0;将结点载荷列阵 P 中与零结点位移相对应的元素改为0。例如 $\delta_j = 0$ 则对整体刚度矩阵 K 中的第 j 行和第 j 列按下式进行修改:

$$
\begin{array}{cccccc}
 & 1 & 2 & \cdots & j & \cdots & n
\end{array}
$$

$$
\begin{matrix}
1 \\ 2 \\ \vdots \\ \\ j \\ \\ \vdots \\ n
\end{matrix}
\begin{bmatrix}
K_{11} & K_{12} & \cdots & 0 & \cdots & K_{1n} \\
K_{21} & K_{2} & \cdots & 0 & \cdots & K_{2n} \\
\vdots & & & 0 & & \vdots \\
0 & \cdots & 0 & 1 & 0 & \cdots \\
\vdots & & & 0 & & \vdots \\
K_{n1} & K_{n2} & \cdots & 0 & \cdots & K_{nn}
\end{bmatrix}
\begin{bmatrix}
\delta_1 \\ \delta_2 \\ \vdots \\ \\ \delta_j \\ \\ \vdots \\ \delta_n
\end{bmatrix}
=
\begin{bmatrix}
P_1 \\ P_2 \\ \vdots \\ \\ 0 \\ \\ \vdots \\ P_n
\end{bmatrix}
\tag{9.51}
$$

用这种方法引入的位移边界条件比较简单,不必改变原来方程的阶数和结点未知量的顺序,但只适用于已知结点位移为零的情形。

(3) 对角线元素乘大数法。当结点位移为一已知值时,可在整体刚度矩阵 K 与已知结点位移相对应的行中将主对角线元素乘以大数 α(α 可取 10^{10} 左右量级),并对结点载荷列阵 P 中与已知结点位移相对应的元素进行修改。例如 $\delta_j = \bar{\delta}_j$,则可将整体刚度矩阵 K

中的对角线元素 K_{jj} 乘以大数 α ，并将 P_j 用 $\alpha K_{jj}\bar{\delta}_j$ 来代替。由此可得

$$
\begin{bmatrix}
K_{11} & K_{12} & \cdots & & K_{1n} \\
K_{21} & K_{2n} & \cdots & & K_{2n} \\
\vdots & \vdots & & & \\
K_{j1} & K_{j2} & \cdots & \alpha K_{jj} & \cdots & K_{jn} \\
\vdots & \vdots & & & \\
K_{n1} & K_{n2} & \cdots & & K_{nn}
\end{bmatrix}
\begin{bmatrix}
\delta_1 \\
\delta_2 \\
\vdots \\
\delta_j \\
\vdots \\
\delta_n
\end{bmatrix}
=
\begin{bmatrix}
P_1 \\
P_2 \\
\vdots \\
\alpha K_{jj}\bar{\delta}_j \\
\vdots \\
P_n
\end{bmatrix}
\tag{9.52}
$$

经过修改后第 j 个方程为

$$
K_{j1}\delta_1 + K_{j2}\delta_2 + \cdots + aK_{jj}\delta_j + \cdots + K_n\delta_n = aK_{jj}\bar{\delta}_j \tag{9.53}
$$

由于 $\alpha K_{jj} \gg \alpha K_{ji}(i \neq j)$ ，方程左端 $\alpha K_{jj}\bar{\delta}_j$ 项较其他项大得多，因此近似得到 $aK_{jj}\delta_j \approx \alpha K_{jj}\bar{\delta}_j$ ，则有 $\delta_j = \bar{\delta}_j$ 。

【例 9.1】 设有厚度均匀的正方形薄板，其上作用的载荷如图 9.6(a) 所示。利用对称性可取整个结构的部分作为计算对象，如图 9.6(b) 所示。将该计算对象划分为 4 个单元，单元与结点编号如图 9.6(b) 所示。单元分为两种：一种为单元(1)、(2) 和(4)；另一种为单元(3)，如图 9.7 所示。求各单元的应力及应变。

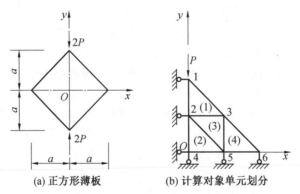

(a) 正方形薄板　　　(b) 计算对象单元划分

图 9.6　正方形薄板和计算对象单元划分

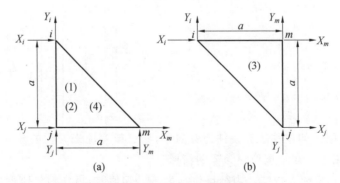

(a)　　　　　　　　(b)

图 9.7　计算对象划分的两种单元

1. 求出单元的刚度矩阵

根据式(9.5)和式(9.6),对于单元(1)、(2)和(4)有

$$b_i = 0, \qquad b_j = -a, \quad b_m = a$$

$$c_i = a, \qquad c_j = -a, \quad c_m = 0$$

$$A = \frac{1}{2} a^2$$

对于单元 3,有

$$b_i = -a, \quad b_j = 0, \quad b_m = a$$

$$c_i = 0, \qquad c_j = -a, \quad c_m = a$$

$$A = \frac{1}{2} a^2$$

为简化计算,令 $\mu = 0, t = 1$,由式(9.30)和式(9.31),对于单元(1)、(2)和(4)有下列以主对角线为对称轴的对称矩阵:

$$\boldsymbol{K}^{(1,2.4)} = \frac{E}{4} \begin{bmatrix} 1 & & & & & \\ 0 & 2 & & & & \\ -1 & 0 & 3 & & & \\ -1 & -2 & 1 & 3 & & \\ 0 & 0 & -2 & 0 & 2 & \\ 1 & 0 & -1 & -1 & 0 & 1 \end{bmatrix}$$

对于单元(3)有下列以主对角线为对称轴的对称矩阵:

$$\boldsymbol{K}^{(3)} = \frac{E}{4} \begin{bmatrix} 2 & & & & & \\ 0 & 1 & & & & \\ 0 & 1 & 1 & & & \\ 0 & 0 & 0 & 2 & & \\ -2 & -1 & -1 & 0 & 3 & \\ 0 & -1 & -1 & -2 & 1 & 3 \end{bmatrix}$$

2. 求整体刚度矩阵

各单元的结点编号 i、j、m 与结构整体结点编号之间的关系见表9.3。

表 9.3 各单元的结点编号与结构整体结点编号之间的关系

单元号	(1)	(2)	(3)	(4)
单元结点编号		结构整体编号		
i	1	2	2	3
j	2	4	5	5
m	3	5	3	6

将各单元刚度矩阵中的元素采用"对号入座"法叠加到结构整体刚度矩阵中,可得以主对角线为对称轴的对称矩阵:

$$\boldsymbol{K} = \sum_{o=1}^{4} \boldsymbol{K}^{(o)}$$

结点编号

$$= \sum_{o=1}^{4} \boldsymbol{K}^{(o)} \begin{bmatrix} \overset{1}{K_{ii}^{(1)}} & \overset{2}{K_{ij}^{(1)}} & \overset{3}{K_{im}^{(1)}} & \overset{4}{} & \overset{5}{} & \overset{6}{} \\ K_{ji}^{(1)} & K_{jj}^{(1)}+K_{ii}^{(2)}+K_{ii}^{(3)} & K_{jm}^{(1)}+K_{im}^{(3)} & K_{ij}^{(2)} & K_{im}^{(2)}+K_{ij}^{(3)} & \\ K_{mi}^{(1)} & K_{mj}^{(1)}+K_{mi}^{(3)} & K_{mm}^{(1)}+K_{mm}^{(3)}+K_{ii}^{(4)} & & K_{mj}^{(3)}+K_{ii}^{(4)} & K_{im}^{(4)} \\ & K_{ji}^{(2)} & & K_{jj}^{(2)} & K_{jm}^{(2)} & \\ & K_{mi}^{(2)}+K_{ji}^{(3)} & K_{jm}^{(3)}+K_{ji}^{(4)} & K_{mj}^{(2)} & K_{mm}^{(2)}+K_{jj}^{(3)}+K_{jj}^{(4)} & K_{jm}^{(4)} \\ & & K_{mi}^{(4)} & & K_{mj}^{(4)} & K_{mm}^{(4)} \end{bmatrix} \begin{matrix} 1 \\ 2 \\ 3 \\ 4 \\ 5 \\ 6 \end{matrix} \begin{matrix} 结 \\ 点 \\ 编 \\ 号 \end{matrix}$$

$$\boldsymbol{K} = \frac{E}{4} \begin{bmatrix} 1 & & & & & & & & & & & \\ 0 & 2 & & & & & & & & & & \\ -1 & 0 & 6 & & & & & & & & & \\ -1 & -2 & 1 & 6 & & & & & & & & \\ 0 & 0 & -4 & -1 & 6 & & & & & & & \\ 1 & 0 & -1 & -2 & 1 & 6 & & & & & & \\ 0 & 0 & -1 & 0 & 0 & 0 & 3 & & & & & \\ 0 & 0 & -1 & -2 & 0 & 0 & 1 & 3 & & & & \\ 0 & 0 & 0 & 1 & -2 & -1 & -2 & 0 & 6 & & & \\ 0 & 0 & 1 & 0 & -1 & -4 & -1 & -1 & 1 & 6 & & \\ 0 & 0 & 0 & 0 & 0 & 0 & 0 & 0 & -2 & 0 & 2 & \\ 0 & 0 & 0 & 0 & 1 & 0 & 0 & 0 & -1 & -1 & 0 & 1 \end{bmatrix}$$

3. 边界条件的引入

由图 9.6 可以看出,边界条件为

$$u_1 = u_2 = u_4 = v_4 = v_5 = v_6 = 0$$

采用减少阶数法,消去整体刚度矩阵中与已知位移对应的行和列,得对称矩阵:

$$\frac{E}{4} \begin{bmatrix} 2 & & & & & \\ -2 & 6 & & & & \\ 0 & -1 & 6 & & & \\ 0 & -2 & 1 & 6 & & \\ 0 & 1 & -2 & -1 & 6 & \\ 0 & 0 & 0 & 0 & -2 & 2 \end{bmatrix} \begin{bmatrix} v_1 \\ v_2 \\ u_3 \\ v_3 \\ u_5 \\ u_6 \end{bmatrix} = \begin{bmatrix} -P \\ 0 \\ 0 \\ 0 \\ 0 \\ 0 \end{bmatrix}$$

求解方程组,得出各结点位移

$$
\boldsymbol{\delta} = \begin{bmatrix} v_1 \\ v_2 \\ u_3 \\ v_3 \\ u_5 \\ u_6 \end{bmatrix} = \frac{P}{E} \begin{bmatrix} -3.252 \\ -1.252 \\ -0.088 \\ -0.372 \\ 0.176 \\ 0.176 \end{bmatrix}
$$

4. 单元的应变和应力

由式(9.12)和式(9.15)可得出单元的应变和应力。对于单元(1)，有

$$
\boldsymbol{\varepsilon}^{(1)} = \begin{bmatrix} \varepsilon_x \\ \varepsilon_y \\ \gamma_{xy} \end{bmatrix} = \frac{1}{a^2} \begin{bmatrix} 0 & 0 & -a & 0 & a & 0 \\ 0 & a & 0 & -a & 0 & 0 \\ a & 0 & -a & -a & 0 & a \end{bmatrix} \begin{bmatrix} 0 \\ v_1 \\ 0 \\ v_2 \\ u_3 \\ v_3 \end{bmatrix} = \frac{P}{Ea} \begin{bmatrix} -0.088 \\ -2.000 \\ 0.880 \end{bmatrix}
$$

$$
\boldsymbol{\sigma}^{(1)} = \begin{bmatrix} \sigma_x \\ \sigma_y \\ \tau_{xy} \end{bmatrix} = E \begin{bmatrix} 1 & 0 & 0 \\ 0 & 1 & 0 \\ 0 & 0 & 1/2 \end{bmatrix} \begin{bmatrix} \varepsilon_z \\ \varepsilon_y \\ \gamma_y \end{bmatrix} = \frac{P}{a} \begin{bmatrix} -0.088 \\ -2.000 \\ 0.440 \end{bmatrix}
$$

对于单元(2)，有

$$
\boldsymbol{\varepsilon}^{(2)} = \begin{bmatrix} \varepsilon_x \\ \varepsilon_y \\ \gamma_{xy} \end{bmatrix} = \frac{1}{a^2} \begin{bmatrix} 0 & 0 & -a & 0 & a & 0 \\ 0 & a & 0 & -a & 0 & 0 \\ a & 0 & -a & -a & 0 & a \end{bmatrix} \begin{bmatrix} 0 \\ v_2 \\ 0 \\ 0 \\ u_5 \\ 0 \end{bmatrix} = \frac{P}{Ea} \begin{bmatrix} 0.176 \\ -1.252 \\ 0 \end{bmatrix}
$$

$$
\boldsymbol{\sigma}^{(2)} = \begin{bmatrix} \sigma_x \\ \sigma_y \\ \tau_x \end{bmatrix} = E \begin{bmatrix} 1 & 0 & 0 \\ 0 & 1 & 0 \\ 0 & 0 & 1/2 \end{bmatrix} \begin{bmatrix} \varepsilon_z \\ \varepsilon_y \\ \gamma_{xy} \end{bmatrix} = \frac{P}{a} \begin{bmatrix} 0.176 \\ -1.252 \\ 0 \end{bmatrix}
$$

对于单元(3)，有

$$
\boldsymbol{\varepsilon}^{(3)} = \begin{bmatrix} \varepsilon_x \\ \varepsilon_y \\ \gamma_{xy} \end{bmatrix} = \frac{1}{a^2} \begin{bmatrix} -a & 0 & 0 & 0 & a & 0 \\ 0 & 0 & 0 & -a & 0 & a \\ 0 & -a & -a & 0 & a & a \end{bmatrix} \begin{bmatrix} 0 \\ v_2 \\ u_5 \\ 0 \\ u_3 \\ v_3 \end{bmatrix} = \frac{P}{Ea} \begin{bmatrix} -0.088 \\ -0.372 \\ 0.616 \end{bmatrix}
$$

$$
\boldsymbol{\sigma}^{(3)} = \begin{bmatrix} \sigma_x \\ \sigma_y \\ \tau_{wy} \end{bmatrix} = E \begin{bmatrix} 1 & 0 & 0 \\ 0 & 1 & 0 \\ 0 & 0 & 1/2 \end{bmatrix} \begin{bmatrix} \varepsilon_x \\ \varepsilon_y \\ \gamma_{ay} \end{bmatrix} = \frac{P}{a} \begin{bmatrix} -0.088 \\ -0.372 \\ 0.308 \end{bmatrix}
$$

对于单元(4),有

$$\boldsymbol{\varepsilon}^{(4)} = \begin{bmatrix} \varepsilon_x \\ \varepsilon_y \\ \gamma_{xy} \end{bmatrix} = \frac{1}{a^2} \begin{bmatrix} 0 & 0 & -a & 0 & a & 0 \\ 0 & a & 0 & -a & 0 & 0 \\ a & 0 & -a & -a & 0 & a \end{bmatrix} \begin{bmatrix} u_3 \\ v_3 \\ u_5 \\ 0 \\ u_6 \\ 0 \end{bmatrix} = \frac{P}{Ea} \begin{bmatrix} 0 \\ -0.372 \\ -0.264 \end{bmatrix}$$

$$\boldsymbol{\sigma}^{(4)} = \begin{bmatrix} \sigma_x \\ \sigma_y \\ \tau_x \end{bmatrix} = E \begin{bmatrix} 1 & 0 & 0 \\ 0 & 1 & 0 \\ 0 & 0 & 1/2 \end{bmatrix} \begin{bmatrix} \varepsilon_x \\ \varepsilon_y \\ \gamma_{xy} \end{bmatrix} = \frac{P}{a} \begin{bmatrix} 0 \\ -0.372 \\ -0.132 \end{bmatrix}$$

习　　题

1. 如图 9.8 所示,设有边长为 a 的正方形薄板,分别按图 9.8(a)、(b)、(c) 进行单元划分和结点编号,试建立每种方式的整体刚度矩阵。从带宽最小的角度出发,哪种方式最好?

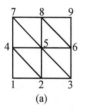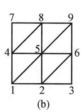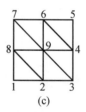

图 9.8　正方形薄板不同方式的单元划分和结点编号

2. 如图 9.9 所示,设有厚度为 t 的三角形单元,若 j 边上作用有线性分布的法向载荷,i 和 j 点的集度分别为 q_1 和 q_2,试计算单元各结点上的等效结点载荷。

3. 一简支梁高 1 m,长 2 m,承受载荷如图 9.10 所示,求点 A 处的位移。设 $E = 2.0 \times 10$ MPa,$\mu = 0, t = 0.1$ m。

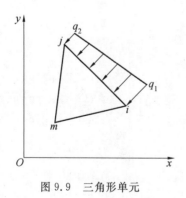

图 9.9　三角形单元

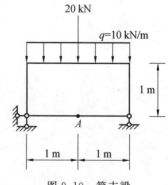

图 9.10　简支梁

参 考 文 献

[1] 王亚男,陈树江,董希淳. 位错理论及其应用[M]. 北京:冶金工业出版社,2007.

[2] 范继美,万光珉. 位错理论及其在金属切削中的应用[M]. 上海:上海交通大学出版社,1991.

[3] 赵敬世. 位错理论基础[M]. 北京:国防工业出版社,1989.

[4] 杨德庄. 位错与金属强化机制[M]. 哈尔滨:哈尔滨工业大学出版社,1991.

[5] 张鹏,张存生,秦鹤勇. 金属热塑性成形基础理论与工艺[M]. 哈尔滨:哈尔滨工业大学出版社,2017.

[6] 张鹏,王传杰,朱强. 弹塑性力学基础理论与解析应用[M]. 3版. 哈尔滨:哈尔滨工业大学出版社,2020.

[7] 尚福林. 塑性力学基础[M]. 3版. 西安:西安交通大学出版社,2018.

[8] 张行,吴国勋. 工程塑性理论[M]. 北京:北京航空航天大学出版社,1998.

[9] 毕继红,王晖. 工程弹塑性力学[M]. 天津:天津大学出版社,2003.

[10] 余同希,薛璞. 工程塑性力学[M]. 2版. 北京:高等教育出版社,2010.

[11] 曾祥国,陈华燕,胡益平. 工程弹塑性力学[M]. 成都:四川大学出版社,2013.

[12] 王平. 金属塑性成型力学[M]. 2版. 北京:冶金工业出版社,2013.

[13] 运新兵. 金属塑性成形原理[M]. 北京:冶金工业出版社,2012.

[14] 戴宏亮. 弹塑性力学[M]. 长沙:湖南大学出版社,2016.

[15] 李同林,殷绥域,李田军. 弹塑性力学[M]. 2版. 武汉:中国地质大学出版社,2016.

[16] 李立新,胡盛德. 塑性力学基础[M]. 北京:冶金工业出版社,2009.

[17] 徐秉业,刘信声. 应用弹塑性力学[M]. 北京:清华大学出版社,1995.

[18] 王仲仁,苑世剑,胡连喜,等. 弹性与塑性力学基础[M]. 2版. 哈尔滨:哈尔滨工业大学出版社,2007.

[19] 刘土光,张涛. 弹塑性力学基础理论[M]. 武汉:华中科技大学出版社,2008.

[20] 黄重国,任学平. 金属塑性成形力学原理[M]. 北京:冶金工业出版社,2008.

[21] 俞汉青,陈金德. 金属塑性成形原理[M]. 北京:机械工业出版社,2001.

[22] 林治平,谢水生,程军. 金属塑性变形的试验方法[M]. 北京:冶金工业出版社,2002.

[23] 彭大暑. 金属塑性加工原理[M]. 长沙:中南大学出版社,2004.

[24] 闫洪,周天瑞. 塑性成形原理[M]. 北京:清华大学出版社,2006.

[25] 崔令江,韩飞. 塑性加工工艺学[M]. 北京:机械工业出版社,2007.

[26] 董湘怀. 金属塑性成形原理[M]. 北京:机械工业出版社,2011.

[27] 秦飞,吴斌. 弹性与塑性理论基础[M]. 北京:科学出版社,2011.

[28] 杨海波,曹建国,李洪波. 弹性与塑性力学简明教程[M]. 北京:清华大学出版社,2011.